昆虫テクノロジー
―産業利用への可能性―

Insect Technology
―Possibility to Industrial Use―

監修：川崎建次郎
野田　博明
木内　　信

シーエムシー出版

はじめに

我が国では古くから養蚕業や養蜂業において昆虫が利用されてきており，特に養蚕業は生糸の輸出によって外貨を稼ぐ主要な産業でした。時代が変わり，国内の繭の生産量は大きく減少していますが，この主要産業であった養蚕業を支えるために日本ではカイコ研究が精力的に進められてきました。この研究の積み上げの結果，カイコで遺伝子組換えが可能となり，カイコの飼育技術に基礎を置くカイコを利用した有用タンパク質の生産技術が発展してきています。また，絹を繊維として利用するだけでなく，タンパク質素材として利用する研究も発展してきており，その生体親和性の良さという優れた性質に加えて「シルク」というイメージもプラスに働いて，広く使われるようになってきています。

また，カイコの属する昆虫は種数が100万以上とも言われており，多種多様な環境に適応し，様々な餌を利用しています。この昆虫の適応能力のメカニズムを解明し利用する研究が行われており，今後もいろいろな機能が発見されて利用されることが期待されています。昆虫の持つ機能以外にも，昆虫の体の動きや体の表面構造，そして昆虫の外部刺激に対する反応様式などを解明することによって，昆虫をモデルにした新素材や構造物の開発も行われています。また，天敵昆虫を増殖して害虫防除素材として利用する技術開発も進んできています。

このように，今まではあまり産業利用に関しては事例の多くなかった昆虫ですが，現在ではその機能の解明によって昆虫は産業振興に役立つ素材として貴重な資源となってきています。農林水産省では，昆虫機能の利用を目指す「昆虫テクノロジー研究」を現在実施しています。このプロジェクトでは，かつて中国からシルクロードを通って絹製品が各地に広まった歴史を現代の日本に再現し，昆虫機能を利用した製品が日本から世界各地に広まる「日本発シルクロード」の創出を目標として研究が進められています。

本書が「日本発シルクロード」の実現に寄与できることを希望しています。

2005年5月

㈱農業生物資源研究所
川崎建次郎，野田博明，木内　信

普及版の刊行にあたって

本書は2005年に『昆虫テクノロジー研究とその産業利用』として刊行されました。普及版の刊行にあたり，内容は当時のままであり加筆・訂正などの手は加えておりませんので，ご了承ください。

2010年8月

シーエムシー出版　編集部

執筆者一覧（執筆順）

川崎　建次郎	（現）(独)農業生物資源研究所　研究主幹
野田　博明	（現）(独)農業生物資源研究所　昆虫科学研究領域 昆虫・微生物間相互作用研究ユニット長
木内　信	（現）(独)農業生物資源研究所　昆虫科学研究領域長
鈴木　幸一	（現）岩手大学　農学部　教授
竹田　敏	(独)農業生物資源研究所　昆虫新素材開発研究グループ グループ長 （現）浜松ホトニクス㈱　筑波研究所　顧問
三田　和英	（現）(独)農業生物資源研究所　昆虫科学研究領域 特任上級研究員
山田　勝成	東レ㈱　化成品研究所　ケミカル研究室　室長 （現）東レ㈱　先端融合研究所　研究主幹
宇佐美　昭宏	片倉工業㈱　生物科学研究所　所長
森　肇	（現）京都工芸繊維大学　応用生物学部門　教授； ㈱プロテインクリスタル　代表取締役
中澤　裕	（現）㈱プロテインクリスタル　研究所　主任研究員
池田　敬子	㈱プロテインクリスタル　主任研究員
田村　俊樹	（現）(独)農業生物資源研究所　昆虫科学研究領域 特任上級研究員
中村　匡利	（現）(独)農業生物資源研究所　昆虫科学研究領域 昆虫－昆虫・植物間相互作用研究ユニット　主任研究員
伊東　昌章	㈱島津製作所　分析計測事業部　ライフサイエンスビジネスユニット　ライフサイエンス研究所　主任 （現）沖縄工業高等専門学校　生物資源工学科　准教授
朝倉　哲郎	（現）東京農工大学　大学院共生科学技術研究院　教授
大郷　耕輔	東京農工大学　産官学連携・知的財産センター　非常勤講師 （現）ハワイ大学マノア校　化学科　博士研究員
高須　陽子	（現）(独)農業生物資源研究所　絹タンパク素材開発ユニット 主任研究員
辻本　和久	（現）セーレン㈱　研究開発センター　開発研究第一グループ チームリーダー
佐々木　真宏	（現）セーレン㈱　研究開発センター　主管
玉田　靖	（現）(独)農業生物資源研究所　絹タンパク素材開発ユニット ユニット長
瓜田　章二	福島県農業試験場　梁川支場　支場長 （現）岩手大学　地域連携推進センター　客員教授
長島　孝行	（現）東京農業大学　農学部　教授
山川　稔	（現）(独)農業生物資源研究所　昆虫科学研究領域 特任上級研究員
渡辺　裕文	（現）(独)農業生物資源研究所　昆虫・微生物間相互作用研究ユニット　主任研究員

（つづく）

奥田　隆	（現）㈱農業生物資源研究所　昆虫科学研究領域 乾燥耐性研究ユニット　ユニット長
渡邊匡彦	㈱農業生物資源研究所　生体機能研究グループ　主任研究官
黄川田隆洋	（現）㈱農業生物資源研究所　昆虫科学研究領域 乾燥耐性研究ユニット　主任研究員
伊澤晴彦	国立感染症研究所　昆虫医科学部　研究員
岩永史朗	神戸大学　農学部　生物機能化学科　助手 （現）三重大学　大学院医学研究科　病態解明医学講座 感染・医動物学分野　准教授
中島信彦	（現）㈱農業生物資源研究所　昆虫・微生物間相互作用研究ユニット　主任研究員
加藤康仁	日本化薬㈱　精密化学品開発研究所 （現）日本化薬㈱　鹿島工場　技術課長
和田哲夫	アリスタライフサイエンス㈱　バイオソリューション部　部長 （現）アリスタライフサイエンス㈱　日本アジアライフサイエンス事業部　チーフテクニカルオフィサー； ジャパンアイピーエムシステム㈱　代表
早川　徹	新潟大学　大学院自然科学研究科　助手 （現）岡山大学　大学院自然科学研究科　助教
堀　秀隆	（現）新潟大学　大学院自然科学研究科　応用生命・食品科学 教授
日本典秀	（現）㈱農業生物資源研究所　昆虫科学研究領域 昆虫－昆虫・植物間相互作用研究ユニット　主任研究員
前田太郎	（現）㈱農業生物資源研究所　昆虫科学研究領域 昆虫－昆虫・植物間相互作用研究ユニット　主任研究員
畠山正統	（現）㈱農業生物資源研究所　昆虫科学研究領域 制御剤標的遺伝子研究ユニット　主任研究員
小濱継雄	沖縄県ミバエ対策事業所　増殖照射課　課長
山﨑　努	㈱フィールド　環境事業部　部長
瀧川幸司	㈱フィールド　環境事業部　研究室　室長
安藤規泰	（現）東京大学　先端科学技術研究センター　助教
岡田公太郎	東京大学　大学院情報理工学系研究科　産学官連携研究員
神崎亮平	（現）東京大学　先端科学技術研究センター　教授
星野春夫	㈱竹中工務店　技術研究所　先端研究開発部 アドバンストコンストラクション部門　主任研究員
青柳隼夫	㈱コンストラクション・イーシー・ドットコム 電子契約事業部　取締役事業部長
能勢健吉	帝人ファイバー㈱　ファイバー事業部　モルフォ推進室　室長 （現）帝人㈱　経営企画部門　技術戦略室　担当部長

執筆者の所属表記は，注記以外は2005年当時のものを使用しております。

目　次

総論編

昆虫テクノロジーの総論ー研究開発動向ー　鈴木幸一

基礎編ー昆虫テクノロジーの理解と導入のためにー

第1章　昆虫という生物群とは？　竹田　敏

第2章　昆虫の飼育法　川崎建次郎，木内　信

第3章　昆虫ゲノム情報の利用：昆虫ゲノム解析の現状と昆虫遺伝子探索の方法，利用できるデータベース　三田和英

技術各論編

第1章　昆虫を利用した有用物質生産

第2章 カイコ等の絹タンパク質の利用

第3章 昆虫の特異機能の解析とその利用

第4章　害虫制御技術等農業現場への応用

第5章　昆虫の体の構造，運動機能，情報処理機能の利用

第5章 昆虫の体の構造，運動機能，情報処理機能の利用

総 論 編

昆虫テクノロジーの総論
－研究開発動向－

鈴木幸一*

1　はじめに

わが国で昆虫の科学技術に関する分野の誕生は，「昆虫学雑誌（第１巻１号）」（1905年９月発行）まで遡ることができると考えられる。この中に，－現時欧米諸国における昆虫学は非常に発達をなし，わが国の斯学に幼稚なるに比して実に雲泥の差有りと云うも－と述べられている。また，－これら諸項の事実を研鑽し，知識を啓発し，自然の微々を解明し，造化の神秘を探求し，これをもって益虫を保育し，害虫を抑滅せば，吾人の社会に貢献するところ（一部現代文に改変）－という表現がある。丁度１世紀を経て，世界的に類を見ない昆虫テクノロジーという新しい分野を生み出せるようになった（図１）[1,2]。

昆虫テクノロジーの用語については，農林水産省の昆虫関連のいくつかの大型研究プロジェクトの成果を経て社会的認知を受け定着しつつある[3~5]。本書全体においてもこの延長線上でまとめられており，欧米の模倣によらない科学技術のひとつとして，近い将来本書のような英文版の発刊も望まれる。

昆虫テクノロジーは，養蚕，養蜂，殺虫というカテゴリーから脱却し，新しい挑戦的な科学技術分野でもある。従って，本書の基礎編では学術の特性を理解するために，①昆虫の形態·分類から分子生物学まで，②昆虫の飼育に関する情報について，そして③昆虫ゲノム情報が紹介されている。また，技術各論編では川崎[6]の概説に基づいて，「昆虫生理機能の利用」，「昆虫関連生産物の利用開発」，「昆虫を包含する生態系の機能利用」，「関連微生物の利用」，「ゲノム情報と遺伝子機能の活用」という広範な視点から独創的に展開された研究の成果が取り取り上げられている。

2　人と社会のための昆虫テクノロジー

わが国の科学技術の在り方が基礎か応用かという従来からの視点よりも，人と社会のために展開するように意識化されつつある。研究の原動力が昆虫とその関連生物たちへの絶え間ない好奇

＊　Koichi Suzuki　岩手大学　農学部　教授

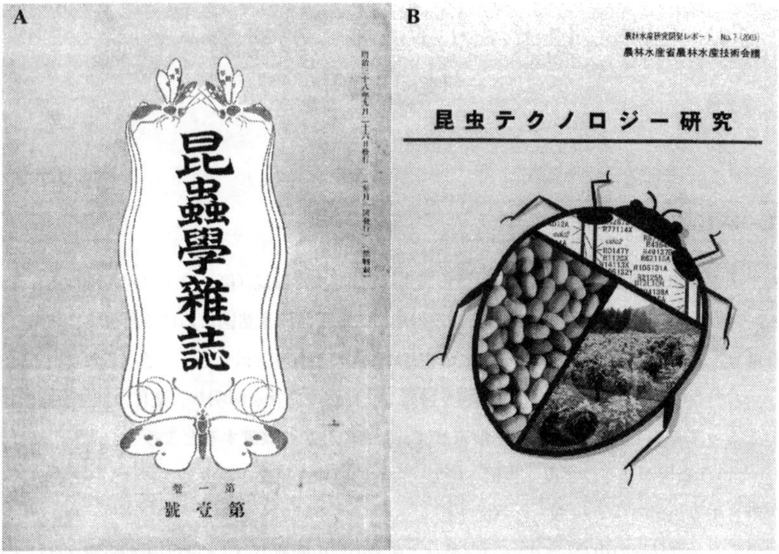

図１　１世紀前に刊行された「昆虫学雑誌」（A，岩手大学応用昆虫学研究室所蔵）と
新産業創出分野として期待される昆虫テクノロジーに関するレポート（B）

心であり，学術結果として，人類の新しい知恵となる発見が生み出されてくる。この新しい知恵を学ぶことによって社会に貢献するような産業開発が創出されれば，昆虫テクノロジーもまた社会から信頼される分野として確固たる基盤を構築することができる。

J. H. ファーブルが「昆虫記」を完結させたのは1907年のことである。昆虫とその周辺の自然を観察することで人類に不思議さと魅力を伝えている。昆虫テクノロジーがファーブルの使命を超えて，社会的恩恵をもたらす高雅な役割を担うようになれば研究者としても本望である。昆虫テクノロジーの発展によって，われわれ人類が新しい思考で昆虫ならびに昆虫を包含する自然を深く理解するようになると期待する。

このような大きな役割を果たすためには，研究成果の特許化とその育成が大学，研究所，そして企業にとって不可欠なことになる。昆虫テクノロジー分野でも特許がビジネストールとなり，ひとつの特許が年商何百億円という時代がやってくる可能性がある。また，昆虫テクノロジーの特許はバイオ関連発明の基本的な考え方に基づくもので，機能が不明の遺伝子は特許になることはなく医療分野へのハードルも高いが，リサーチツール(研究のための手法)特許は取り組むべき知的財産として可能性が高い。

表１　文献情報から昆虫テクノロジーを展望する例

文　献	開発のポイント
1.　オニグモ，ジョロウグモの４つのフィブロイン遺伝子でコードされているアミノ酸配列[7]，ならびに高アラニン含有のβシートと高グリシン含有の非結晶領域に関する分子モデル[8]	プロテインエンジニアリングによる新しい繊維モデル
2.　ゴミムシダマシからの耐凍性タンパク質[9]	昆虫由来耐凍性タンパク質による冷凍食品の品質改善
3.　イエカ類体内のマラリア原虫の増殖密度と殺虫剤抵抗性の関連[10]	化学農薬作用とフィールドのパラドックス
4.　プロポリスからの新規ベンゾ-γ-ピラン誘導体の同定と抗がん活性[11]，ならびにトリテルペノイド（メリフェロン）の同定と抗HIV活性[12]	昆虫関連生産物からの医薬品候補物質
5.　クワ葉アルコール抽出物の腸管α-グルコシダーゼ活性阻害[13]	食品素材としてのクワ葉の活用

表１には，現在盛んに研究中のものや製品開発されたものから，将来期待される昆虫テクノロジーとなるような科学論文の一部を取り上げてみた。昆虫およびその生産物に関する新しい知恵を学び，その知恵から産業を生み出していくためには，産学官の連携によるマネージメントも重要な鍵となる。

3　地域貢献型の昆虫テクノロジー

食料自給率の向上が大きな課題になっているわが国において，国際的競争力のある高付加価値生産物の開発も賢明な戦略となる。そこで昆虫を利用した高付加価値の有用物質生産と地域の関連性が具体化しつつある。

島根県日原町の地域産業施策として，産学官連携と知的財産を機軸にしながら，地域特産品のブランド化をねらった冬虫夏草の生産研究が実施されている（図２）。漢方薬の材料，または健康補助食品素材としての冬虫夏草の科学的知見はまだ少ない段階であるが[14]，カイコ蛹を利用した人工栽培はひとつの地域貢献型昆虫テクノロジーである。この場合，京都工芸繊維大学の無菌人工飼料育技術が活用されている。

また，福島県でもカイコを利用した冬虫夏草の栽培が特許登録されており，地元の企業者とキノコ農家が組合を設立し量産化を図ることで産業振興を進めている。かつての養蚕県や養蚕地域で培われた伝統的な生糸産業の土壌が，新しい形で昆虫テクノロジーの創出に転換しようとしている。

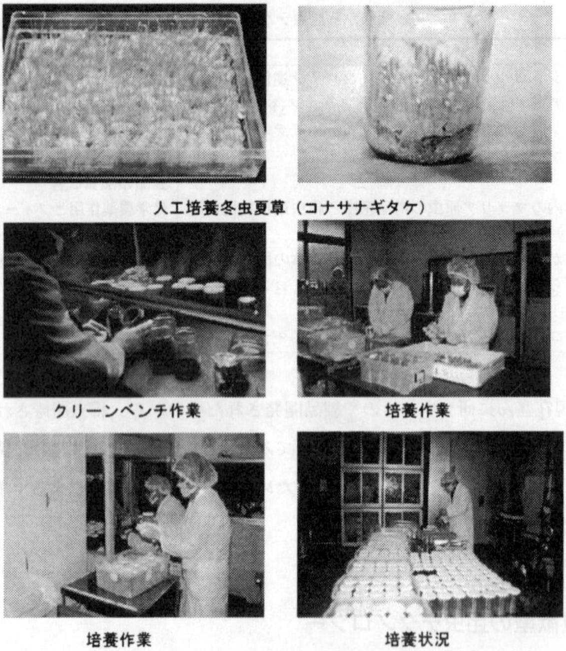

図2　島根県日原町での人工培養冬虫夏草の生産現場（日原町提供）

4　新しい絹タンパク質資源の探索

カイコのフィブロインとセリシンの構造と機能ならびに野蚕絹タンパク質の特性利用については，技術各論編の2章で扱われている。これは昆虫テクノロジーを推進させるための科学技術上の知見が長い間蓄積されている結果であり，さらに進化した研究と利用が紹介されている。

一方，昆虫やその周辺の生物種については，無限といっていいほど解析されていない生命現象が潜んでいる。わが国で年間30～40人の死亡者がでる有毒刺症昆虫のハチ類の中で，キイロスズメバチ（*Vespa simillima*）の幼虫から蛹に脱皮する際に糸を吐いて繭（ホーネットシルク）を作る現象に着目した研究がある（図3）。これまで研究されている絹糸タンパク質はβ-シート構造であり，特殊なクモのフィブロインタンパク質の立体構造もこの範疇に入る（表1）。しかし，天然繊維タンパク質として初めてα-シートの存在がキイロスズメバチの繭タンパク質から発見された。このタンパク質にはα-シートとβ-シートの構造が共存し，新しい機能の発見については今後の課題となる[15]。

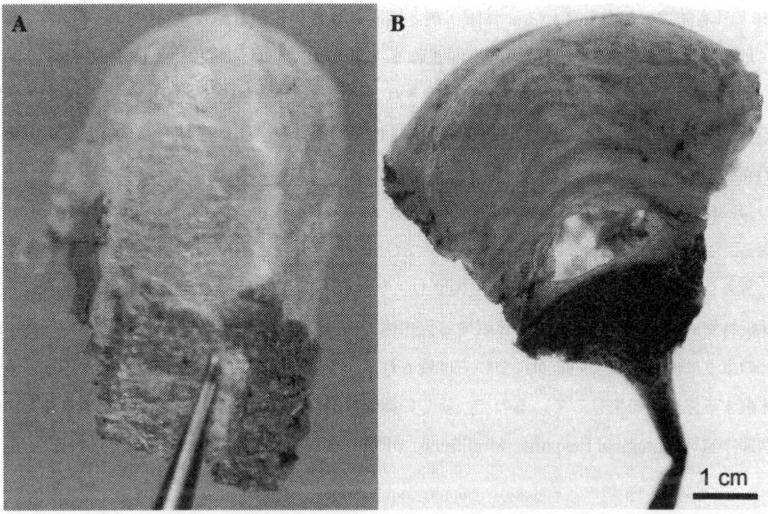

図3　キイロスズメバチのホーネットシルク（A，亀田恒徳博士提供）とガムシのメス附属線から分泌された卵鞘繭（B，藤田幸輔・山本圭一郎両氏提供）

ホタルの発光の分子機構とその産業利用以外では，水生昆虫に関して情報量は少ない。例えば，肉食性ゲンゴロウとは異なる草食性ガムシ（*Hydrophilus acuminatus*）のメス附属線から分泌される繭と称される卵鞘のひとつがある(図3)。インド産のガムシ(*Hydrophilus olivaceus*)では，2種類の附属線からセリシン様原繊維と接着物質のリボ核酸タンパ質が分泌されているという古い情報がある[16]。われわれがまだ知らない優れた疎水性タンパク質の存在の可能性もある。新しい絹タンパク質の素材探索のためには昆虫関連生産物として事欠くことなく，研究推進者のアイデアと情熱にかかっている。

5　特異的機能解析への挑戦

昆虫の特異機能の発見には，彼らの生活史における特殊な現象に着目することも重要なポイントになる。極端な乾燥，寒冷，高温，湿潤下での昆虫の生命の営みのために，われわれの想像を超えた生体分子の介在や遺伝子の発現が潜んでいる。技術各論編3章で登場する特異的遺伝子やタンパク質・代謝生成物は，それらの代表的な例である。

侵入草地雑草のエゾノギシギシの除草昆虫として，コガタルリハムシ(*Gastrophysa atrocyanea*)の放飼成虫による制圧効果が確認されている。この成虫は，地下6～10cmのところで1年のうち10ヶ月も休眠・越冬している。休眠・越冬期間は6月中旬から翌年4月中旬まで継続するので，地上の気象変動も受けやすいと想像される（図4）。この休眠成虫（生体重16 mg）1頭当たり約4.7μgもの休眠特異的ペプチドが単離され，構造やcDNA遺伝子が明らかにされている[17]。このペプチドは6個のシスティンを含有する41残基からなり，生理活性としてはヒトの白癬菌属*Trichophyton rubrum*に対して胞子発芽抑制を示す。また，有毒イモ貝が生産するペプチド毒のω-コノトキシンと同程度のN型電位依存性カルシウムチャンネルブロッカーとしての機能がある。ω-コノトキシンには神経シナプスでGABAとグルタミン酸の放出を阻害する機能があり，カルシウムチャンネルレセプターのプローブ試薬として高価格で販売されている。

休眠特異的ペプチドの存在は，休眠する昆虫体でははじめての報告であるが，本来の休眠生理とどのように係りあっているかについては残されている問題点である。しかし，わが国には多くの休眠する昆虫種が生息しているので，新しい機能を有ししかも産業化に結びつくような生体応答調節物質（Biological Response Modifiers，BRM）などの発見が期待できる。

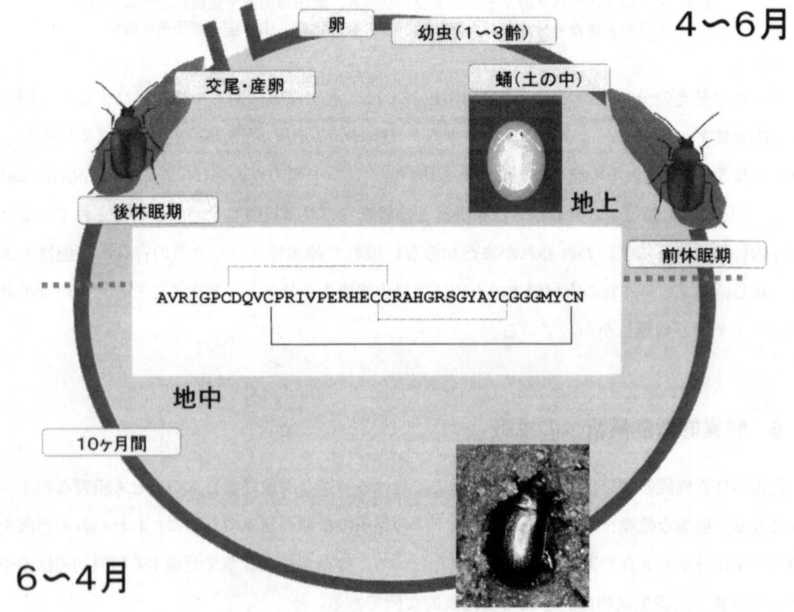

図4　コガタルリハムシの生活史と休眠特異的ペプチドのアミノ酸配列

6　将来展望をもった昆虫テクノロジー

技術各論編の4章では，主に将来展望に沿った害虫制御技術を農業現場に応用する視点でまとめられている。対象とする害虫や天敵は農地生態系における個体群レベルの展開であり，薬剤抵抗性発達や環境負荷軽減型農業を考慮した高度な技術開発が求められる。鱗翅(チョウ)目，甲虫目，双翅（ハエ）目の害虫防除に利用されている昆虫病原細菌の一種*Bacillus thuringiensisi*(Bt菌)の産生する毒素タンパク質は世界中で盛んに研究され，わが国でもこれを有効成分とした微生物殺虫剤，Bt剤が農薬として重要な位置を占めている。

長期戦略的な展望をもったBt菌研究の最近の例がある。今日までほとんど着目されてこなかったセンチュウ（ネマトーダ）を標的としたBt菌については，カリフォルニア大学と企業の共同研究により，Bt菌の4種類の結晶性毒素タンパク質が数種の脊椎動物寄生性センチュウやC.エレガンスに対して殺虫感受性を有し，しかも昆虫に対する作用メカニズムと一致することが明らかにされた。さらに，C.エレガンスで作製された糖脂質成分の欠損がBt毒素タンパク質抵抗性を付与することになり，脊椎動物にはない糖脂質成分が昆虫でも保存され毒素タンパク質のレセプターとなっている[18, 19]。

マツノザイセンチュウ(*Bursaphelenchus lignicolus*)はマツ枯れの病原体であり，この伝播者がマツノマダラカミキリであるが，これまでセンチュウ類について長期戦略的にBt菌を研究展開した例はわが国で見当たらない。米国の研究グループはかなり以前からセンチュウ類に感受性のBt毒素タンパク質遺伝子を特許化し，最近になって立て続けに上記の研究成果をPNASとScienceに発表している。わが国ではマツ枯れの発病と拡大によってアカマツとクロマツの樹種が壊滅的な被害を受けている。抵抗性マツ品種の育成も長期戦略のひとつであるが，米国の展望をもった昆虫テクノロジーは驚くべき研究展開である。わが国の場合，推定されるセンチュウ感受性の毒素タンパク質の遺伝子がクローニングされた段階である[20]。

7　ヒトの脳活動にも迫る昆虫テクノロジー

昆虫が進化の過程で合理的な体形へと小型化し，頭部は情報受け入れと処理の場のために感覚器が集中し，胸部では筋肉と翅が発達し運動の場として機能している。技術各論編5章で，昆虫の特徴的な情報処理機能および運動機能の解明とその応用開発を取り上げている。それでは，無脊椎動物の頂点に位置する昆虫で脊椎動物の頂点にあるヒトの脳活動に貢献する昆虫テクノロジーは可能であろうか。

中国では唐の時代よりコオロギ類やキリギリス類が優雅な趣味のために，虫かごで飼育され鳴

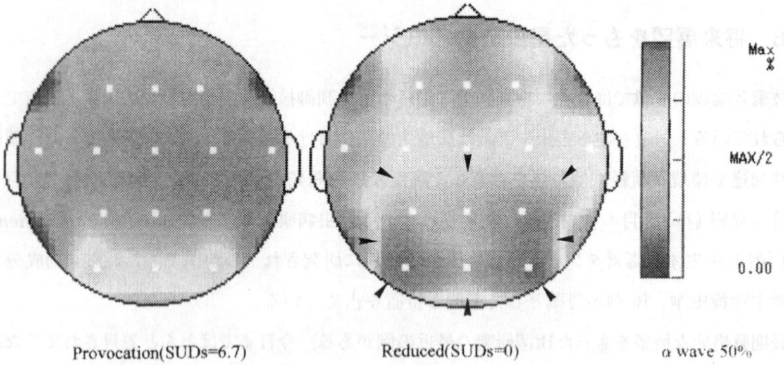

図5　スズムシの発音と視覚刺激を組み合わせて脳波パワースペクトル分析によって求めた α帯域のマッピング
左図は刺激前でストレス評価が高い段階（SUDs＝6.7）のもので，右図は刺激後でストレス評価が低くく（SUDs＝0）α帯域が広範囲となっている（矢尻）。

虫売りの対象となっていた。わが国ではスズムシ（*Homoeogryllus japonicus*）が愛好家の間で飼育され発音を楽しむ伝統的風習として生きており，日本人はこの発音を左大脳半球で処理しているということが一時話題となった。主に配偶行動やなわばりの誇示などに利用している昆虫の発音を，昆虫愛好家による飼育または研究者による発音メカニズムの解析の枠だけにとどめおくことなく，昆虫テクノロジー用に活用することも考えられる。

PTSD（心的外傷後ストレス障害）の治療には，EMDR（eye movement desensitization and reprocessing）（心的外傷記憶の脱感作と再処理のために眼球運動を利用して行う新しい生理心理学的療法）が従来のPTSDの治療法より効果的であると指摘されている。PTSD患者の脳活動については大脳半球活動が不均等になっており，EMDR法による治療で右半球の活性化が示されている。そこで，スズムシの発音と視覚刺激（水平眼球運動）を組み合わせた複合刺激，視覚刺激のみ，聴覚刺激（1,000Hz）のみを被験者に与えてEMDR効果を解析した。その結果，複合刺激の場合はストレス評価（SUDs，ストレス強度を0から11段階で評価する方法）によってストレス低下が顕著で，脳波パワースペクトル分析ではα帯域が優位に増加していた（図5）[21]。

実験心理学分野と昆虫学分野の組み合わせによる昆虫テクノロジーで，ヒトの脳活動向上に貢献できるという例を提案した。昆虫テクノロジーの裾野を拡大するためには，多くの学際領域との融合も創造的な方法となる。

8 ナショナルバイオリソースとしての昆虫

1990年～2100年の間で気温が2.0～4.5℃まで上昇すると推定され，多くの生物相や作物に与える影響が懸念される（IPCC3，2001）。昆虫テクノロジーを支えるのは，豊かな昆虫資源とその生活圏が大前提であり，この点も十分配慮していく必要がある。

2002年度から文部科学省が世界最高水準の生物遺伝資源を整備するためにナショナルバイオリソースプロジェクトを立ち上げており，カイコはその中に選定されている。九州大学農学研究院が中核拠点となっており，もうひとつ昆虫として選定されているショウジョウバエについては京都工芸繊維大学が中核拠点である。カイコの多様なゲノム資源が昆虫テクノロジー推進の原動力になることも，本書の技術各論で説明されている。特に，九州大学ではカイコゲノム資源の収集と保存，提供に力を入れており，情報についてはhttp://www.shigen.nig.ac.jp/silkwormbase/index.jspのページで入手し，遺伝資源開発研究センターに連絡することができる（担当，伴野豊博士）。一方，㈱農業生物資源研究所においては，長い期間にわたってカイコ遺伝資源が保存され645系統も存在している。多くの突然変異系統がリスト化され，昆虫テクノロジーの到来のために基盤構築されている[22]。また，一定の手続きを経てカイコ遺伝資源の配布を得ることができる（同研究所ジーンバンク長宛）。このように，カイコの場合はポストゲノムのための昆虫テクノロジーに向けて，遺伝資源と科学技術が成熟してきたが，根本的なことは昆虫に係る人的資源である。2005年度の蚕糸・昆虫機能学術講演会（日本蚕糸学会第75回大会）のシンポジウム「ポストゲノム時代の昆虫機能研究の展望」で，田村俊樹博士（技術各論編1章担当）による－組み換え体カイコは作製されるようになったが，今後大きな問題になるのはカイコを飼育できる技術者がいなくなっていくことである－という指摘は意味深い。

文　　献

1) 昆虫学雑誌，1，No.1 (1905)
2) 昆虫テクノロジー研究，農林水産研究開発レポート，No.7 (2003)
3) 梅谷献二編，昆虫産業，農林水産技術情報協会，p.354 (1997)
4) 農林水産技術研究ジャーナル，**26**，No.7 (2003)
5) 赤池学，日経バイオビジネス，No.6，87 (2003)
6) 川崎建次郎，*BIO INDUSTRY*，**21**，No.3，5 (2004)
7) P. A. Guerette *et al.*，*Science*，**272**，112 (1996)

8） A. H. Simmons *et al.*, *Science*, **271**, 84 (1996)
9） C. B. Marshall *et al.*, *Biochemistry*, **43**, 11637 (2004)
10） L. McCarroll *et al.*, *Nature*, **407**, 961 (2000)
11） J. Luo *et al.*, *Anticancer Res.*, **21**, 1665 (2001)
12） J. Ito *et al.*, *J. Nat. Prod.*, **64**, 1278 (2001)
13） C. Miyahara *et al.*, *J. Nutr. Sci. Vitaminol.*, **50**, 161 (2004)
14） S. B. Choi *et al.*, *Biosci. Biotechnol. Biochem.*, **68**, 2257 (2004)
15） 亀田恒徳ら，蚕糸・昆虫機能学術講演会（平成17年日本蚕糸学会第75回大会）講演要旨集, 53 (2005)
16） H. S. Gundevia & P. S. Ramanurty, *Z. mikrosk.-anat. Forsch.*, **98**, 293 (1984)
17） H. Tanaka *et al.*, *Peptides*, **24**, 1327 (2003)
18） J.-Z. Wei *et al.*, *Proc. Natl Acad. Sci. USA*, **100**, 2760 (2003)
19） J. S. Griffitts *et al.*, *Science*, **307**, 922 (2005)
20） K. Sato & S. Asano, *Jpn. J. Nematol.*, **34**, 79 (2004)
21） C. Xue *et al.*, *Psychologie in Österreich*, **5**, 434 (2001)
22） 小瀬川英一，岡谷蚕糸博物館紀要，No.9，82 (2004)

基礎編

―昆虫テクノロジーの理解と導入のために―

第1章　昆虫という生物群とは？

竹田　敏*

1　昆虫という生物群の地位

生物は大きく動物と植物とに分けられる。昆虫は動物のうち無脊椎動物のカテゴリーに入る節足動物門に属する。昆虫の一つの種であるカイコを例に，実験モデル動物として知られているマウス（ハツカネズミ）と比較しながら動物界以下の分類各階級を示すと表1のようになる。また，他の動物群との関係が分かるように，動物全体でのカイコ，マウスの位置を図1に示した[1, 2]。

昆虫と同じ節足動物門に含まれる他の動物群としては，エビやカニの仲間(甲殻類)，クモ，サソリ，ダニの仲間（クモ類），ヤスデの仲間（倍脚類），ムカデ，ゲジの仲間（唇脚類）がある。いずれも，節がある脚を持つのが特徴である。なお脊椎動物に相対する概念として，無脊椎動物というカテゴリーが一般的に使われているが，系統学上は無脊椎動物門というのはない。

節足動物の仲間の隣りのグループ(門)には，ハリガネムシ，回虫などの線形動物，魚釣りの餌に使われるゴカイやミミズなどの環形動物がある。これらも昆虫と同じく，いわゆる“虫”と呼ばれているが，分類学上異なることはいうまでもない。

昆虫の種類と個体数は膨大である。現在までに知られている種(既知種)は約95万である。この数は，全動物種の約75%を占めている。さらに毎年新種が記載され，その増加数は2,300～2,500種といわれている[3]。

表1　カイコとマウスの系統分類学上の位置

分類段階		カイコ		マウス（ハツカネズミ）	
界	Kingdom	動物界	Animalia	動物界	Animalia
門	Phylum	節足動物門	Arthoropoda	脊椎動物門	Vertebrata
綱	Class	昆虫綱	Insecta	哺乳綱	Mammalia
目	Order	鱗翅(チョウ)目	Lepidoptera	げっ歯目	Rodentia
科	Family	カイコガ科	Bombycidae	ネズミ科	Muridae
属	Genus	カイコガ属	*Bombyx*	ハツカネズミ属	*Mus*
種	Species	カイコガ	*mori*	日本ハツカネズミ	*wagneri*

*　Satoshi Takeda　㈱農業生物資源研究所　昆虫新素材開発研究グループ　グループ長

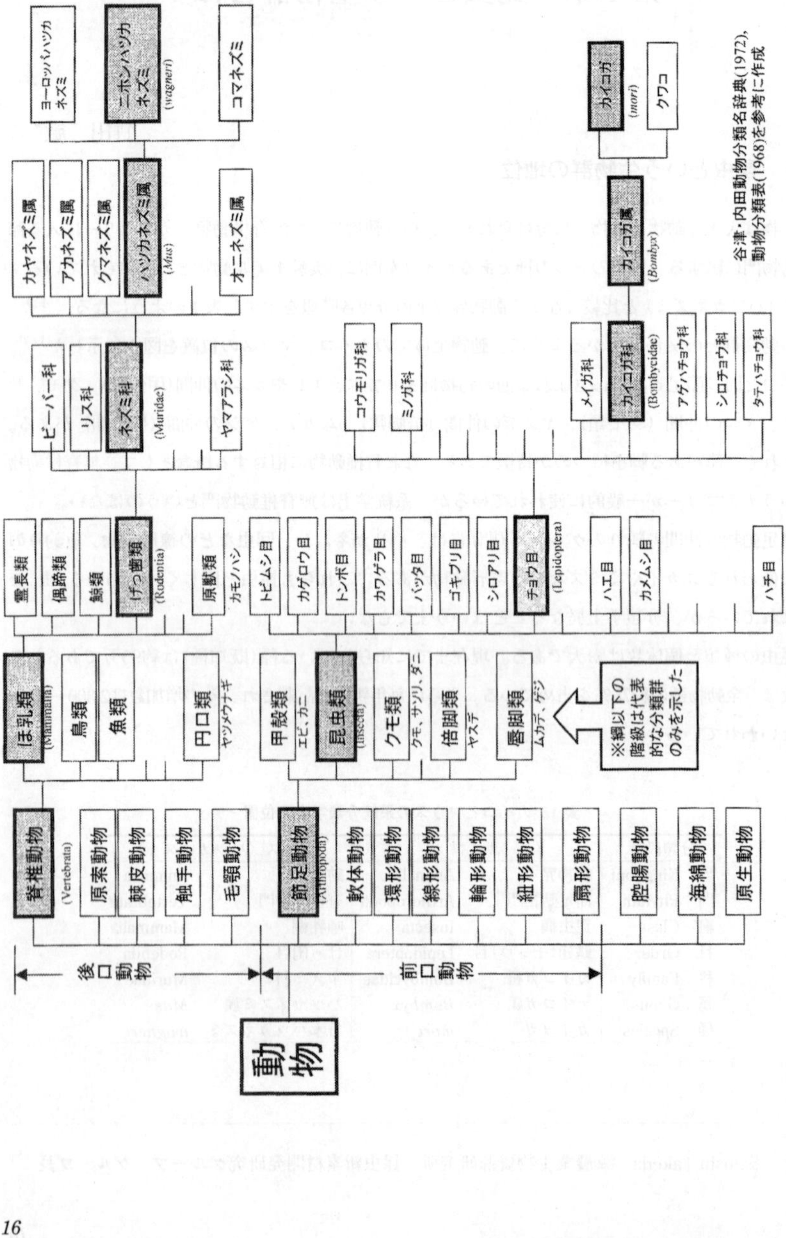

図1　動物系統分類表におけるハツカネズミ（マウス）とカイコの位置

2　昆虫の起源

昆虫類と同じ節足動物である三葉虫や甲殻類は，5億年以上前の古生代に地球上に現れている。昆虫類は，石炭紀（2.9億年〜3.6億年前）にゴキブリ，バッタの仲間，さらにはよく引き合いにだされる体長70センチもあるようなトンボの仲間が出現したとされる[4]。

一番原始的な昆虫，トビムシの仲間は4億年前に地球上に現れ，また，3億数千年ほど前に出現したゴキブリなどは，その形も現在のものとあまり変わらない。最古の人類アウストラロピテクスが地上に現れたのが約400万年前，また，現代人につながる最初の人類ホモ・ハビルスの出現が約200万年前とも言われている。それを考えると，昆虫の出現はとてつもなく古い時代である。この長い時間の間に，昆虫は進化と適応を経て，地球上のあらゆる地域に生息を広げ，繁栄を示している。

3　昆虫の体の仕組み

昆虫を，よく昆虫と間違われるクモ，ダニ，あるいは日本人の好物のエビ，カニなどと区別する一番の特徴は，体の構成が頭部，胸部，腹部という3つの部分からなっていることである。ちなみに，クモ，ダニなどのクモ類は頭部と腹部，ムカデ，ゲジは頭部，胴部からなっている。しかし，昆虫の体が，頭部，胸部，腹部という3つのパーツからできているとはいっても，この基準だけで，昆虫と他の虫類とを簡単に区別できるものではない。例えば，カイコやモンシロチョウの幼虫などイモムシでは，まず，胸部と腹部を簡単に区別できない。また，昆虫の特徴の一つである“胸部には3対の脚がある”というイメージにとらわれると，イモムシ類の腹部に何対もある脚は何だ，イモムシは昆虫ではないのかなどと，混乱してしまう。

やや専門的にいうならば，「昆虫とは，成虫になったときに，頭部，胸部，腹部の3つの部分に明瞭に分かれ，胸部に3対の脚を有するもの」といえる。もちろん，この例外もある。結論として，昆虫とは「発育段階のある時期に，6本脚の体をもつ虫」というと正確になる。昆虫をhexapoda（6本脚類）というのもここからきている。

4　昆虫の分類

約100万種という膨大な生物群昆虫は，朝比奈（1965）の分類によれば29の“目（order）”に分けられるが，大別すると翅を持たないグループ（無翅亜綱）と翅を持つグループ（有翅亜綱）とになる[5]。原始的なグループである無翅亜綱グループには4つの目（order）があり，地球上に現れた最初の昆虫といわれているトビムシなどもこの無翅亜綱に含まれる。

翅を持つグループの昆虫は，さらに，幼虫期，成虫期を通じてからだの外側に翅が見えるグループ，exopterygota（ギリシャ語が起源で，exo：外，pterygion：小さな翅）“外翅群”と，成虫になるまで翅は体の内側に原基の形で潜在し，成虫期になってはじめて体の外側に現れるendopterygota（endo：内，pterygion：小翅）“内翅群”とに分けられる。前者には16，後者には9の目があり，後者は前者より進化したものとされている。

昆虫は，卵－幼虫－成虫と3つの発育段階を経て発育する不完全変態昆虫と，卵－幼虫－蛹－成虫と4段階で発育する完全変態昆虫とに分けられるが，この区分けは外翅群昆虫と内翅群昆虫との区別と密接に関係している。外翅群の昆虫は，特殊な例外をのぞき，ほとんどが不完全変態である。また，内翅群の昆虫の大部分は蛹期を持つ完全変態昆虫である。

日本における昆虫の種類数は約3万であるが，“目”という分類単位で見て一番多いのがカブトムシやコガネムシで代表されるコウチュウ目，ついでハエ，カが属するハエ目，さらにチョウやガの仲間のチョウ目，ミツバチ，アリ類のハチ目，さらに農業害虫カメムシ類の属しているカメムシ目が続く。この5つの目で日本にいる全昆虫の約92%を占めている[3)]。

5　昆虫の繁栄を支えた適応能力

昆虫が地球規模で繁栄した原動力となったのは，昆虫のさまざまな身体的，さらには生理的な特性である。まず，最初にあげられるのは，体のサイズが小さいことである。太古には翅を広げた大きさが70センチに達するという巨大なトンボの仲間もいたが，現在では，最大でもナナフシの一種の体長33センチである。体が小さいことは，必要とされる餌が少量で済むだけでなく，生息する空間も少なく，それだけ多くの種の棲み分けを可能とした。また，体が小さいということは寿命も短く，一年のうちに何回も世代交代が行われる。つまり，突然変異や淘汰に遭遇する確率も高い。

また，昆虫が進化の過程で翅を獲得したことは，生息範囲の拡大に大いに役立った。西アフリカ地域の農業大害虫として，しばしば大発生するバッタ類は，5,000kmも飛翔して大西洋を横断した例が知られている。わが国のイネ害虫ウンカは偏西風を利用し，中国大陸から毎年飛来する。アメリカ大陸を季節により南北に4,000kmに渡って移動する蝶，スジグロカバマダラの行動も有名である。

昆虫が外骨格という仕組みを持っていることも繁栄を可能とした。キチンと硬タンパク質からできているクチクラは，体重が軽いままで強固な体を昆虫に提供した。

変態や休眠という生理的戦略を獲得したことも見のがせない。変態を通じ幼虫と成虫とが，食性や生息場所なども異なる手段で適応できる。また，休眠は年単位でくりかえされる昆虫の生活史を厳密に調整するのに役立っている。

6　昆虫の主な生理的特徴

無脊椎動物である昆虫は，多くの基本的な生理現象においてわれわれヒトと異なっている。その主なものについて以下に述べる。

6. 1　呼吸

ほとんどの昆虫は，酸素を気門から空気として取り入れ，気管によって体内の各組織に運ぶ。冬眠中のカエルは，全呼吸量の３分の１から２分の１を皮膚呼吸で補っているといわれるが，昆虫の場合，皮膚呼吸の例はほとんどない。組織内の酸化によって生じた二酸化炭素は再び気管を通り，気門から空気中に排出される。気門は，体の両側に，原則的には10対あり，その２対は胸部に，８対は腹部にある。気門から取り入れられた空気は毛細気管に入り，各組織に直接供給されるが，これらの運搬過程はエネルギーを必要としない物理的な拡散によるものである。

6. 2　血液循環と血液

昆虫の血液循環はわれわれとは大きく異なっている。まず，昆虫の循環系は開放性血管系と呼ばれ，血液を運ぶ器官としての血管はない。開放性血管系に対して，われわれの循環系は閉鎖性といわれ，血液は血管によって運ばれる。開放性血管系である昆虫の体は，例えるならば，血液の入った袋の中にさまざまな器官，組織が筋肉などで固定されているというイメージである。昆虫の血液循環は，背脈管という体の前後を貫く管とそれに付着している心臓とで行われている。心臓には筋肉が付着し，これが収縮することにより，背脈管の後方から前方へ血液を送り出し，体全体に血液を循環させている。

昆虫の血液は基本的にわれわれの血液とは大きく異なり，血液とリンパ液との両方の性質をもっている。そのため，血リンパ（heamolymph）とも呼ばれる。しかし，われわれの血液のように酸素を運ぶことはない。血液は昆虫の体の２～４割を占めるが，その組成には昆虫に特異的なものが多い。昆虫の血液は一般的には白色から薄い黄色あるいは薄い緑色をしている。例外的なものとして釣り餌で知られるユスリカの幼虫（アカムシ）がいる。アカムシは，われわれの赤血球にあるヘモグロビンを持っているので，その血液は赤い。

昆虫の血液はアミノ酸含量は非常に高いのが特徴で，ヒトなどの50～100倍もあるが，タンパク質の濃度は他の動物とさほど変わらない。血液の役割としては，ガス交換と栄養物，老廃物の運搬が重要である点では昆虫も他動物と変わらない。しかしながら，血液中に恒常的に存在し，栄養物の一つとしてエネルギー源となる糖類(血糖)は，われわれ哺乳類とは異なっている。昆虫の場合，それはトレハロースである。トレハロースは，われわれの血糖グルコース（１単糖）が二つ結合した形の２単糖で，昆虫の血糖として普遍的に存在しているだけでなく，休眠維持，細胞保存など種々の重要機能に関わっているとされる。

6.3　外骨格という仕組み

昆虫は，脊椎動物が体の内部に骨格をもっている内骨格を基本としているのに対し，体を硬い殻で覆われた外骨格生物である。体を覆っている殻は，キチン質と硬タンパク質などからなるクチクラで，軽くかつ堅固である。このように機能的な外骨格を獲得したことも，昆虫が全世界にその生息圏を広げた一因であるとされる。しかしながら，外骨格という特徴は，一方で，成長にともなってより大きな外骨格に更新されることを必要とした。そのため，昆虫は成長に合わせて，脱皮という特殊な生理現象を持たざるをえなかった。同じ節足動物であるヤドカリ類は，体の成長に伴い，体のサイズにあった巻貝の殻に潜り込む。この殻が昆虫の外骨格のようなものである。

6.4　内分泌と脱皮，変態

幼虫から成虫にいたる発育･成長を，卵期における胚子発育と対比させ，後胚子発育と呼ぶが，昆虫の成長は，脱皮と変態で特徴づけられる。脱皮は，体の成長あるいは外界への適応として体の外側の殻を脱ぎ，新たなものに置き換わることである。また，変態は脱皮とかけ離れた現象であると考えられがちだが，内分泌制御という観点から本質的には似ている。つまり，変態も脱皮を伴っているものであり，脱皮の質的な違いがホルモンのバランスで生じているだけである。

昆虫の脱皮と変態はホルモンによって誘導される（図２）。昆虫のホルモンは，上皮性の内分泌器官から分泌される脱皮ホルモン及び幼若ホルモンの２つのホルモンと，神経起源の神経分泌細胞から分泌される神経ホルモンとに大別される。神経ホルモンはペプチドが一般的である。

脱皮は前胸腺から分泌される脱皮ホルモンによって誘導される。脱皮ホルモンの分泌には，脳の神経分泌細胞から分泌される前胸腺刺激ホルモンによる前胸腺の活性化が必要である。脱皮ホルモンが脱皮を誘導する際，十分な量の幼若ホルモンが血液中にあると，幼虫から幼虫への“幼虫脱皮”がおこる。幼虫脱皮は体が大きくなるため脱皮ともいえる。一方，幼若ホルモンが血液中にないか非常に低濃度の場合は，幼虫から蛹に変化する変態脱皮となる。すなわち，カイコ，チョウ，ハエなどの完全変態昆虫においては“蛹化脱皮”が誘導される。一方，バッタ，カメムシなどの不完全変態昆虫では“成虫化脱皮”が誘導される。血液中の幼若ホルモンの濃度は，内分泌器官アラタ体での合成・分泌と分泌以降の分解・不活化によって調節されている。

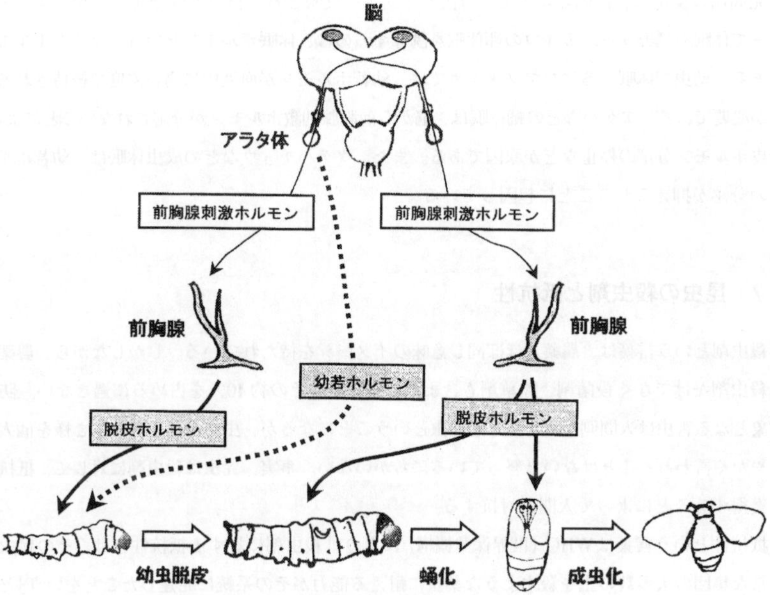

図２　昆虫の脱皮・変態のホルモンによる制御

6.5　休眠

休眠は，温帯地方に生息するほとんどの昆虫の何らかの形で持っている形質で，進化の過程で獲得されたものである。熱帯が起源である昆虫が高緯度まで生存範囲を拡大できたのは，みずからの生活史に休眠を組み込んだことに因る。昆虫にとって，一年に何回世代を繰り返すか，世代の繰り返しをどのように調節するかは，子孫の維持と増殖にとって大きな課題である。その解決策としてもっとも主要な手段の一つが休眠である。休眠という現象は冬眠や単なる越冬とは異なる。いうならば，休眠それ自体が昆虫のゲノムに，遺伝子としてプログラムされた積極的な生理現象だからである。普通休眠は，呼吸の低下など代謝の不活発化をもたらすが，これは，単に代謝が低下しただけではなく，昆虫自身が積極的に休眠に特異的な代謝系に転換したものである。

休眠は一般に，日長の季節による変化（光周期）によって支配されるが，休眠する発育段階は種類によって異なる。また，休眠する発育段階も昆虫の分類学的なグループによって決まっているのではない。チョウやガの仲間であるチョウ目でも，カイコは卵の時期に休眠する卵休眠，アワノメイガは終齢幼虫の時期に休眠する幼虫休眠，アゲハチョウは蛹休眠，タテハチョウ類は成虫休眠というようにそれぞれの種に特異的である。

光周期の変化は，体内のホルモン分泌サイクルに反映され，特定の代謝を惹き起こすことによって休眠を誘導する。カイコの卵休眠を誘導するのは，休眠ホルモンというペプチドホルモンである。幼虫で休眠するアワノメイガでは，幼若ホルモンが血液中に高い濃度で維持されることが必要である。アゲハなどの蛹休眠は，脳から前胸腺刺激ホルモンが分泌されないことによる，脱皮ホルモン分泌の停止などが原因である。また，タテハチョウなどの成虫休眠は，幼若ホルモンの分泌が抑えられることに起因している。

7　昆虫の殺虫剤と抵抗性

殺虫剤という言葉は，農薬とほぼ同じ意味のイメージを持たれている。しかしながら，農薬には殺虫剤だけでなく殺菌剤，除草剤も含まれ，殺虫剤はその約40%を占めるに過ぎない。防除対象となる害虫は人間側からすると悪い虫ということになるが，虫自身は自分の生き様を他人にとやかく言われることはないと怒っているにちがいない。事実，昆虫は殺虫剤に対して，抵抗性を獲得することによって人間に対抗する。

抵抗性という言葉はWHO（世界保健機構）により,「殺虫剤に対する抵抗性とは，その昆虫の正常な集団の大多数の虫を殺すような薬量に耐える能力がその系統に発達したことをいう」と定義されている。つまり，殺虫剤の昆虫への連続的な使用によって，昆虫集団に遺伝的な変化が生じ，以前は効果があった薬剤量でその昆虫集団を防除できなくなった状態をさす（図３）。

殺虫剤の連続的使用によって抵抗性系統の昆虫が出現する原因は２つある。まず，殺虫剤を使用する以前から昆虫集団の中に，殺虫剤に抵抗力の強い個体が含まれていて，それらが殺虫剤の

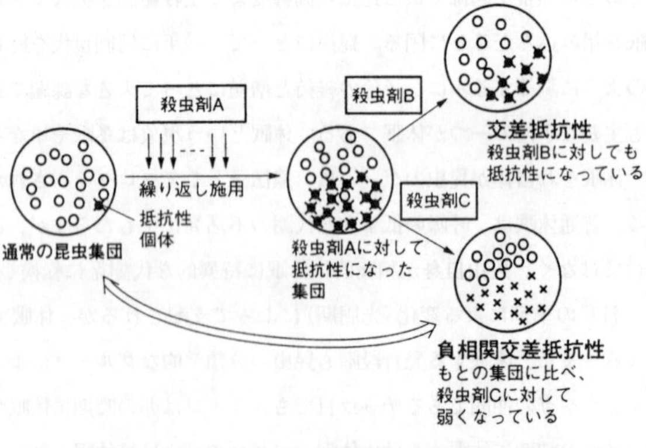

図３　殺虫剤抵抗性の出現と交差抵抗性および負相関交差抵抗性
（竹田敏著『昆虫機能の秘密』工業調査会，2003年より）

連続的使用によって淘汰され，子孫を残し集団全体として抵抗性が発達したというものである。もう一つは，害虫が殺虫剤に遭遇することによって何らかの遺伝子突然変異が起こり抵抗性個体が現れ，それが集団の中で多数を占めるようになり，抵抗性が生じるというものである(図３)。

防除する側から始末が悪いことには，ある薬剤に対して抵抗性がついた昆虫集団は，別な薬剤に対しても抵抗性を得てしまう，“交差抵抗性”という現象も知られている。逆に，別な薬剤に対し感受性となる“負相関交差抵抗性”という現象もある[6)]。

殺虫剤が昆虫体内の作用点に達し，その作用を発揮するまでの経路は大きく３つの段階に分けて考えられる。１つ目が体内への侵入，２つ目が作用点への運搬，３つ目が作用点での作用である。

まず，昆虫体内への侵入である。施用された殺虫剤は昆虫体表から体内に侵入する際一つのバリアーがある。昆虫の表皮は，非常に強固なクチクラで覆われ，表面にはワックス層があるので，水溶性の物質はそこで侵入を妨げられる。つまり，昆虫の皮膚を透過させて殺虫剤を作用させようとした場合，水に溶けるものではなく，油にとける脂溶性であることが必要となる。

次に，昆虫体内に侵入した殺虫剤が作用点に運搬され到達される過程である。大抵の殺虫剤は作用点に到達するまでに，酵素による分解・解毒や，活性化という過程を受ける。

作用点に到達した殺虫剤は，さまざまな作用を引き起こして，害虫を死に至らせる。例えば，神経阻害剤の場合では神経のコリンステラーゼを阻害し，神経機能を攪乱し中毒症状を起こさせ，死亡させる。神経膜のイオン透過性に関与しているNa^+チャンネルに作用し神経障害を引き起こす。さらには作用点が殺虫剤の受容体そのものの場合もある。

近年，昆虫の殺虫剤抵抗性が遺伝子レベルで解析され，殺虫剤抵抗性が殺虫剤分解酵素の遺伝子増幅や標的部位の構造変化など遺伝子の変化によって引き起こされていることが明らかになった。また，ショウジョウバエ，ハマダラカ，カイコなどゲノム解読が進み，ゲノム情報にもとづいた殺虫剤の標的部位の探索が進められるようになった。これらの研究から，今後は新規作用機作を持つ殺虫剤がより効率的に開発されることが期待される。

文　　献

1） 今村泰二，動物分類表，北陸館，p.202 (1968)
2） 内田亨監修，谷津・内田動物分類名辞典，p.1411，中山書店 (1972)
3） 森本桂，昆虫の分類・同定，三橋淳総編集，昆虫学事典，19–62，朝倉書店 (2003)
4） 斎藤哲夫ほか，新応用昆虫学，朝倉書店，p.280 (1988)

5） 朝比奈正二郎，基準昆虫分類表，北隆館，p.103 (1965)
6） 竹田敏，昆虫機能の秘密，工業調査会，p.238 (2003)
〈全般的なものとして〉
7） 石井象二郎，昆虫生理学，培風館，p.256 (1982)
8） 斎藤哲夫ほか，新応用昆虫学，朝倉書店，p.280 (1988)

第2章　昆虫の飼育法

川崎建次郎[*1]，木内　信[*2]

1　はじめに

昆虫を研究材料と使用とするときに，たとえばDNAサンプルを個体から得る場合には野外から採集しても良く，飼育の必要はないが，昆虫の特異機能を解明して利用するためには対象とする昆虫の継続した飼育が必要となる。昆虫は多様で様々な生理的特性を持っていることがすでに紹介されているが，昆虫が利用している餌は様々であり，また生息環境もまちまちであるため，飼育法を一口に述べることはできない。そのため，ここではガ類（鱗翅目昆虫）を中心として，ある程度の数を安定的に確保して実験ができる程度の飼育を想定し，飼育に必要なポイントについて述べてみたい。

2　昆虫の特性

よく知られているように昆虫は変態を行い，幼虫期には摂食に専念し，十分に成長すると変態して成虫になる。成虫は配偶行動を行って次世代を残すが，幼虫期と成虫期では生息場所や行動特性が全く異なることもしばしばである。このため，特にチョウやガの飼育においては，幼虫の飼育は可能でも，交尾産卵を室内で行わせることが困難で，採卵が飼育の大きなハードルとなることも多い。

また，昆虫は日長や温度に反応して冬季や夏季に休眠する。このような種を年間を通して飼育する場合は，飼育温度を保つと同時に，タイムスイッチによって照明時間を調節する必要がある。たとえば，短日に反応して冬休眠する種では，日長を14～16時間に設定して，休眠に入らないようにして飼育する必要がある。

＊1　Kenjiro Kawasaki　㈱農業生物資源研究所　生体機能研究グループ　グループ長

＊2　Makoto Kiuchi　㈱農業生物資源研究所　企画調整部　研究企画科長

3　一般的な飼育条件と飼育容器

飼育環境の要素としては，温度，日長(照明時間)，湿度があげられる。昆虫は，一般的に20～28℃が飼育適温である場合が多く，23～25℃の条件設定ができる冷暖房装置があればたいていの種を飼育することができる。小型の昆虫や小規模な飼育であれば，恒温器(インキュベータ)で間に合うが，大型の昆虫や大量に飼育する場合には冷暖房のついた恒温室が必要となる。材料の確保のみを目的とする場合はそれほど厳密な温度管理は必要ないため，家庭用のエアコンを用いて温度調節をすることもできる。日長については，部屋または飼育設備の中にタイムスイッチで制御できる蛍光灯を設置し，日長を調節する。照明時間を14～16時間に設定すれば，短日に反応して休眠する種の休眠を押さえることができる。

最後に湿度であるが，昆虫を飼育する場合，過湿であるよりは餌が乾燥しない程度であればやや乾燥気味の方がよい。湿度が高いと餌に細菌やカビが繁殖しやすく，病気になりやすくなる。湿度があがりすぎる場合は除湿器を，冬などに湿度が下がりすぎる場合は加湿器を使うようにする。

カイコのように家畜化された昆虫は逃げ出すことはないが，ほとんどの昆虫はふたをしなければたちまちどこかへ行ってしまう。そのため，ふたのできる飼育容器が必要となるが，昆虫それぞれに体サイズや餌が異なるため様々な容器が用いられ，また工夫がされている。一般的に使われる容器は，食品の保存などに用いられる密閉容器やプラスチック製のアイスクリームカップである。容器は大きさ，形も様々なものが売られており，飼育昆虫に合わせて選択をすることができる。逃亡防止と容器内に結露することを防ぐため，ふたに穴を開け，飼育虫の逃亡防止に細かい目のメッシュを貼り付けることが多い。メッシュとしては，網戸の網や，洋装用のテトロンシャーなどがよく使われる。飼育室の湿度によって穴の大きさを加減する必要がある。

4　飼料

チョウやガの場合には，幼虫は植物の葉を食べるものが多い。このような種では，野外から食草の葉を取ってくることができれば飼育は可能である。しかし，通年飼育をして実験をする場合には，冬期には温室などで葉を確保する必要があり，大量に通年飼育することは容易ではない。また，葉で飼育をする場合，若い葉と秋になって落葉が近づいたものでは栄養成分の違いもあるため，飼育成績が安定しないこともある。さらに，野外から葉を集めてくると病原菌を持ち込むおそれもある。このような理由から，通年実験に用いる昆虫では，いつでも同じ品質の植物が得られる芽出しを利用した飼育や，人工飼料による飼育が行われることが多い。

人工飼料は，ダイズやトウモロコシの粉末などのタンパク質，炭水化物などを含む原料にビタミンや防腐剤を加え，寒天等のゲル化剤によって固めたヨウカン状のものである。植食性昆虫は食草中に含まれる摂食刺激成分によって餌を認識しているので，多くの場合食草粉末を混合することが必要である。現在までに，主に植食性昆虫について多くの人工飼料が開発されているが，人工飼料を一から調製するのは非常に手間がかかるので，まず市販の人工飼料が使えるか検討する。カイコ用やヨトウガ等の害虫用の人工飼料は，他の植食性昆虫に利用可能な場合がある。また，植物葉粉末を含まない人工飼料も市販されており，これに食草の葉粉末を添加することにより飼育可能な場合もある。なお，人工飼料に添加する葉は，通常60～70℃程度の熱風で乾燥するが，このようにして乾燥した葉粉末を用いた人工飼料では，幼虫の成長が阻害される場合がある。これは，加熱乾燥の過程で何らかの成長阻害物質が作られるためと考えられるが，熱風乾燥の前に一度短時間蒸煮して生葉の酵素活性を止めることにより，悪影響を軽減できることが多い。

5　病気の予防

昆虫を安定的に飼育することの障害の1つが病気である。昆虫もヒトと同じように，ウイルス病，細菌病，そして糸状菌病に感染する。特に飼育条件が悪いと病気が蔓延しやすい。病気は野外から飼育のために個体を持ち込んだときにもっとも注意する必要があるが，餌として野外から植物葉を持ち込むと病気の感染源となることがある。野外で採集した幼虫は，寄生蜂やハエの寄生を受けていることがあるが，室内で累代飼育をする場合は問題になることは少ない。

病気の予防には，外部から病原を持ち込まないように注意するとともに，日常の飼育にも最大限の注意を払う必要がある。飼育室の床や実験台の上の清掃を心がけるとともに，飼育容器等は次亜塩素酸ナトリウムの水溶液等で殺菌する。容器については，使い捨てのカップを利用する方法も考えられる。特に，人工飼料で飼育する場合には，観察を十分に行い，必要に応じて餌と容器を交換し，糞や餌の腐敗が起こらないように注意する。

6　近親交配による悪影響

昆虫類は種による差が大きいようであるが，ガ類では近親交配によって卵のふ化が悪くなる等の悪影響が出る。これを避けるためには，ある程度の数の成虫から次世代を得る必要がある。何個体以上であれば継続的に飼育できるかは種によって異なるが，200～300個体を維持できれば影響が出ない可能性が高い。一般にふ化から2～3齢までの幼虫はサイズも小さくそれほど飼育の手間がかからないので，その時点までは大量に飼育し，その後数を減らして飼育することで遺伝的多様性を維持できる。しかし，この方法だと往々にして飼育が雑になったり，数を減らすときに発育ステージがばらついていると特定の親由来の個体だけが選抜される恐れがあるので注意を要する。系統の維持という観点からは，実験に使用する個体群と系統維持用の個体群は分け，系統維持用の個体群は最初から成虫にまで育てるだけの個体数を飼育することが望ましい。また，近親交配を避けるために，採集時点で系統を3または4に分け，一定の順序で異なる系統の雄と雌を交配する循環交配法がとられることもある。

7 具体的な飼育例

7.1 ハスモンヨトウの飼育

ハスモンヨトウ，*Spodoptera litura*は，ヤガ科の害虫で，広く野菜類を加害する重要害虫である。ハスモンヨトウは広食性であり，葉の乾燥粉末を入れない人工飼料でも飼育することができる（表1）。この飼料では栄養成分として，白インゲン，小麦胚芽，乾燥酵母，ビタミンとしてL–アスコルビン酸，アミノ酸としてシステイン塩酸塩，防腐剤としてオーレオマイシン可溶散（抗生物質），ホルマリン，固化剤として寒天が含まれている。このように，人工飼料の基本構成は，栄養成分，ビタミン，防腐剤という組成となり，そのほかに必要に応じてアミノ酸，ステロール，無機塩，pH調整用の酸等が加えられる。また，一般的にはチャノコカクモンハマキの飼料組成表（表2）に見られるように，寄主植物の葉の乾燥粉末を10～20%加える。なお，ハスモンヨトウは後述の市販昆虫用飼料でも飼育可能である。

飼育の手順は以下のようになる。

① 採卵：ハスモンヨトウは雌雄をある程度の空間（1～2L前後の容器）に入れておくと交尾し，産卵を行う。産卵に使う個体は羽化当日の雌雄を複数対（5対前後）容器中に入れる。

表1 ハスモンヨトウの人工飼料の組成[2)]

白インゲン	300 g
小麦胚芽	300 g
乾燥酵母	120 g
L–アスコルビン酸	12 g
p–ヒドロキシ安息香酸メチル	8.5 g
L–システイン塩酸塩（1水塩）	1.2 g
オーレオマイシン可溶散	5 g
ホルマリン	10 ml
寒天	36 g
水	1800 ml
	2592.7 g

作成法：白インゲンは完全に吸水させる。吸水後に1800mlのうちの1200ml程度の水とともにミキサーにかける。残りの水を沸騰させて寒天を完全に溶かし，その中にミキサーにかけた白インゲン，小麦胚芽，乾燥酵母等のホルマリンを除く成分を加えて攪拌し，最後にホルマリンを加えてよく混合して保存容器に流し込む。放冷·固化後に冷蔵庫に保存し，必要量を切り取って利用する。

表２　チャノコカクモンハマキの飼料の組成[3)]

キナコ	400 g
チャ粉末	240 g
エビオス	80 g
アスコルビン酸ナトリウム	18 g
防腐剤混合液	80 ml
4N 塩酸	40 ml
水	1800 ml

防腐剤混合液	
プロピオン酸ナトリウム	50 g
デヒドロ酢酸ナトリウム	6.3 g
水	500 ml

容器は紙で内張をし，容器の底にはシャーレ等の上に５％程度の砂糖水を含ませた脱脂綿を置き，成虫の餌とする。ふたにも紙を挟んでおくと，３～４日後には紙に産まれた卵塊を得ることができる。

② 幼虫の飼育：卵塊はふ化前に色が黒色になってくるので，その時期に容器に移す。容器の底には新聞紙やろ紙を敷き，さらにパラフィン紙を置いた上に短冊状に切った餌を置くようにする。パラフィン紙は水を吸いにくいため，ろ紙に直接置いた場合と比較して餌の水分含量を保持しやすい。餌の周囲に卵塊をおき，餌の上からパラフィン紙をかける。ふ化幼虫は走光性を示すため，餌の定着をよくするために暗所（戸棚の中など）に置いた方がよい。その後，餌の量が減れば餌を足し，容器中の密度が高くなれば２つの容器に分けるようにする。幼虫は，小さい時期は細い筆の毛先で，大きな個体はピンセットで移すようにする。3齢以降は過湿になりやすいので，通気をはかるようにする。

③ 蛹化：終齢幼虫は，野外では土中で蛹化するので，容器の底に蛹化場所を作る必要がある。容器（深さは５cm程度あれば十分）の底にバーミキュライトを深さ１cm程度になるように入れて蛹化場所とし，その上に紙を敷いて餌を置いて終齢幼虫を飼育する。バーミキュライトの代わりに新聞紙を５～10枚敷いて蛹化場所とすることもできる。　蛹化時は過湿になりやすいので過密にならないように，A4版サイズ程度の底面積の容器であれば60個体程度を入れて飼育する。蛹化後蛹を回収し，尾端で雌雄を識別して分けて羽化させる。あるいは，ハスモンヨトウの成虫は雌雄で斑紋が異なるため容易に識別できるので，毎朝羽化した成虫を集めて採卵を行うこともできる。

④ 羽化：羽化時には蛹殻からでた成虫は翅を伸展させる場所を求めて歩き回る。このときに足場が確保されるようにボール紙などを容器に立てておく。また，羽化時には蛹便を排出して過湿になることがあるので，通気をはかる必要ある。

7.2　エリサンの飼育

エリサン *Samia cynthia ricini* は，インドのアッサム地方が原産といわれているヤママユガ科の絹糸昆虫であり，インドを中心に飼育されている。また，カイコよりも強健で病気に強く大型で扱いやすいことから，絹生産を目的とした産業用だけではなく，生理・生化学等の基礎研究用としても広く飼育されている。

本種の主要な食餌植物はヒマとシンジュである。シンジュは，各地で街路樹として使用される他，市街地周辺でも自生しているので入手は容易である。ヒマは我が国では自生しておらず，春に種をまいて栽培する必要がある。栽培は容易であるが，春先の生育が遅いため，飼育に使えるのは６～７月以降になる。秋は，霜が降るまで使える。

夏の間はシンジュやヒマの生葉で飼育可能であるが，エリサンは休眠性を持たないため，冬期間の安定的な飼育や一定の条件で実験を行うためには人工飼料の利用が不可欠である。エリサン用には何種類かの人工飼料が開発されているが，市販の広食性蚕用人工飼料（L4（M），日本農産工業株式会社）を利用するのが最も簡単である。この飼料は，カイコ用として開発されたものであるが，エリサン用に開発された飼料に劣らず良く育つ。粉体で市販されているので，１～３齢までは水分率75%（粉体１：水３），４，５齢は水分率70%（粉体１：水2.5）で調製する。なお，この飼料で飼育すると成虫の翅が縮んだままで完全には伸展しないが，幼虫の成長や交尾・産卵等に影響はない。

エリサンの飼育温度は25℃前後が良い。注意すべき点は，エリサンはカイコに比べて強健で病気には強いが，低温には弱いことである。20℃では成長がかなり遅くなり，15℃ではほとんど成長しない。カイコでは，成長を遅らせるために，短期間なら一時的に５℃に冷蔵することも可能であるが，エリサンでは10℃以下に冷蔵するとその後の成長が著しく悪くなる。やむを得ず低温に置く場合でも15℃以上にする必要がある。また，高温に対しても注意が必要で，30℃前後の高温が続くと受精卵が得られなくなることが報告されている。なお，エリサンは休眠しないが，ふ化，幼虫脱皮，羽化，交尾等は光周期に同調して起こるので，日長は12～16Lの長日とするのが作業上都合がよい。25～26℃で飼育した場合，産卵からふ化まで10～12日，ふ化から５齢を経て繭を作り始めるまで21～23日程度，繭を作り始めてから蛹を経て羽化するまで約３週間を要し，およそ２ヶ月で１世代を完了する。

飼育容器や飼育作業の手順等は飼育規模によって異なるが，継代のための飼育はおよそ以下の手順で行う。

① 30頭前後の雌から個別に採卵し，１雌から10個前後，合計300個程度の卵を取り，底にパラフィン紙*を敷いた直径14cm高さ2.5cmのプラスチックシャーレに入れて保護する。

② ふ化が始まったら人工飼料を短冊に切って与え，ふ化が終わった頃を見計らって卵殻を除去する。

③ そのまま置き，摂食をやめて２齢への脱皮のための眠に入ったらふたを取り，餌を除去し

て乾燥させる。成長が遅れた幼虫は除去し，各齢で徐々に幼虫数を減らして，５齢期での飼育数が120～130頭程度になるようにする。

④　２齢に脱皮したらB5サイズ程度の底面積を持つプラスチック容器に移し，給餌する。１齢の時と同様に眠に入ったらふたを取り，餌を除去して乾燥させる。

⑤　３，４齢も同様にして飼育する。容器は３齢ではB4サイズ程度の底面積を持つものを使用し，４齢ではさらにその２倍の底面積を持つものを使用する。

⑥　５齢では，120頭程度の幼虫をB3サイズ以上の底面積を持つ容器２個に分けて飼育する。５齢期には大量の餌を食べるので餌不足に注意する。また，大量の糞をするため加湿になりやすいので注意が必要である。幼虫の足場としてマス目の大きさ２cm程度のプラスチック網を入れておくと餌の交換が容易である（図１）。

⑦　５齢幼虫は５～６日の摂食の後，消化管の内容物を排泄（ガットパージ）して繭を作る場所を求めて徘徊し始める。徘徊を始めた幼虫は，四つ切りにした新聞紙を長辺方向に巻いて作った筒に6，７頭ずつ入れて両端を閉じ，繭を作らせる。繭を作りながらもう一度排泄す

図１　５齢幼虫の飼育状況

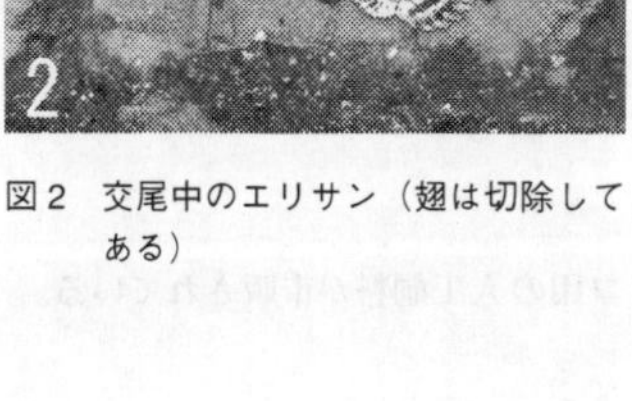

図２　交尾中のエリサン（翅は切除してある）

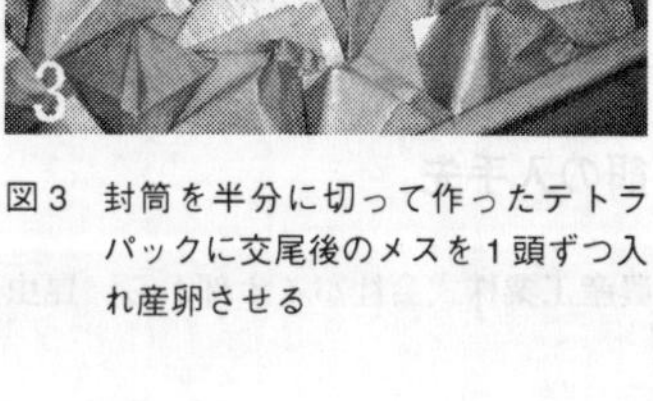

図３　封筒を半分に切って作ったテトラパックに交尾後のメスを１頭ずつ入れ産卵させる

るので，紙筒は重ねないようにする。

⑧ 10日～2週間後に繭を取り出して切開し，蛹を取り出す。蛹は雌雄に分け，コピー用紙の空箱を長辺方向に半分に切り，内側にペーパータオルを張った容器に雌雄別に入れて羽化させる。

⑨ 成虫が羽化したら，翅を付け根から切除し，蛹を保護したものと同じ容器に雌雄20対を入れて一晩交尾させる（図2）。翌朝，交尾を確認した雌を，封筒を半分に切って作ったテトラパックの中で1頭ずつ産卵させる（図3）。

7.3 ウンカ・ヨコバイ類

ウンカ・ヨコバイ類はイネの害虫で，セミと同じように口針でイネから吸汁するため，人工飼料での飼育は難しく手間がかかるので，トビイロウンカやツマグロヨコバイではイネの芽出しを用いて飼育を行う。適当な容器（アイスクリームカップなど）に培土を入れ，イネを播種して芽出しを作る。容器はイネが伸びるので少なくとも25～30cmの高さが必要となる。そこにウンカ・ヨコバイ類を放して増殖をさせる。イネの状態が悪くなってきたら，古い芽出しの給水をやめて枯れるようにし，隣に新しい芽出しを置いて移っていくようにする。大量に飼育する場合は専用の飼育容器も市販されているので，利用することができる。ウンカ・ヨコバイ類は，光に集まる性質があるので，蛍光灯の前に飼育容器を置き，蛍光灯と反対側の口を開け，いろいろな操作をすると逃亡を避けることができる。

7.4 カメムシ類

カメムシ類はイネ，ダイズの子実や果実を吸汁し，被害を与える。現在飼育に成功しているカメムシ類は，ダイズやラッカセイ，クローバー，イネ等の種子と水で飼育されている。種によっては，アスコルビン酸水溶液が必要とされるものもある。用いる種子は，加害する作物の種子を中心として，複数種の種子を与えることによって飼育が成功するものもある。飼育容器は飼育規模に合わせて選択すればよく，小規模の時には9cmシャーレ，ある程度の個体数を確保したい場合には，水槽や，密閉容器も使われる。ホソヘリカメムシなどでは，麻ひもをいれてやるとそこによく産卵するので，卵の回収が容易になる。過湿になると餌にカビが生えやすいので，適度の通気を確保する必要がある。

8 餌の入手先

日本農産工業株式会社バイオ部から，昆虫用，カイコ用の人工飼料が市販されている。

8.1　昆虫用人工飼料

「インセクタLFS」は，ソーセージタイプの加熱調製済飼料で適当な大きさに切ればすぐ飼育に利用できるので，少量の飼育には便利である。メーカーによれば，冷蔵（5℃）にて6ヶ月以上の保存が可能とされている。飼育できる種は，チャハマキ，コカクモンハマキ，ヒメシロモンドウガ，ハスモンヨトウ，アメリカシロヒトリ，クワゴマダラヒトリとされているが，このほかの種でも広食性の昆虫は飼育できる可能性がある。インセクタF-Ⅱには葉の粉末が入っていないので，この飼料に目的とする種の食草の乾燥粉末等を加えて餌を作ることができる。

〈製品の種類〉

インセクタLFS…1本500gのソーセージータイプ

インセクタF-Ⅱ…狭食性昆虫用の基礎粉末飼料（2kg/袋）

その他　…BT剤検定用飼料等

8.2　カイコ用飼料

カイコの人工飼料としては，ソーセージタイプで量の異なる製品が2種，その他に用途に合わせて何種類かの飼料が用意されている。

シルクメイト2S…1本500gのソーセージタイプ飼料

シルクメイトR…1本200gのソーセージタイプ飼料

その他　…原蚕種用，産卵用，簡易調製式飼料等

〈連絡先〉（2005年5月現在）

日本農産工業株式会社バイオ部

〒220-8146 神奈川県横浜市港未来2-2-1　ランドマークタワー46F

TEL：045-224-3713，FAX：045-224-3737

9　昆虫の入手先

材料とする昆虫は，野外から得ることも多いが，すでに室内で飼育されている系統がある場合は分譲または購入することによって，飼育を容易に開始することができる。また，病気を持ち込む心配もないため，有効な方法である。分譲については，飼育している機関への問い合わせが必要であるが，住化テクノサービス株式会社は多くの験用の昆虫種を供給している。価格については，個別に問い合わせられたい。

〈連絡先〉（2005年5月現在）

住化テクノサービス株式会社　昆虫チーム

〒：665-0051　兵庫県宝塚市高司4丁目2番1号。TEL，FAX：0797-74-2120

9.1　住化テクノサービス株式会社ホームページに掲載されている入手可能な昆虫のリスト

ハスモンヨトウ（卵塊，幼虫，蛹，成虫），コナガ（卵，幼虫，蛹，成虫），コブノメイガ（卵，幼虫，蛹，成虫），オオタバコガ（卵，幼虫，蛹，成虫），リンゴコカクモンハマキ（卵塊，幼虫，蛹），チャノコカクモンハマキ（卵塊，幼虫，蛹），コイガ（卵，幼虫，成虫），ミカンキイロアザミウマ（幼虫，成虫），トビイロウンカ（幼虫，成虫），ツマグロヨコバイ（幼虫，成虫），ワタアブラムシ（幼虫，成虫），チャバネゴキブリ（幼虫，成虫），ワモンゴキブリ（幼虫，成虫），クロゴキブリ（幼虫，成虫），アカイエカ（卵塊，幼虫，蛹，成虫），ヒトスジシマカ（卵，幼虫，成虫），イエバエ（卵，幼虫，蛹，成虫），オオイエバエ（幼虫，成虫），ノミバエ（幼虫，成虫），タバコシバンムシ（成虫），コクヌストモドキ（成虫），ヒラタコクヌストモドキ（成虫），コクゾウムシ（成虫），アズキゾウムシ（成虫），ナミハダニ（幼虫，成虫），〈以下天敵昆虫〉タマゴバチ類（マミー（蛹）），ヒメハナカメムシ類（卵，幼虫，成虫）

文　献

1）湯島・釜野・玉木編，昆虫の飼育法，日本植物防疫協会，1991年，pp.392
2）小山光男・釜野静也，ハスモンヨトウの大量飼育法，植物防疫，30，470-474（1976）
3）山谷絹子・玉木佳男，ハマキガの大量増殖法，植物防疫，26，165-168（1972）

第3章　昆虫ゲノム情報の利用：昆虫ゲノム解析の現状と昆虫遺伝子探索の方法，利用できるデータベース

三田和英*

1　はじめに

昆虫は100万～200万種を擁する巨大な生物群であり，地球上の生物種数の約半数を占めている。昆虫は形態的·生態的にきわめて多様性に富み，最も繁栄している生物群である。この繁栄は約4億年前の翅と飛翔機能の獲得，ならびに約3億年前に実現した変態による幼虫機能の特殊化に負うところが大きい。昆虫の形態や生態の多様性は，ゲノム上の既存遺伝子に他生物から獲得した遺伝子および自ら創成した新規遺伝子を加えて新しいゲノムと新しい遺伝子ネットワークを再構築し，そこに厳しい自然選択が働くことで実現してきた。特に，鱗翅目昆虫では唯一の資源である植物との特異的な寄生関係の構築に必要な選択機能，また多くの微生物や寄生虫，さらには天敵との熾烈な戦いで鍛えられたさまざまな防御機構がある。さらに複雑な性行動の開発に特異的な性フェロモンを用いていることはよく知られている。双翅目の蚊やハエなどは吸血行動と病原媒介能力を通してヒトや動物と関わり合っているが，鱗翅目はそれらと対照的に植物との関係があるゆえに多くの特異機能を保有していると考えられる。また，西アフリカに生息するネムリユスリカはその地域の環境条件に適応するために乾燥休眠という特異的生物機能を獲得している。このように多様な昆虫類のゲノムは特異的生物現象を産み出す新規の遺伝子の宝庫と言える。

近年，主要なモデル生物のゲノム構造解析によって，画期的な新薬開発などライフサイエンスの基礎科学，産業に飛躍的な変革がもたらされつつある。様々な生物のゲノム情報が着実に解読されつつある中，ショウジョウバエを除いて，昆虫類のゲノム情報解読は遅れているとされてきた。しかし，ここ1～2年の間に，昆虫ゲノムの研究は急激に進み出した。ショウジョウバエの全ゲノム配列の発表が2000年春に行われ[1]，ショットガンシーケンスによる全ゲノム解析（WGS法）が有効であることが示され，他の生物にも適用されだした。そして，2002年秋にはハマダ

＊　Kazuei Mita　㈱農業生物資源研究所　ゲノム研究グループ　昆虫ゲノム研究チーム
チーム長

ラカ*Anopheles gambiae*のゲノム配列が報告された[2]。昨年には膜翅目昆虫のミツバチのWGS法によるゲノムシーケンスが公開され，今年，甲虫類の*Tribolium castaneum*のゲノムシーケンスもBeetleBaseに公開された。鱗翅目昆虫のゲノム情報については，2003年に生物研でカイコWGSプロジェクトが実施されるなどカイコゲノム研究が組織的に進展し始め，EST情報，地図情報，ゲノム情報が急激に蓄積し，データベース，バイオリソース，ツールが利用できる状況になって来た。多様性に富み，多くの種が存在する昆虫類のゲノム研究は，様々な昆虫特異的機能を遺伝子レベルで解明し，それらの昆虫制御や産業への応用を飛躍的に加速するであろう。昆虫ではゲノム研究を十分活用する段階にはまだ至っていないが，今後の昆虫特異的生物現象の利用，害虫防除への発展についても，考えてみたい。

2　昆虫ゲノム研究の現状

2.1　全ゲノム解析

WGS法による全ゲノム解析は全ゲノムシーケンスを短期間に効率的にきめる。このため最近はほとんどの生物でこの方法が用いられ，ゲノム解析の大きな推進力となった。図1には我々が用いたカイコWGSの概略図を示す。昆虫でもショウジョウバエをはじめとして，現在まで5種類の昆虫のゲノム解析が実施され，そのシーケンスデータが公開された（表1）。

2.1.1　ショウジョウバエ *Drosophila melanogaster*

モデル生物として，生物学に大きな貢献をしてきているショウジョウバエは，バークレーの

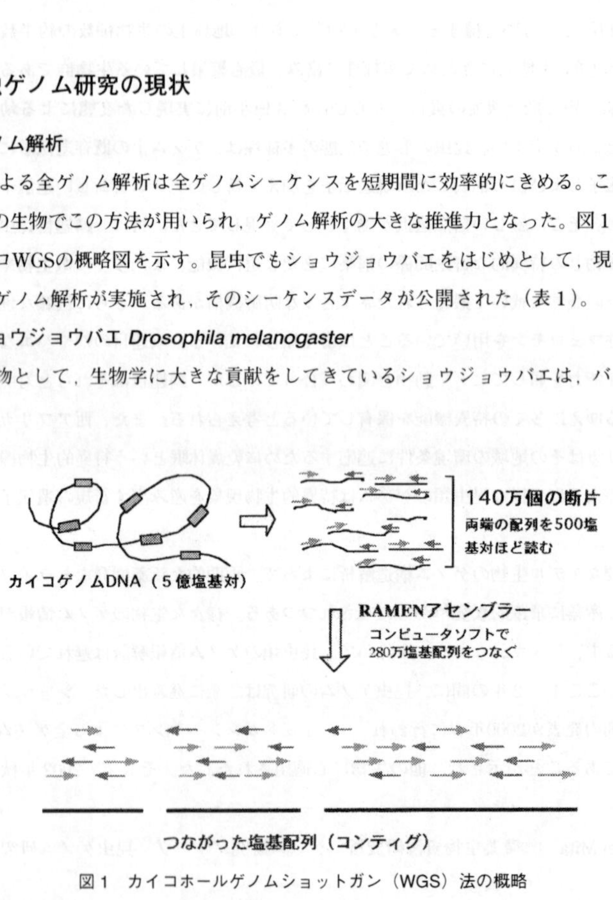

図1　カイコホールゲノムショットガン（WGS）法の概略

表１　ゲノム解析の行われた昆虫とそのデータベース

種名	染色体数	ゲノムサイズ	データベース名	Webサイト
ショウジョウバエ (*Drosophila melanogaster*)	5	180 Mb	FlyBase	〈http://flybase.bio.indiana.edu/genes/〉
ハマダラカ (*Anopheles gambiae*)	3	278 Mb	AnoBase	〈http://www.anobase.org/〉
ミツバチ (*Apis mellifera*)	16	190 Mb	BeeBase	〈http://www.ncbi.nlm.nih.gov.mapview/map_search.cgi?taxid＝7460〉
トリボリウム (*Tribolium castaneum*)	10	200 Mb	BeetleBase	〈http://www.bioinformatics.ksu.edu/BeetleBase/〉
カイコ (*Bombyx mori*)	28	490 Mb	KAIKObase	〈http://sgp.dna.affrc.go.jp/〉

Drosophila genome projectで解析が行われ，Celera Genomics社でWGS法によるシーケンス決定が行われた[1]。真核生物において，WGS法の有用性が示され，ヒトゲノム解析にも使われた[3]。キイロショウジョウバエのゲノムサイズは，180 Mbpで約14,000個の遺伝子をもつ。ショウジョウバエの遺伝子情報はFlyBaseというデータベースに集約され，公開されている。ショウジョウバエは，発生学や神経生物学のモデルとして研究が進んでいるが，ヒトの病気に関係する遺伝子のホモログも多く見つかるところから，それら遺伝子の機能解析も盛んになっている。

2.1.2　ハマダラカ *Anopheles gambiae*

ショウジョウバエに次いで，マラリア媒介蚊である*Anopheles gambiae*の全ゲノムシーケンスが2002年に公表された[2]。ショウジョウバエの場合と同様に，Celera Genomics社がWGSシーケンスを行い，The International *Anopheles* Sequence Committeeがマッピングを行っている。WGSによるシーケンスのカバー率は10倍で，タンパクをコードする約1,4000個の遺伝子を同定した。ハマダラカの染色体数は３本（n＝3）と少ないが，ゲノムサイズはショウジョウバエの２倍にあたる287 Mbpであった。ハマダラカは，モデル生物としてではなく，マラリア媒介をする害虫としてシーケンス解析が行われ，同時期に病原体のマラリアの全ゲノムについても報告された[4]。マラリア原虫は，14本の染色体を持ち，23 Mbpのゲノムサイズで，5,300個の遺伝子を持っていた。今後，この媒介虫と病原体の相互関係解明やマラリア撲滅のためのポストゲノム研究が加速される気配である。

2.1.3　オオタバコガの一種 *Heliothis virescens*

2002年４月に*H. virescens*のゲノムが解読されたと報道があった。世界的な製薬メーカーであるバイエルとゲノム情報に基づいた薬品開発を行っているExelixisという会社とのジョイントベンチャーによるもので，このベンチャーはGenoptera（http://www.genoptera.com）と名付けられている。約１年をかけて，WGSシーケンスを行い，この虫の90%にあたる遺伝子を同定できたと公表しているが，ゲノムのカバー率は2倍と低い。シーケンスデータは公表されていないので表1にはのせていない。このシーケンスを利用するには企業との契約が必要で，その制限も厳しく，利用が制限されるのが問題である。この害虫は，鱗翅目害虫のなかでも多大な被害をもたらす種で，殺虫剤や植物保護剤の開発のために，ゲノム解析が行われた。殺虫剤の標的になりそうな分子の遺伝子情報が，農薬開発に使われると考えられる。この目的に限れば，カバー率が低くても，重要な遺伝子情報を早く手に入れることができるという点で，非常に有用なアプローチといえる。

2.1.4 ミツバチ *Apis mellifera*

ミツバチの6倍のWGSシーケンスが2002～2003年にかけてアメリカのBaylor College of Medicine Human Genome Sequencing Center（HGSC）で行われ，そのゲノム情報はBeeBaseとして公表されている。養蜂業としての利用の他に，社会性昆虫や脳研究の材料として重要視されている。

2.1.5 トリボリウム *Tribolium cataneum*

昆虫の中でもっとも種類が多い甲虫類の最初のゲノム解析としてトリボリウム *Tribolium castaneum* の7倍のWGSシーケンスが2004年の後半にHGSC，Baylor College of Medicineで行われ，そのゲノムシーケンスは今年1月BeetleBaseで公開された。

2.1.6 カイコ *Bombyx mori*

既存の鱗翅目昆虫のゲノム研究は，ほとんどカイコのゲノム解析である。それはほとんど日本が主体となって行われてきた。これは日本における100年以上にわたるカイコの膨大な研究成果が背景となって，特異的機能解明を目指したカイコゲノム研究が生物研を中心に急速に進み始めたからである。世界の鱗翅目研究者によって鱗翅目昆虫ゲノム国際コンソーシアムが形成され（International Lepidopteran Genome Project，http://www.ab.a.u-tokyo.ac.jp/lep-genome/），日本，中国，フランスなどが中心になってゲノム解析の進展がアピールされた。このコンソーシアムでは鱗翅目昆虫の代表モデル生物種としてのカイコゲノム解析の遂行が第一の目標であることが合意された。こうした状況の中で，2003年にはカイコWGSプロジェクト予算が認められ，実施された（3倍のWGS）。それらのシーケンス情報はEST情報や地図情報と併せて生物研のKAIKObaseにまとめ，公開されている[5]。中国でも西南農業大学のグループによる6倍のWGSプロジェクトが実施され[6]，そのシーケンスデータはNCBIに登録され，公開されている。中国側のデータはKAIKObaseでも利用できるようになっている。

2.2 EST解析

全ゲノムの配列解読には至らない昆虫でも，cDNAライブラリーからクローンの配列を一回だ

表2　データベース（NCBI）に登録されている昆虫のEST数

種　名	登録数
Drosophila melanogaster（キイロショウジョウバエ）	383,407
Anopheles gambiae（ハマダラカ）	153,165
Bombyx mori（カイコ）	117,650
Locusta migratoria（トノサマバッタ）	45,449
Apis mellifera（ミツバチ）	24,644
Drosohila yakuba	11,015
Aedes aegypti	4,531
Tribolium castaneum（トリボリウム，甲虫類）	2,465
Manduca sexta（tobacco hornworm）	2,009
Heliconius melpomene	1,183
Heliconius erato	784
Drosophila pseudoobscura	725
Papilio dardanus	697
Antheraea yamamai	610
Helicoverpa armigera（オオタバコガ）	474
Bombyx mandarina（クワコ）	226
Nilaparvata lugens（トビイロウンカ）	90
Culex pipiens pallens	49

けシーケンスして，データベースに保存していく作業が，行われている。このEST（expressed sequence tag）解析は，昆虫の体内で発現している遺伝子のカタログで，比較的小規模の研究室でも解析できる。また，このEST解析は，実際にmRNAとして発現している遺伝子を解読するところから，ゲノム遺伝子のエクソン部分の推定やタンパクをコードしていない遺伝子の発見などにも役立つ。表2に，NCBI（National Center for Biotechnology Information）に登録されている，昆虫の種名とその登録クローン数を示した。まだ登録されていない種や一部しか登録されていないものが多く，実際には2万以上のESTコレクションが行われている昆虫は10種類以上であると推定される。

ミツバチでは，イリノイ大学においてBrain EST projectが行われており，2万本以上のcDNAクローンが解読されている[7]。ネムリ病を媒介するツェツェバエ*Glossina morsitans*では，イギリスのThe Sanger Centerとウエールズ大学との共同により，2万本のcDNAが解析されている。その他に，フランスと日本の共同作業により，ヨトウムシの*Spodoptera frugiperda*のESTも2万6千クローン解析され，Spodobase（http://bioweb.ensam.inra.fr/Spodobase/）で公開されている。カナダでは，林業害虫の*Choristoneura fumiferana*で2万本のESTが解析されている。オーストラリアでは，オオタバコガ*Helicoverpa armigera*の解析（約5千クローン）が行われている。

わが国では，カイコにおいて，様々な組織から作成された53のcDNAライブラリーから8万

5千のESTクローンを決め，これらをグルーピングして1万7千の独立した（重複しない配列）クローンが得られており，全遺伝子の8割程度をカバーすると推定される。このうち35,200個のESTデータが，'SilkBase'〈http://www. ab.a.u-tokyo.ac.jp /silkbase/〉およびKAIKObaseで公開されている[8]。また，稲の害虫トビイロウンカ *Nilaparvata lugens* では，3万5千以上のcDNAが解読されている。組織別にライブラリーを作って解析されており，組織特異的遺伝子も多く見つかっている。現在唯一解析が進んでいる不完全変態昆虫である。その他に，ナミハダニ *Tetranychus urticae* やワタアブラムシ *Aphis gossypii* の解析も始まっている。

完全長cDNA解析は，まだ昆虫では行われていない。現在，ウンカやカイコで準備が進められている。完全長cDNAを解読することにより，ゲノム上の転写位置，エクソン，イントロンの配列などがわかるだけでなく，重要遺伝子の全長配列を入手することができ，遺伝子のアノーテーションには必須である。さらに，機能解析研究には不可欠の情報である。

今後，解析の進んでいない鞘翅目の害虫のどれかを解析する必要があると思われる。昆虫は多様な進化を遂げており，農業害虫としても重要な鞘翅目でのゲノムデータは，比較ゲノム学の上からも，貴重なものとなろう。

2.3 地図情報

表1に出ているゲノム解析が進んでいる昆虫についてはそれぞれのデータベースでいくつかの分子マーカー（遺伝子，EST，BAC，STS，RAPD，AFLP，RFLPなど）が染色体あるいは連鎖群にマッピングされた地図情報が利用できるようになっている。これらの情報は形質連鎖地図と組み合わせることにより形質関連遺伝子の同定・単離に極めて有効である。カイコについてはKAIKObaseにRAPDマーカーが高密度にのったBombMapがあるが，近い将来，EST，STS，BACマーカーが高密度でマップされた地図情報が利用可能となる。

2.4 マイクロアレイ

多数の遺伝子やESTを高密度に配置したマイクロアレイは，一度に多くの遺伝子の発現プロフィルを定量的に測定できる強力なツールであり，機能解析研究へのESTデータベースの重要な応用である。ショウジョウバエでは市販のマイクロアレイ（The GeneChip®Drosophila Genome Array，Affymetrix）がある。このマイクロアレイは，13,500の遺伝子をのせている。カイコでは6,000個の遺伝子をのせたESTマイクロアレイが作成され（カイコ遺伝子の30%をカバー），様々な機能解析研究に利用された[9, 10]。2004年12月にはさらに17,000以上の独立ESTの60merシーケンスが配置されたオリゴアレイ（カイコ遺伝子の80%をカバー）が作成され，機能解析研究に利用されている。

3　ゲノム情報を利用した遺伝子探索方法

3.1　ホモロジー検索

アミノ酸配列やヌクレオチド配列を比較することにより，同一或いはホモロジーがあるかどうかを知ることができる。BLAST検索が簡便で短時間で行えるのでもっとも良く使われている。ほとんどのデータベースにこのプログラムが利用できるようになっている。最もよく利用されるのはゲノム解析が終わっているショウジョウバエではほとんどの遺伝子の塩基配列やその遺伝子産物のアミノ酸配列が決まっているのでそれらのホモローグがカイコのSilkBaseのESTにあるかどうかを調べる場合である。例えば，表3にあるショウジョウバエのサーカディアンリズムに関わる重要な遺伝子Clk（Clock）のホモローグがカイコのESTデータベースにあるかどうかを調べる場合，ショウジョウバエのClk遺伝子のアミノ酸配列をFlyBaseからとってきて，SilkBaseのQueryに入れ，tBLASTnプログラムを使えば，カイコのESTをアミノ酸配列に変換し，ショウジョウバエのClkのアミノ酸配列とホモロジー比較を行い，スコアーの高い配列比較結果を表示してくれる。その結果NV021827というクローンがそのホモローグであると分かる。逆に，カイコのESTデータからどのような遺伝子かを知りたい時はESTシーケンスをQueryに入れ，BLASTxプログラムを選択して公共のタンパク質データベース（SWISS Protein dbやPIR db）内

表3　Gene OntologyとSilkBaseを利用したホモロジー検索：サーカディアンリズム（circadian rhythm）関連遺伝子

ショウジョウバエ遺伝子	GO項目：機能／生物現象	カイコのホモローグESTクローン名
Clk : clock	RNA pol II transcription factor / circadian rhythm	NV021827
cry : cryptochrome	cytochrome mediated phototransduction / photoreceptor	NV060419，NV021772，ce-0594
cyc : cycle	specific RNA pol II transcription factor	なし
dco : discs overgrown protein kinase（double-time）	casein kinase / circadian rhythm	ceN-0298，ceN-1478，ceN-1562，wdV10436
lark	RNA binding / circadian rhythm	NV021689，NV066096，ceN-3589，NV021886
per : period	determine the period length / mating behavior / eclosion behavior	なし
Pka-R2 : dAMP-dependent protein kinase R2	cAMP-dependent protein kinase regulator / protein dephosphorylation	wdS00252，ceN-5949，pg-0400
sgg : shaggy	protein serine/threonine kinase	Nnor0277
tim : timeless	Biological cycle depends on rhythmic formation of tim-per complex	なし
to : takeout	starvation response / circadian rhythm	wdS30639

2005年3月25日現在，データベース（NCBI）登録分。

で検索をかけると，まずESTをアミノ酸配列に変換し，既にデータベースに登録されている全ての生物のタンパク質データと照合し，ホモロジー比較結果を表示してくれる。ほとんどのデータベースにはこのプログラムが設置されており，遺伝子探索に利用できる。KAIKObaseにもKAIKOBLASTが利用できるようになっている。BLAST検索では，利用できるプログラムはBLASTn（塩基配列間比較），BLASTx（アミノ酸配列-塩基配列間比較），BLASTp（アミノ酸配列間比較），tBLASTn，tBLASTxがあり，比較の目的によって選択できるようになっている。

3.2 遺伝子探索プログラム

ゲノム塩基配列情報から遺伝子の位置を予測するソフトで，Genescan，Genefinder，fgeneshなどのプログラムが利用されている。いづれもORF検索，エクソン-イントロン境界コンセンサス配列，ESTアラインメント，BLAST検索などを組み合わせて遺伝子構造を予測する。それぞれの生物種に最適になるようにパラメータをチューニングしている。カイコではKAIKObaseに遺伝子予測ソフトKAIKOGAASが整備されている。カイコESTとのアラインメントも行い，予測したエクソン，イントロンの位置を表示する。カイコゲノムシーケンスの精度やESTデータベースの充実に伴ってより正確な遺伝子予測が可能となる。

3.3 GeneOntology（GO）データベースの利用

GO dbはゲノム解析が進んでいる主要生物種のデータベースと協力し，同定された遺伝子をMolecular Function（各遺伝子産物の機能），Biological Process（生物現象），Cellular Component（細胞の部分構造，局在場所，複合体）の共通用語で分類したデータベースで，Webサイトhttp://www.geneontology.org/で公開されている。従って，機能や生物現象，酵素名などでGO dbを検索すれば，それに関連する遺伝子のリストが得られる。例えば，概日リズム（circadian rhythm）に関わるショウジョウバエの遺伝子をGO dbで検索すると表3のような遺伝子リストが得られる。これらのショウジョウバエ遺伝子のアミノ酸配列はリンクしているFlyBaseからすぐに得られるので，カイコのEST dbにホモローグが出ていないかどうかをSilkBaseでBLAST検索で調べた結果が表3に示されている。勿論これらのカイコのホモローグはショウジョウバエと同じ機能をカイコで果たしている保証はないが，重要な候補者が得られることになる。

4 おわりに

多様な昆虫類のゲノム情報が明らかになり，各生物種間でゲノム構造や遺伝子比較ができるようになれば，どのように昆虫が様々な外的要因と相互作用してこれらの遺伝子を獲得し，その特異的生物機能を獲得してきたかが解明され，その特異機能の産業への利用に大きな突破口を開くことになる。昆虫ゲノム研究においては，タンパク質の研究への発展はまだこれからであり，バイオインフォーマティクスなどの分野も今後に期待される。

文　　献

1) M. D. Adams *et al.*, *Science*, **287**, 2185–2195 (2000)
2) R. A. Holt *et al.*, *Science*, **298**, 129–149 (2002)
3) J. C. Venter *et al.*, *Science*, **291**, 1304–1351 (2001)
4) M. J. Gardner *et al.*, *Nature*, **419**, 498–511 (2002)
5) K. Mita *et al.*, *DNA Research*, **11**, 27–35 (2004)
6) Q. Xia *et al.*, *Science*, **306**, 1987–1940 (2004)
7) C. W. Whitfield *et al.*, *Genome Research*, **12**, 555–566 (2002)
8) K. Mita *et al.*, *Proc. Natl. Acad. Sci*. USA, **100**, 14121–14126 (2003)
9) M. Ote *et al.*, *Insect Biochem. Mol. Biol.*, **94**, 775–784 (2004)
10) R. Niwa *et al.*, *J. Biol. Chem.*, **279**, 35942–35949 (2004)

技術各論編

第１章　昆虫を利用した有用物質生産

1　バキュロウイルスを利用した動物インターフェロンの生産

山田勝成*

1.1　はじめに

バキュロウイルスによる組換えタンパク質の発現系は，Smithらがその可能性を示して以来，多くの研究がなされ，今では大腸菌，酵母，動物細胞での発現系と並んで広く一般的な組換えタンパク質生産手法となっている。前田ら[1)]によって開発されたカイコ核多角体病ウイルスを利用した組換えタンパク質発現系は，カイコを組換えウイルスの宿主とすることができ，組換えタンパク質の大量生産に適している[2)]。

カイコは，和名はカイコガ，学名*Bombyx mori*であり，鱗翅目カイコガ科に属する。野生の昆虫と比較して，歩行力，採餌行動が弱く，成虫の飛翔能力も失われている。古くから人間によって管理され，人間の手を離れて自力で自然界で生活することができない程に馴化された昆虫である。こうした性質は，産業昆虫または実験昆虫として，管理上極めて好都合である。

本節では，我々が開発してきたコンパニオンアニマル用医薬品であるネコおよびイヌインターフェロンの産生を例として，カイコ核多角体病ウイルスを用いた組換えタンパク質生産技術について紹介する。

1.2　カイコ核多核体病ウイルスを用いた組換えタンパク質の生産

カイコ核多角体病ウイルスは，感染したカイコ細胞の核内でポリヘドリンと呼ばれるタンパク質を大量に産生する。ポリヘドリンは，バキュロウイルスを包埋し保護する多核体と呼ばれる封入体の構成材料であり，自然界で乾燥や紫外線からバキュロウイルスを保護するために不可欠であるが，ウイルスの感染や増殖には必要ない。そこで，ポリヘドリン遺伝子の代わりに目的とする遺伝子を挿入した組換えウイルスを作製し，これをカイコ培養細胞やカイコに感染させると，ポリヘドリンの代わりに目的のタンパク質を大量に産生させることができる。また，産生されたタンパク質は，複合糖鎖付加を除いて動物細胞とほぼ同等なタンパク質の修飾も行われることが知られており[3~6)]，本来の生理活性を保持している場合が多いことから有用な組換えタンパク質の生産方法と言える。これまでに，マウスIL-3[4)]，ヒトGM-CSF[7)]，ヒトβ-インターフェロン[8)]，

＊　Katsushige Yamada　東レ㈱　化成品研究所　ケミカル研究室　室長

ヒトM-CSF[9]などサイトカイン類をはじめ，ヒト成長ホルモン[10]やイヌパルボウイルス抗原[11]，マラリア抗原[12]などが，カイコを用いた産生について報告されている。

我々は，カイコによる組換えタンパク質生産の優れた特徴に着目し，コンパニオンアニマル用医薬品の研究開発を行っており，1994年にネコインターフェロンを製品化した。これは，カイコを用いた組換えタンパク質で医薬品となった最初の例である。その後，さらにイヌインターフェロンについて研究を行っている。

ここでは，ネコおよびイヌインターフェロンの産生と高純度化を目的とした研究において見いだした翻訳後修飾についても触れてみたい。

1.3 ネコインターフェロンの生産

1.3.1 組換えネコインターフェロンの発現

ネコインターフェロンのcDNAのクローニングは，ネコインターフェロン産生能を有しているネコ胸腺由来のLSA-1細胞を用いて発現クローニングにより行った。すなわち，LSA-1細胞から調製したcDNAライブラリーを，サルCOS1細胞へトランジェント・エクスプレッションし，培養上清のインターフェロン活性を指標にスクリーニングすることにより，ネコインターフェロンcDNAを単離した[13]。得られたcDNAを用いて，種々の組換えタンパク質生産系で生産性を検討したところ，大腸菌，酵母，COS1細胞およびCHO細胞での生産性は，それぞれ2×10^5，5×10^3，9×10^5，9×10^5単位/mlしか得られなかった。実用化のためには，これらの生産量では

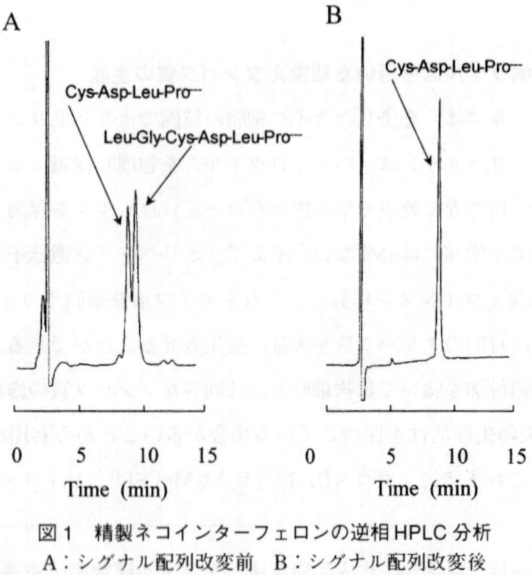

図1 精製ネコインターフェロンの逆相HPLC分析
A：シグナル配列改変前 B：シグナル配列改変後

不十分であり，さらなる生産性の向上が課題となった。

当時，テキサスA＆M大のSummers博士ら，カリフォルニア大の前田博士らにより，バキュロウイルスベクターを用いて，昆虫培養細胞およびカイコでのヒトインターフェロンβおよびヒトインターフェロンαの高生産が報告されていた。そこで，堀内博士らによって発現効率が改良されたトランスファーベクター pBM030[5]とカイコ核多核体病ウイルス（BmNPV）を用いて，組換えバキュロウイルスを作成し，カイコ細胞とカイコでの発現を検討した。

すなわちBmNPVのポリヘドリン遺伝子の上流および下流の非翻訳領域を含むpBM030中の，ポリヘドリンプロモーター下流にネコインターフェロンcDNAを挿入したプラスミドを作製し，BmNPV　DNAとともにカイコ培養細胞にコ・トランスフェクトした。細胞培養上清中のネコインターフェロン活性と，核多角体の形成欠如を指標として，ネコインターフェロンcDNAを有する組換えウイルスをスクリーニングし，さらに限界希釈法を繰り返して目的の組換えウイルスを純化した。カイコ培養細胞への感染では，培養液中に2.5×10^6単位/mlと高生産された。

しかしながら，カイコ培養細胞での生産は，細胞培養のスケールアップなど技術的課題が多いことから，カイコを用いた工業化を目指し，ウイルス接種方法，カイコ飼育方法などの条件検討を進めた。その結果，カイコ体液中には，1.2×10^8単位/mlのネコインターフェロン活性が検出され，液量当たりでは他の生産系と比較して100倍以上のネコインターフェロンが産生された[14]。

1.3.2　ネコインターフェロンの単一成分化

カイコを用いて大量にネコインターフェロンが得られたため，単一成分化を試みた。カイコから取り出した体液を，塩酸酸性液で処理し，組換えウイルスおよびプロテアーゼ活性を失活させた後，中和し，遠心分離によって上清を回収した。ブルー・セファロースおよび銅キレート・セファロースの２段のカラムクロマトグラフィーでネコインターフェロンを精製したところ，得られたネコインターフェロンは，図 1A に示すように，逆相 HPLC 分析で２成分であることが分かった。各成分を分取し，N末端アミノ酸配列を解析したところ，それぞれ，α型インターフェロンのN末端アミノ酸共通配列であるCys-Asp-Leu-Proを有するものと，これにさらに２残基のアミノ酸が付加されたLeu-Gly-Cys-Asp-Leu-Proを有するものであることが分かった。これはシグナル配列の切断が，２カ所で起こっているためと推定し，シグナル配列の改変によってネコインターフェロンの単一化を行った[15]。シグナル配列切断部位周辺のアミノ酸配列をまとめたG.von Heijneの報告[16]を参考にして，シグナル配列－３位のSerをValに変換するように改変したcDNAを用いて組換えウイルスを作製した。これをカイコに接種し，体液中に生産されたネコインターフェロンを同じ方法で精製したところ，得られたネコインターフェロンは逆相HPLC分析で単一であった（図 1B）。

得られた精製ネコインターフェロンの全アミノ酸配列を決定したところ，N末端アミノ酸配列は期待したとおりCys–Asp–Leu–Proであった。一方，C末端は，cDNAの塩基配列から推定された171番目のLysではなく，170番目のGluであることが分かった。カイコまたはウイルス由来のプロテアーゼによって限定分解を受けた可能性も考えられるが，この原因はよく分かっていない。

1.4 イヌインターフェロン–γの生産

1.4.1 糖鎖結合様式の違いによる多様性

イヌインターフェロン–γのcDNAは，Devosらによってクローニングされていたので[17]，その塩基配列をもとにプライマーを設計し，RT–PCRでイヌリンパ球からクローニングした。得られたcDNAを用いて，各種発現系についてイヌインターフェロン–γの生産性を検討したところ，図2Aに示すようにこの場合もカイコが最も良好であった。

しかし，産生量は多いが，カイコで発現したイヌインターフェロン–γは，複雑な多様性を持っていることが明らかとなった[18]。イヌインターフェロン–γを発現したカイコ体液を，イヌインターフェロン–γ抗血清を用いてウエスタンブロッティングを行ったところ，少なくとも4本の

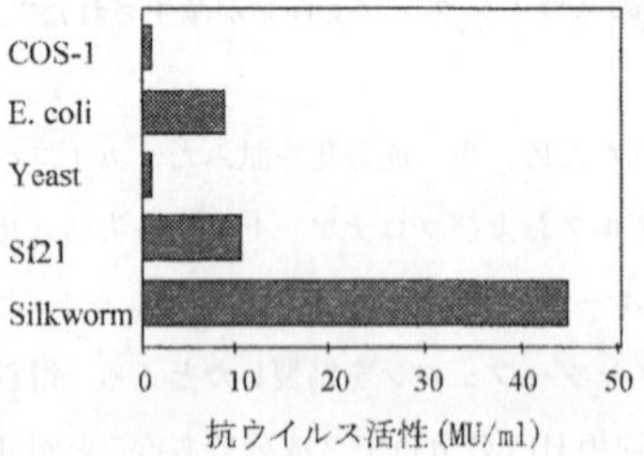

A．各種発現系におけるイヌインターフェロン–γの産生量

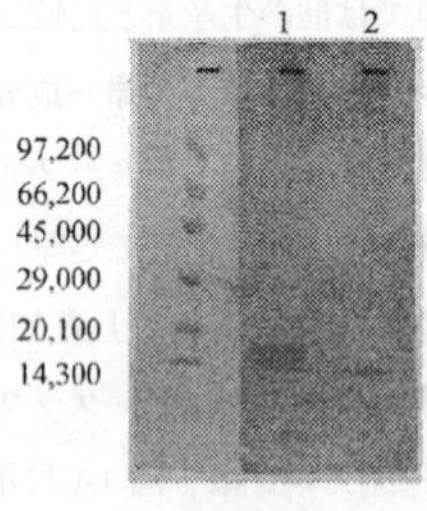

C．カイコで産生させたイヌインターフェロン–γのウエスタンブロッティング

Lane 1:遺伝子改変前
Lane 2:遺伝子改変後

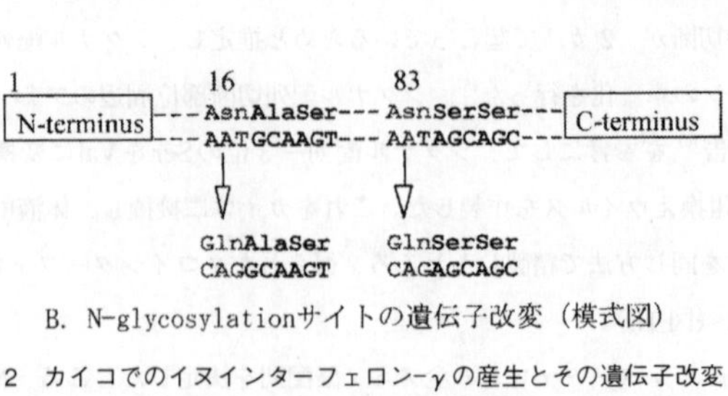

B. N-glycosylationサイトの遺伝子改変（模式図）

図2　カイコでのイヌインターフェロン–γの産生とその遺伝子改変

メインバンドが検出された（図2C，Lane 1）。

イヌインターフェロン-γの遺伝子配列から，2カ所のN型糖鎖結合部位の存在が推定されること，また，N-glycosidase処理でウエスタンブロッティングのメインバンドが1本となることから，この多様性の主な原因は，N型糖鎖の結合の差によるものと考えた。そこで，イヌインターフェロン-γ遺伝子のN型糖鎖結合配列を，図2Bに示すように改変し，得られた改変遺伝子を用いて組換えバキュロウイルスを作製した。この組換えバキュロウイルスを感染させたカイコ体液を，同様にウエスタンブロッティングで解析したところ，単一バンドのイヌインターフェロン-γが得られた（図2C，lane 2）。

一方，遺伝子改変前のイヌインターフェロン-γcDNAを組み込んだバキュロウイルスを用いて昆虫細胞Sf21で発現させた場合には，ウエスタンブロッティングで電気泳動的には単一のイヌインターフェロン-γが得られたことから，イヌインターフェロン-γに対しては，昆虫細胞とカイコで糖鎖結合様式が異なっている可能性が示唆された。

1.4.2　C末端部分の限定分解

糖鎖結合部位を欠損せたイヌインターフェロン-γを，カイコで産生させ精製を進めたところ，さらに複数のイヌインターフェロン-γが存在していることが判明した。すなわち，カイコ体液を4級アンモニウム塩で処理し，組換えウイルスを失活させた後，Cuキレートセファロースの素通りによって得られる粗精製イヌインターフェロン-γを調製した。これを逆相HPLCで分析すると，図3AのA～Hに示す8種類のピークが得られた。このピークをすべて分取し，ウエス

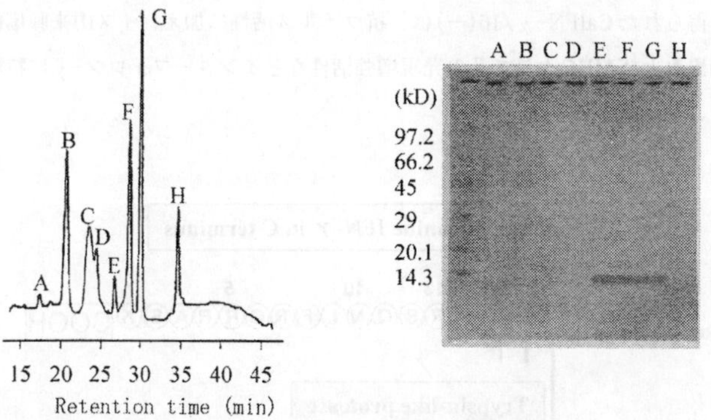

A．カイコ産生イヌインターフェロン-γの逆相HPLC分析　　B．ウェスタンブロッティングによるイヌインターフェロン-γの検出

図3　粗精製イヌインターフェロン-γにおけるイヌインターフェロン-γの同定

タンブロットによってイヌインターフェロン-γを検出したところ，ピークE，F，Gがポジティブであった（図3B）。

これらE，F，GのC末端アミノ酸配列を決定したところ，ピークEのC末端アミノ酸はLysであり，ピークFはArg，ピークGはLeuであることから，それぞれ，C末端側から，15アミノ酸残基，16アミノ酸残基，17アミノ酸残基が欠損したイヌインターフェロン-γであることが分かった（以下，それぞれ，CaIFN-γ/15(－)，CaIFN-γ/16(－)，CaIFN-γ/17(－)とする）。この原因として，プロテアーゼによって全長イヌインターフェロン-γが，限定分解を受けた可能性が考えられた。そこで，イヌインターフェロン-γを発現しているカイコ体液中のプロテアーゼ活性を測定したところ，強いトリプシン様活性が検出された。一方，キモトリプシン活性はほとんど検出されなかった。また，上述のCuキレートセファロース素通り画分に，EDTAを添加すると，CaIFN-γ/17(－)の生成量が有意に減少した。以上のことから，CaIFN-γ/15(－)，CaIFN-γ/16(－）の生成にはトリプシン様プロテアーゼが，また，CaIFN-γ/17(－）の生成にはある種のメタロプロテアーゼが関与していると推定しているが，詳細は今後検討すべき課題である（図4）。カイコ核多角体病ウイルスがシステインプロテアーゼ遺伝子を持っており，感染したカイコ体液中にシステインプロテアーゼを産生することが知られている[19, 20]。しかし，CaIFN-γ/15(－)，CaIFN-γ/16(－)，CaIFN-γ/17(－）の生成は，pH4付近では抑制され，アルカリ性側で促進されることから，このシステインプロテアーゼの関与は少ないと考えられる。

イヌインターフェロン-γを発現させたカイコ体液からは，陰イオン交換体によるカラムクロマトグラフィーによって，CaIFN-γ/16(－）およびCaIFN-γ/17(－）を，それぞれ高純度に得ることができた。このN末端アミノ酸配列を解析したところ，シグナルペプチドは正しく切断されていた。得られたCaIFN-γ/16(－)は，抗ウイルス活性に加え，イヌ由来腫瘍細胞に対する増殖抑制効果およびMHCクラスⅡの発現増強活性などインターフェロン-γに特徴的な生物活性を有することが確認できた。

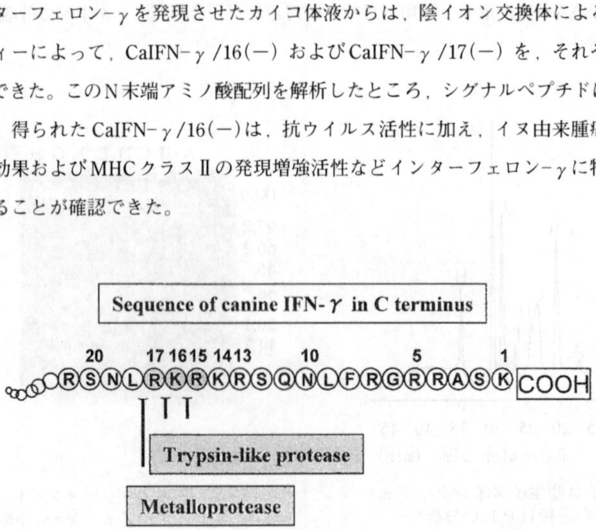

図4　イヌインターフェロン-γのC末端において想定される限定分解

1.5　おわりに

我々は，コンパニオンアニマル用医薬品の開発を目的として，カイコでのネコおよびイヌインターフェロンの生産について研究してきた。医薬品の製造においては，一定の品質を持った製品を安定に供給できる技術を確立することが重要である。そのためには，組換えタンパク質の生産工程，精製工程，製剤化工程において不純物管理を厳密に行う必要がある。不純物について注意すべき点は，目的タンパク質が修飾された物質も，場合によっては不純物に該当する点である。また，複数の修飾物が有効成分に含まれる場合でも，その成分比率はある一定の範囲内に管理する必要がある。

我々の少ない経験においても，カイコで生産した組換えタンパク質は，それぞれ異なった修飾(分解)を受けていた。ネコインターフェロンでは，シグナルペプチドの切断が2カ所で生じた。イヌインターフェロン-γでは，糖鎖結合様式の差，C末端部分の限定分解があった。カイコを用いた場合は，ウイルスによって種々組織が破壊されるため，組換えタンパク質に対する修飾，分解のパターンが複雑となる可能性が考えられた。しかし，天然型のヒトインターフェロン-ω1は，シグナルペプチドが2カ所で切断されることが報告されており[21]，また，ヒトインターフェロン-γでも大腸菌や動物細胞で発現させた場合に，C末端領域が分解されることが知られている。こうした修飾の違いは，カイコの問題に加えて，発現させるタンパク質の性質による部分もあると思われる。

我々が検討した動物インターフェロンの生産性は，カイコを用いた場合が最も高く，カイコは組換えタンパク質の生産に優れた宿主であると言う事ができる。しかし，すでに述べたように，カイコで組換えタンパク質を産生させた場合，複雑なタンパク質の修飾を受けること，さらに，カイコ体液中には大量のカイコ由来夾雑タンパク質が含まれているため，目的とする組換えタンパク質を，高純度に精製するための技術開発が重要である。

文　　献

1)　S. Maeda *et al.*, *Proc. Japan Acad. Sci.* **60** (Ser.B), 423 (1984)
2)　前田進, 細胞工学, **4** (9), 767 (1985)
3)　宮本力ほか, 蛋白質 核酸 酵素, **35** (4), 2598 (1990)
4)　A. Miyajima *et al.*, *Gene*, **58**, 273 (1987)
5)　T. Horiuchi *et al.*, *Agric. Biol. Chem.*, **51** (6), 1573 (1987)
6)　P. V. Choudary *et al.*, *Methods Mol. Biol.*, **39**, 243 (1995)

7） X. Shi *et al.*, *Biotechnol. Appl. Biochem.*, **24** (3), 245 (1996)
8） J. Deng Chin. *et al.*, *J. Biotechnol.*, **11** (2), 109 (1995)
9） P. Qiu *Biotechnol. Appl. Biochem.*, **21** (1), 67 (1995)
10） K. Kadono–Okuda *et al.*, *Biochem. Biophys. Res. Commun.*, **213** (2), 389 (1995)
11） J. Y., Choi *et al.*, *Arch. Virol.*, **145** (1), 171 (2000)
12） H. Matsuoka *et al.*, *Vaccine*, **14** (2), 120 (1996)
13） N. Nakamura *et al.*, *Biosci. Biotech. Biochem.*, **56**, 211 (1992)
14） A. Yanai *et al.*, U.S.A. Patent 5194381 (1993)
15） Y. Ueda *et al.*, *J.Vet. Med. Sci.*, **55** (2), 251 (1992)
16） G. von Heijne, *Nucleic Acids Res.*, **14**, 4683 (1986)
17） K. Devos *et al.*, *Interferon Res.*, **12**, 95 (1992)
18） F. Okano *et al.*, *J. Interferon and Cytokine Res.*, **20**, 1015 (2000)
19） S. Takahashi *et al.*, *Biosci. Biothech. Biochem.*, **61** (9), 1507 (1997)
20） T. Suzuki *et al.*, *J. Gen.Virol.*, **78**, 3073 (1997)
21） G. R. Adolf *J. Gen. Virol.*, **68**, 1669 (1987)

2　カイコを利用したタンパク質の受託生産システム
ー多種中量タンパク生産向けシステムの構築と，その特徴についてー

宇佐美昭宏*

2.1　はじめに

蚕を蛋白質生産の装置と見立てた場合は，自動的にガス交換と栄養素の供給及び老廃物の除去を行い，昆虫細胞を最高のコンディションに保ちつつ，しかも高密度に増殖させる「全自動培養タンク」と見る事ができる。そして1匹1匹の蚕は独立した「全自動培養タンク」であるため，個別に取り扱う事ができる。筆者らはこの，「個別に手軽に取り扱える」という利点に着目し，蚕を用いて，多種類の蛋白質を，mg単位で，しかもハイスループットに生産させるシステムを開発し，この技術を用いた蛋白質の生産サービス（サービス名:「スーパーワーム」）を行っている。本節ではそのサービスを通して，今までに経験した蚕による蛋白質生産の特徴と，筆者らの開発技術，生産可能な蛋白質等について紹介する。

2.2　スーパーワームサービスの特徴

蚕を用いたバキュロウイルス発現系の特徴は，基礎編において詳しく述べられていると思われるが，これまでの筆者らの経験及び開発技術の成果として作り上げた，蚕–バキュロウイルス発現系（当該受託生産システム）の特徴を，他の蛋白質生産系と比較した当該受託生産システムの特長を述べる。なお，特に断りのない限り「培養細胞」の語句は，Sf 9 などの昆虫細胞を用いたバキュロ発現系を示す。

①　発現可能な蛋白質の範囲が広い。

微生物や無細胞発現系で生産が困難であった膜蛋白質や糖蛋白質など，生産の過程で複雑な修飾を受ける蛋白質も比較的正常に生産可能であり，しかもこれまで筆者らが経験した数千種類のヒト蛋白質の発現実績では，95%前後の発現に成功している。そしてスーパーワームを通して蛋白質をお返しした顧客からの回答によると，その80%程度において活性が認められている。

②　生産量が多い。

組換え蛋白質の生産量は，蛋白質の種類によって大きく変動し，精製の方法によっても回収率は変化する。しかし表1に示す通り，幼虫1匹（約5～7g）又は蛹1匹（約1.5g）当たり，およそ数百μgの精製蛋白質の回収が期待できる。この回収量を動物細胞に換算すれば，培養液数L分に相当し，昆虫細胞の培養液に換算しても100～200mL分に相当する。

従って蛋白質のX線構造解析等に必要な数mg程度の中規模生産でも，片手でつかめる10匹

＊　Akihiro Usami　片倉工業㈱　生物科学研究所　所長

表1　蚕による各種蛋白質の回収量

タンパク質名	局在性	分子量	タグ有無	発現形態	精製ステップ	精製品取得量	おおよその精製純度
ホタルルシフェラーゼ	細胞内	65K	—	幼虫磨砕液	前処理＋カラム 1 step	2.5mg/匹	＞90%
ヒトキマーゼ	分泌	27K	ー	カイコ体液	前処理＋カラム 2 step	0.03mg/ml	＞90%
マウス IFN β	分泌	18K	—	カイコ体液	前処理＋カラム 2 step	0.02mg/ml	＞90%
ウマインフルエンザ HA	膜結合	72K	—	幼虫磨砕液	可溶化＋アフィニティー 1 step	0.24mg/匹	＞95%
ウシ IFN γ	分泌	20K	—	カイコ体液	カラム 2 step	0.15mg/ml	＞90%
2'-5'OA 合成酵素	細胞内	50K	—	蛹磨砕液	前処理＋カラム 1 step	0.5mg/匹	＞90%
タンパク質 A	細胞内	61K	—	蛹磨砕液	前処理＋カラム 1 step	3.0mg/匹	＞90%
タンパク質 B	細胞内	40K	—	蛹磨砕液	前処理＋アフィニティー 1 step	2.2mg/匹	＞95%※
タンパク質 C	細胞内	43K	—	蛹磨砕液	前処理＋カラム 2 step	0.3mg/匹	＞95%※
タンパク質 D	細胞内	45K	—	蛹磨砕液	前処理＋カラム 2 step	0.07mg/匹	＞95%※
タンパク質 E	細胞内	51K	—	幼虫磨砕液	カラム 3 step	0.1mg/匹	＞95%
タンパク質 F	核内	50K	His-tag	蛹磨砕液	前処理＋アフィニティー 1 step	0.5mg/匹	＞80%
タンパク質 G	膜結合	160K	His-tag	蛹磨砕液	可溶化＋アフィニティー 1 step	0.2mg/匹	＞80%
タンパク質 H	細胞内	20K	His-tag	蛹磨砕液	アフィニティー 1 step	15mg/匹	＞90%
タンパク質 I	分泌	40K	His-tag	カイコ体液	アフィニティー 1 step	0.06mg/ml	＞70%

※発現タンパク質の結晶化に成功しています

程度の蚕によって準備可能な場合が多い。

③　多種類の蛋白質を個別に同時平行で生産できる。

蛹は動かず，幼虫もほとんど動き回らない家畜化された昆虫であり，小さなトレーやシャーレ上で飼育が可能である。前頁②の生産量が多い特徴と併せ，写真１の様に数百種類の蛋白質の個別生産を机１台分の空間で同時に行うことができる。これを培養細胞系で実現した場合，数Lの培養タンク数百台が必要であり，蚕は圧倒的に省スペース，省エネルギーで，取り扱いが容易な生産系であることがわかる。その特性を生かして筆者らは，年間1,500種類以上の蛋白質を発現させた実績があり，処理能力としてはさらに数倍程度まで拡大が可能である。

④　遺伝子の導入から蛋白質の発現までが短期間である。

写真1　蚕の蛹（1シャーレ1蛋白質）

後述するバキュロウイルスの改造や処理技術の改良によって，遺伝子の導入から蛋白質の発現までを1カ月以内とした。細胞培養系と比較して，1/3程度の短期間で目的の蛋白質を得ることができる。

⑤　生産量の拡大，縮小が容易である。

培養細胞系では，ワーキング細胞を解凍した後，目的蛋白質の必要量が確保できると思われる量まで拡大培養が必要である。蛋白質の必要量が数gといった多量の場合には，異なる容量の培養タンク数基と，その移し替え作業が必要となる。これらの培養タンクは数L程度（蛋白質量数百μg～数mg）であれば1,000万円以下で市販されているが，数百L～数tともなれば，その設備投資は膨大である。しかも拡大培養のたびに装置や培地等をすべて無菌操作で用意せねばならず，多量の細胞量を得るまでの培養期間は長期となる。つまり試験的な一過性の蛋白質を大量に得たい場合には向いていない。

これに対して蚕を用いた場合は，生産量は蚕の飼育匹数でコントロールできるため，数匹から数万匹に至るまで，小さな恒温室またはインキュベーター1台で良く，生産期間も蚕の数量にかかわらず約1ヶ月弱を要するのみである。従って数百μgから数gまでの生産量の拡大，縮小は非常に容易であり，受託サービスの低コスト化を実現できた主因ともなっている。

⑥　工程管理が容易で，蛋白質生産量の再現性が高い。

蚕の人工飼料による飼育方法は，長年の開発によって確立されており，個々の蚕の個体差もほとんど無く，年間を通していつでも計画的に生産できる[1]。また，培養細胞で良く見られる細胞コンディションの違いによる蛋白質生産量の変動は，蚕の場合はまったくと言っていいほど起こらない（蚕は常にフレッシュな細胞を維持しているためと思われる）。さらに培養細胞の場合は，感染細胞の総数と投与組換えウイルス量を厳密に調製しなければならず，その量的なバランスの

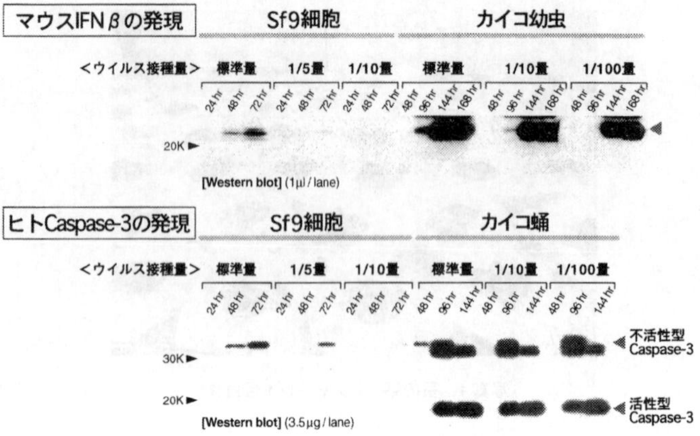

図１　蚕の発現安定性

変化によって，蛋白質生産量も大きく変動する。しかも投与する組換えウイルス量も大量に必要である。これに対して蚕の場合は，ウイルスの感染が細胞の固まりである組織のために，感染した組換えウイルスは増殖後，隣接する他の細胞にも順次感染していく。このため図１で示す通り，感染に必要な組換えウイルス量が非常に少なくて済み，また，投与量を100倍変動させた場合でも，得られる蛋白質量はほとんど一定である。このため生産量の再現性が良く，ロット間差が非常に少ないため，発現工程後の各種生産工程の定型化が容易である。

2.3　多品種生産への工夫

2.3.1　バキュロウイルスの改良

筆者らは，より多種類の蛋白質を正常な形として生産し，さらに組換え作業工程をハイスループット化するために，次に示すバキュロウイルス自身の改良を行った。

(1)　プロテアーゼ遺伝子の欠損ウイルス（CPd ウイルスと略す）の作成

バキュロウイルスの発現系を用いて生産した蛋白質が，生産過程で分解を受ける事がよくある。当初その現象がウイルス感染後期に見られる事から，感染細胞がウイルス増殖によって破綻し，ライソゾーム酵素などが遊離するなどの，ホスト側の内在性プロテアーゼも犯人候補として疑われた。しかし筆者らは京都工芸繊維大学の森肇教授他の協力を得ながら，その原因がバキュロウイルスゲノム上のgp64遺伝子近傍に存在するシステインプロテアーゼ遺伝子によって作り出される事がわかり（図２），この遺伝子を欠損させたCPdウイルスを完成させた[2]。従来のバキュロウイルスで蛍の発光酵素であるルシフェラーゼを生産させた場合，感染の後期に生産蓄積

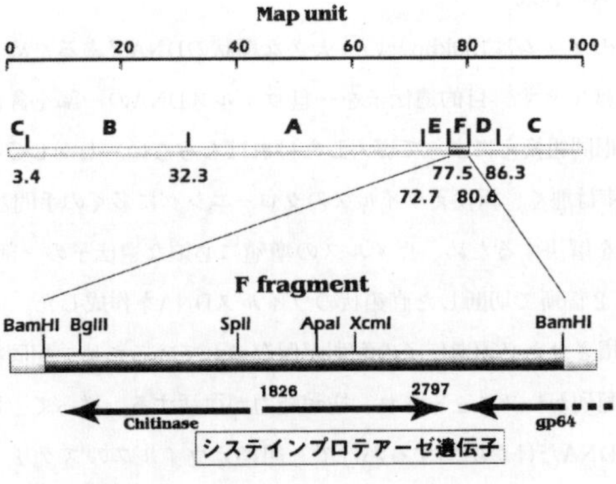

図2　バキュロウイルスDNA上のシステインプロテアーゼ

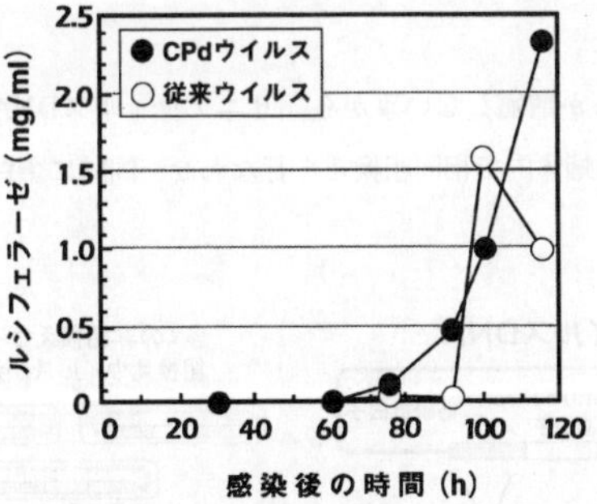

図3　CPdウイルスと従来ウイルスとのルシフェラーゼ生産量の違い

されていたルシフェラーゼが，プロテアーゼの発現を境に分解減少してしまう。しかしこのCPdウイルスを用いた場合は，ルシフェラーゼの分解が起こらず，蚕体内で多量に蓄積される(図3)。

ウイルス由来システインプロテアーゼは，比較的基質特異性が低く，多くの蛋白質を分解するが，中にはこのプロテアーゼの影響を受けない蛋白質もある。また，特定の蛋白質を商業利用目的で大量に継続して生産したい場合は，蛋白質自身の切断サイトのアミノ酸配列を遺伝子組み換え技術で変更するなどの方法もある[3]。また，培養細胞系を用いる場合は，培地にE-64，ヨード酢酸，Leupeptinなどのインヒビターを添加する事も有効であると考える。

しかし多くの顧客から多種多様な蛋白質を，ハイスループットで蚕に生産させる場合は，蛋白質の特性に合わせて個別対応する事ができないため，当該CPdウイルスは必須と言える。

(2) リニアウイルスの作成

バキュロウイルスのゲノムは130kbpという大きな環状のDNAであるため，直接発現したい遺伝子を導入することはできず，目的遺伝子を一旦ウイルスDNAの一部を含むトランスファープラスミドに組込み，相同組換えによって導入しなければならない。しかしこの相同組換えによる目的遺伝子の導入効率は悪く，組換えウイルスのクローニングに多くの手間と時間を要していた。

筆者らはこの問題を解決するため，ウイルスの増殖に必須な遺伝子の一部を欠損させる形で，環状ウイルスDNAを２箇所で切断した直鎖状のウイルスDNAを作成した。一方トランスファープラスミド側には欠損させた必須遺伝子の配列が保存されているため，相同組換えを起こした組換えウイルスは欠損配列がレスキューされ，増殖能力が復活する。従って，目的遺伝子が挿入された組換えウイルスDNAだけが増殖するわけで，組換えウイルスのスクリーニング作業を不要とした（図４）。

筆者らはこのリニアウイルスの利用によって，96種類の発現遺伝子の取扱いと，相同組換えによる組換えウイルスの作成を，すべて96穴プレート上で行い，１工程で96種類同時に操作できるシステムを完成させた。

さらに組換えウイルスしか増殖しない事から，リニアウイルスDNAとトランスファープラスミドを直接蛹に注射し，蚕蛹体内で相同組換えを行なわせ，同時に蛋白質の発現も行う最速の組

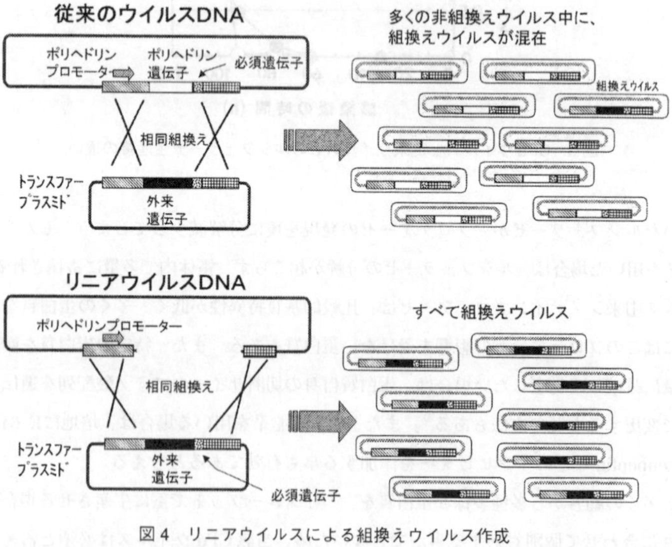

図４ リニアウイルスによる組換えウイルス作成

換え・発現システムも構築した。しかしこの方法は作業工程の短縮の利点がある反面，リニアウイルスDNAやトランスファープラスミドの各DNA量を比較的多く消費する欠点もあるため，速度を優先するのか，経済性を優先するのかによって手法を選択している。

2.3.2　発現蛋白質の種類による蛹と幼虫の使い分け

蚕の蛹は約1.5gであり，幼虫の5～7gと比べて小さいが，幼虫が持つ巨大な消化管や絹糸腺が無いため，目的とする蛋白質の回収量では幼虫と遜色ない。さらに蛹は次の利点を持ち，蛋白質を生産させる宿主として非常に有用である。

① 蛹は5℃の冷蔵庫で2ヶ月以上保存でき，蛋白質生産に使用したい時だけ常温に戻せばそのまま利用でき，手軽である。

② 蚕は成虫期（蛾）も何も食べずに生涯を終える昆虫であるため，蛹の段階ですでに消化管が退化してほとんど無い。膜蛋白質や非分泌型の蛋白質は，発現蛋白質が体液にほとんど分泌されないために，蚕全体を細胞レベルで粉砕する必要がある。しかし幼虫の場合は強力な消化液の影響が大きく，多くの蛋白質がその犠牲となる。この点で蛹はその様な問題点が無い。

③ 蛹は幼虫の1/100程度のウイルス量で十分感染が成立するため，使用する組換えウイルス量が少なくて済む。

④ 蛹は動かず，餌も食べず，物として取り扱えるので，ウイルス感染などの単一作業はロボット化が容易である。

⑤ 蛹は糞をせず，表面をアルコール消毒できるため，清潔な環境下で取扱える。

⑥ 幼虫よりも小さく，密集して保存できるため，省スペース化が図れる。

蛹はこのように，複数の顧客から不規則なタイミングで，多種類の蛋白質を区別しながら生産する受託生産に向いており，筆者らはほとんどの蛋白質生産に蛹を用いている。

しかし蛹は体液が少ないため，分泌型の蛋白質を生産する場合には適さない。サイトカインやケモカン，各種ホルモンなどの分泌型の蛋白質の生産には幼虫を用い，体液を回収している。体液回収の場合は幼虫を用いても，消化管に傷を付けなければ消化液プロテアーゼの影響は受けないが，1匹1匹から回収する手間がかかる。

2.3.3　迅速な精製条件検討を可能とする蚕

蚕からの蛋白質の精製は，培養細胞系と比較して困難と思われがちである。確かに蚕の体液や，蛹の磨砕液には夾雑蛋白質が高濃度に存在する。しかし複数の顧客から多数の蛋白質の精製条件を平行して迅速に決めなければならない受託サービスの場合，発現蛋白質も高濃度で得られる利点が下記の利点として活かされ，むしろ有利に働いている。

① サンプルが希釈化される事の多い初期の精製条件検討で，発現蛋白質の検出が容易であ

る。

② カラムにアプライする際に必要な，サンプルの吸着バッファーへの置換が，単に吸着バッファーによる希釈だけで済む場合が多く，多数の吸着条件の検討が容易に行える。

③ 高濃度で液量が少ないために，カラムへの吸着時間が短く，失活の危険性が減る。

④ 高濃度なため，ゲルろ過などの希釈操作後の濃縮が容易である。

図5はマウスIFN β を発現させた場合の蚕体液または培養細胞の上清・各1 mL当たりの生産量で，蚕体液の方が約100倍高濃度である事がわかる。

また図6はヒトCaspase-3を生産させた場合の，夾雑蛋白質も含めた全蛋白質量に対するヒト

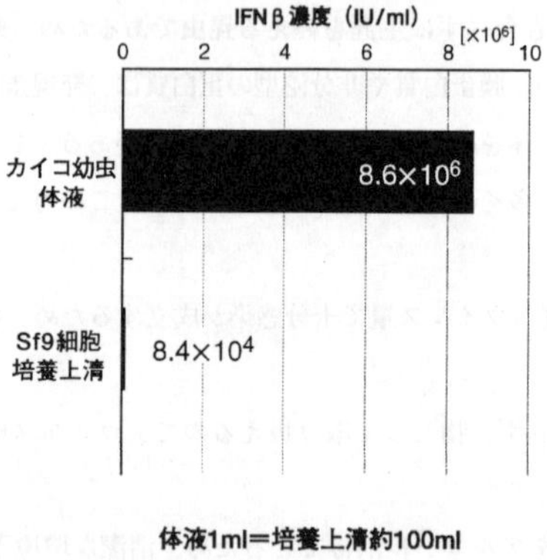

図5　蚕と培養細胞による生産量の差

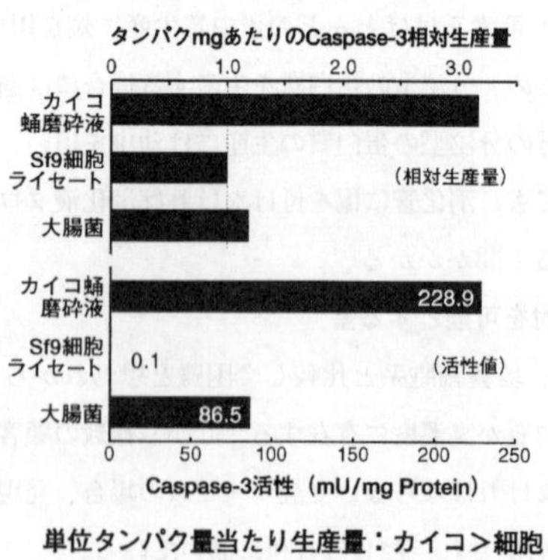

図6　生産方法の違いによる全蛋白質量当たりの発現蛋白質量

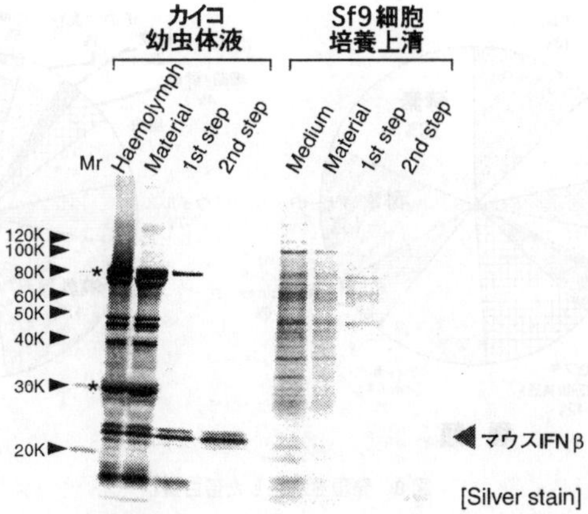

図7　マウスIFN β の精製過程

表2　マウスIFN β の精製過程の比活性と収率

使用材料	精製工程	Total 活性 (IU)	容量 (ml)	Total 蛋白 (mg)	比活性 (IU/mg)	収率 (%)
カイコ幼虫体液	crude	1.9×10^7	2.5	52.5	3.7×10^5	100
	1st step	1.4×10^7	50	0.41	3.3×10^7	70.2
	2nd step	7.4×10^6	30	0.10	7.4×10^7	38.2
Sf 9 細胞培養上清	crude	1.7×10^7	200	19.6	8.6×10^5	100
	1st step	6.7×10^5	50	0.24	2.8×10^6	4.0
	2nd step	1.1×10^5	28	0.04	2.9×10^6	0.7

Caspase-3の量と活性値を示したものであるが，このケースの様に，培養細胞よりも蚕の方が，夾雑蛋白質に対する発現蛋白質の濃度比が高く，相対量が逆に多い場合もある。この場合は，圧倒的に蚕を用いた方が精製が容易である。

さらに蚕は夾雑蛋白質が多いと言っても，30k付近の小分子リポ蛋白質と，80k付近の貯蔵蛋白質がその多くを占めている（図7中の＊印）。従ってその蛋白質との分離が容易であれば，精製品の収率や純度も，むしろ蚕を用いた方が良好な結果を期待できる（表2）。

2.4　生産可能な蛋白質（生産した蛋白質の性状）

図8はスーパーワームサービスによってこれまでに生産した蛋白質の種類と由来であるが，これを見て分かる通り，ほとんどすべての種類の蛋白質が生産可能と言える。また，細菌系と比べ

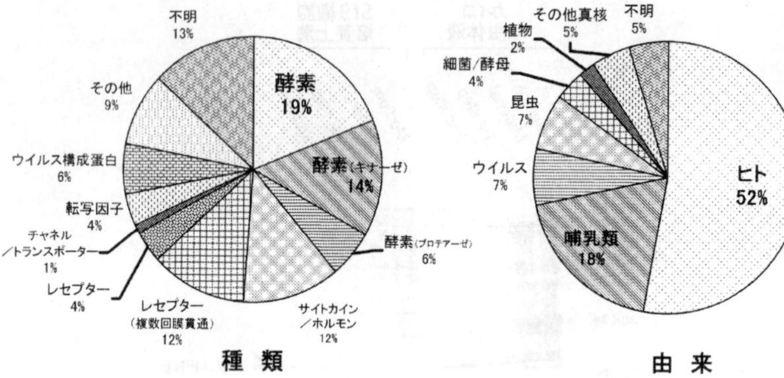

図８　発現を経験した蛋白質

て天然型に近い翻訳後修飾が起き，可溶性で発現する確率も約８～９割と高い。特にGPCRなどの７回膜貫通型受容体など，複雑な膜蛋白質も活性を保持した形で発現する事が確認されている。従ってここでは逆に，生産蛋白質の特徴や生産困難な蛋白質を述べる。

2.4.1　糖鎖構造の違い

蚕で生産した糖蛋白質は，それぞれが異なる糖鎖構造を持つ８～９種類のヘテロな蛋白質として生産される[4]。

さらにその糖鎖構造の中には，アスパラギンに結合した糖鎖の根元のGlcNAc残基に，哺乳類の糖蛋白質には通常見られないα1-3結合のフコースが存在するものがある[4]。このフコースは哺乳類において抗原（腫瘍マーカーの一つ）として認識されるため，蚕で生産した蛋白質をマウスなどの動物に投与し，生理活性を継続的に見るような場合は，投与蛋白質に対する抗体の出現が懸念される。また蚕で糖蛋白質を生産させた場合は，N-アセチルグルコサミニダーゼの活性が高いためか，少数マンノース構造の糖鎖が半数近くを占め，ガラクトースがほとんど付かない構造となっている[5]。この事は，糖鎖構造が蛋白質の活性や安定性に影響を与える場合や，X線による立体構造解析用の蛋白質の提供にとっては問題点となる。

2.4.2　生産量の少ない蛋白質

蛋白質の種類による発現量の差は，数十μgから数mg/匹まで約３桁のオーダーで異なるが，その原因はまだ正確には解明されていない。蛋白質の安定性そのものが低い場合のほかに，発現蛋白質の遺伝子配列の問題（スプライシングサイトやポリAシグナルなどの類似配列の存在や，RNAインスタビリティー等の問題）も発現量を下げる原因になると考える。しかし極端に生産量が少ない蛋白質の原因としては，生物の由来の違いによるコドンユーセージの問題が大きいと考える。たとえばAGで始まるアルギニンやセリン，TTで始まるロイシンなどは，バキュロウイルスの発現系に適していないようである。

2.4.3　凝集する蛋白質

筆者らの成績では，発現させた蛋白質の約 1 割程度の種類は強い凝集が観察される。蛋白質の凝集については，発現蛋白質の個性や蚕細胞内の環境条件，適当な分子シャペロンや折畳み触媒の有無，蛋白質の生産速度，細胞内での蛋白質密度等，数多くの因子の結果であり，とにかく現状では発現させてみなければ，凝集の可能性は予測がつかない状況である。

また一般的に，Hisタグよりも，GSTタグを用いた方が凝集するケースが少ないようであるが，しかし発現蛋白質が正常なフォルディングによって，本来の構造を形成した結果として可溶化状態で発現されているのか，本来の立体構造とは異なるが，単にGSTタグの構造を借りて可溶化状態となって発現されているのかは不明である。

さらに，SS結合の多い抗体などを生産させた場合は凝集するケースが多く，その救済は困難であるが，その他の原因による凝集蛋白質は，各種の界面活性剤によって可溶化させ，活性の回復が可能な場合もみられる。

2.5　おわりに

蚕を利用した蛋白質の生産系は，多種多様な生物由来の蛋白質の生産要求に対して，必ずしも100%対応できるものではない。しかし筆者らが現在までに経験し，蓄積してきたノウハウも含めて構築したスーパーワームサービスは，多品種中量生産の受託生産用発現系として，現時点でトップクラスの能力を有すると考える。

今後もこの生産系をさらに改良し，蛋白質研究者からの要望にすべてお応えできるよう努力したいと考える。

文　　献

1)　水上恵成ほか，図解養蚕，全国養蚕農業協同組合連合会 (1996)
2)　T. Suzuki, *J. Gen. Virol.*, **78**, 3073–3080 (1997)
3)　田中貴ほか，*Bio Industry*, **21** (3), 21–27 (2004)
4)　R. Misaki *et al*, *Biochem. Biophys. Res. Commun.*, **311**, 979–986 (2003)
5)　S. Watanabe *et al*, *J. Biol. Chem.*, **270** (7), 5090–5093 (2002)

3 昆虫ウイルスの多角体を用いたプロテインチップの開発 ープロテインチップの考え方と作成法，利用法ー

森 肇[*1]，中澤 裕[*2]，池田敬子[*3]

3.1 はじめに

昆虫は冬になると卵，幼虫，蛹，成虫などのさまざまな発育段階で冬眠するが，この現象を休眠と呼ぶ。また，昆虫によっては冬だけではなく，暑い夏の時期にも休眠するものも見られる。これらは，昆虫にとって餌がない，寒すぎる，あるいは逆に暑すぎるといった好ましくない環境下で，できるだけ自らのエネルギーの消費量を抑えて過ごすことができるかという，そのたくましい生命力の現れに他ならない。ところが，こういった昆虫に感染するウイルスも昆虫と同等か，あるいはそれを凌ぐ極めて高度な戦略を兼ね備えている。それは，ウイルス自身が休眠するということである。昆虫ウイルスは餌とともに宿主である昆虫に取り込まれて，初めて感染が成立する。そこで，昆虫ウイルスは昆虫が餌を食べない期間，自らの増殖能力を失わないようにタンパク質からできたウイルス封入体(これらは多角体や顆粒体などと呼ばれている)のなかに自らを閉じ込める[1~3]。この多角体の中に閉じ込められたウイルスは，紫外線，高温，乾燥などの環境要因から保護されるようになる。このような多角体を作るウイルスは大きく分けて，細胞質多角体病ウイルスと核多角体病ウイルスの二つに分類される。

細胞質多角体病ウイルス(cytoplasmic polyhedrosis virus，CPV)はレオウイルス科に属し，分節した10から12本の二本鎖RNA (dsRNA) セグメントからなるゲノムを有する球状ウイルスである。主に昆虫の中腸皮膜組織の円筒細胞で増殖し，このウイルスに感染した昆虫は感染細胞の細胞質に多角体と呼ばれるウイルス封入体が多数形成されるため，感染後期には中腸が白濁するのが特徴である。このウイルス封入体である多角体の中には数万個のウイルス粒子が封入されている。

一方，バキュロウイルス科に分類される核多角体病ウイルス (nuclear polyhedrosis virus，NPV)は核に多角体を作り，その中には多数の棒状ウイルス粒子が封入されている。また同科に属するウイルスで，顆粒病ウイルス (granulosis virus，GV) と呼ばれるウイルスも，細胞質に顆粒体と呼ばれる封入体を形成するが，その中には1個のウイルス粒子のみが封入されている。このようなバキュロウイルスは環状の二本鎖DNAからなるゲノムを有し，その長さは約130kbp

＊1 Hajime Mori 京都工芸繊維大学 繊維学部 教授；㈱プロテインクリスタル 代表取締役
＊2 Hiroshi Nakazawa ㈱プロテインクリスタル 主任研究員
＊3 Keiko Ikeda ㈱プロテインクリスタル 主任研究員

にもなり，大型のウイルスである。このウイルスは，タンパク質の大量生産系として用いられるバキュロウイルスベクターとして広く知られるようになった。

3.2　細胞質多角体病ウイルスが作る多角体とは

このようなウイルス封入体である多角体は，感染後期に合成される多角体タンパク質（polyhedrin）が会合し結晶化した構造物である（図１d）。この多角体を昆虫が餌と共に食下すると消化管の中のアルカリ性の消化液によって，多角体は溶解しその中に封入されていた大量のウイルスが放出され感染が生じる。すなわち，多角体はウイルスを感染細胞まで運ぶベクターとしての機能を持っている。さらに，多角体はその中に封入したウイルスを乾燥や紫外線などから守る「金庫」としての役割も果たしている。特に，多くの溶媒や界面活性剤によっても溶解せず，またさらに細菌による腐敗にも影響を受けず，固定されているウイルスは自身の感染力に関して全く影響を及ぼされないのである。

そこで，後ほど述べる通り，この多角体をタンパク質分子の保護のための「入れ物」として利用しようと考えた。何故ならば，一般的にタンパク質は熱や乾燥に対して非常に不安定であるからである。

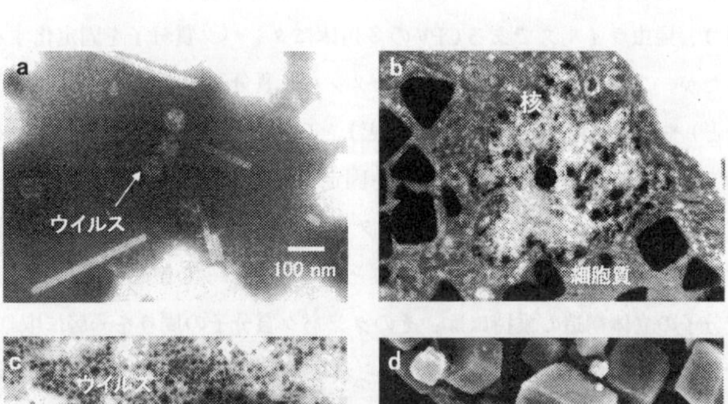

図１　カイコ細胞質多角体病ウイルスの電子顕微鏡写真
a：精製したウイルス（棒状のものはタバコモザイクウイルス）
b：カイコ中腸円筒細胞での増殖
c：多角体に固定化されつつあるウイルス
d：多角体の走査型電子顕微鏡写真

細胞質多角体病ウイルス（cytoplasmic polyhedrosis virus，CPV）は，レオウイルス科のCypovirus属に分類され，分節した10から12本の二本鎖RNA（dsRNA）セグメントを有する球状ウイルスである[1]（図1a)。主に昆虫の中腸皮膜組織の円筒細胞で増殖し，このウイルスに感染した昆虫は感染細胞の細胞質に多角体と呼ばれるウイルス封入体が多数形成されるため（図1b)，感染後期には中腸が白濁するのが特徴である。このウイルス封入体である多角体の中には数万個のウイルス粒子が固定されている（図1c)。CPVは約200種の昆虫から見出されており，そのRNAの泳動パターンから12の型に分類されている[1]。

3.3　プロテインチップとは

プロテインチップは，酵素と基質，DNAとタンパク質，RNAとタンパク質，さらにはタンパク質分子間の相互作用を解析する重要なアプリケーションの一つであると期待されている。しかしながら，20種類のアミノ酸からなるタンパク質は非常に複雑で多様な構造を持ち，またその分子内には疎水性，親水性，酸性，塩基性などを示すドメインが存在したり，またリン酸化を受けていたり，糖鎖を持つなど非常に多様性に富んでいる。このように構造や機能の面で非常に多様なタンパク質分子をできるだけ画一化した方法でその構造や機能を保持した状態で固定化し，それを基盤に並べることがプロテインチップを開発する上で最も重要な課題である。

後述する通り，昆虫ウイルスであるCPVの多角体にタンパク質分子を固定化することができるようになったが，この多角体に固定化されたタンパク質分子は，抗原性(アレルゲンや病原体タンパク質など）や酵素活性（リン酸化酵素など）といった機能を一部保持していることが判明してきたので，このような機能性タンパク質を固定化した多角体（プロテインビーズ®）を基盤上に配列することにより，タンパク質分子間やタンパク質分子と他の化学物質との相互作用の解析を目的とするプロテインチップを開発することが可能となってきた。

タンパク質分子の立体構造の維持には，そのタンパク質分子の周りを一層に取り囲む水分子，すなわち水和が重要な働きをしていることが知られている。実際にタンパク質分子が乾燥などによって水分子を失うと立体構造が損なわれタンパク質分子は変性する。しかし，プロテインビーズ®固定化されたタンパク質分子は乾燥に対して極めて耐性をしめすことが判明し，多角体が水和の代役を果たしているものと考えられた。これが昆虫ウイルスの多角体をプロテインチップ開発に用いる最大の利点である。

3.4　多角体にタンパク質分子が固定化される仕組み

これまでの研究で，カイコ細胞質多角体病ウイルス（*Bombyx mori* CPV，BmCPV）は，10本に分節した二本鎖RNA（セグメント1～10をS1～S10と表記する）をゲノムにもち，多角体を構成するタンパク質である分子量30kの多角体タンパク質（polyhedrin）は最も小さいセグメントS10によってコードされている[4]。また，BmCPVのウイルス粒子は151kDaのviral capsid protein 1（VP1）の他にVP2（142kDa），VP3（130kDa），VP4（67kDa），VP5（33kDa）の5種類のタンパク質から構成され，S1とS4によってそれぞれコードされているVP1とVP3がウイルスの外殻を構成するタンパク質である[1]。また，BmCPVの多角体のX線結晶解析も進み始め，多角体は多角体タンパク質からなる結晶であり，単位格子（unit cell）は a＝b＝c＝104.4Åで，$I2_13$というタンパク質結晶の空間群に位置し，24分子の多角体タンパク質からこの単位格子が形成されている。

一方，著者らはウイルス粒子が多角体に固定化される現象は，S4にコードされているVP3とS10にコードされている多角体タンパク質の相互作用によるものであることを明らかにした[5]。これについては後で詳しく述べるが，VP3のN末付近のアミノ酸配列を固定化シグナルとして緑色蛍光タンパク質（EGFP）につないだ融合タンパク質をBmCPVの多角体タンパク質とともに培養細胞中で発現させると，多角体にこの融合タンパク質が特異的に取り込まれる[5]。この多角体を，アルカリ溶液（pH10以上）で処理すると多角体が溶解し，中に固定化されていた融合タンパク質が放出されることから，BmCPVの外殻タンパク質であるVP3がウイルス粒子を多角体中に固定させるためのシグナルとしての役割を担っていることを意味している。現在のところ，この多角体へのタンパク質の固定化については，多角体への緑色蛍光タンパク質（EGFP）の固定化の実験から，VP3のN末から79アミノ酸までの範囲にその多角体への固定化シグナルがあることがわかってきた（投稿中）。このように，VP3のN末付近のアミノ酸配列を固定化シグナルとして利用すれば，様々なタンパク質分子をウイルスの代わりに多角体に固定化できるようになった。このVP3由来の固定化シグナルを機能性タンパク質のN末もしくはC末に導入し，多角体タンパク質とともに発現すればその機能性タンパク質は発現と同時に活性を保った状態で固定化されるようになった。そこで，図2に示すとおりVP3由来の固定化シグナルを機能性タンパ

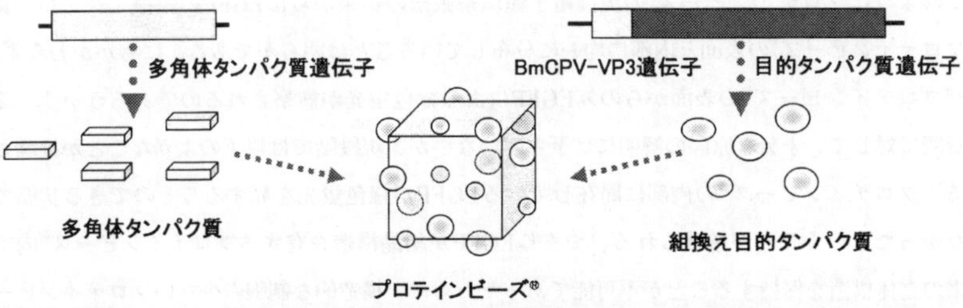

図2　多角体にタンパク質が固定化される模式図

ク質に導入し，多角体タンパク質とともに発現すれば，機能性タンパク質は発現と同時に多角体中に活性を保った状態で固定化されることになる。このような機能性タンパク質をその活性を保持した状態で固定化した多角体（プロテインビーズ®）を基盤上に配列することにより，タンパク質分子間相互作用などの解析を目的とするプロテインチップを開発することが可能となる。

3.5 多角体へのタンパク質分子固定化の具体例

本方法の概略について説明する。VP3のＮ末側もしくはＣ末側をそれぞれEGFPのＮ末またはC末のどちらかに挿入し，これらの組換えタンパク質を多角体タンパク質と同時にバキュロウイルスベクターを用いて昆虫培養細胞で発現した。得られたプロテインビーズ®を精製し，それぞれの多角体からの緑色蛍光を観察した。その結果，EGFPのＮ末にVP3のＮ末を挿入した場合，この組換えタンパク質はプロテインビーズ®に固定化されており多角体から強い緑色蛍光が観察された（図３aとb)。これに対してEGFPのＣ末にVP3のＣ末を挿入した場合では，プロテインビーズ®からは全く緑色蛍光が観察されなかった（図３cとd)。この結果からVP3のＮ末のアミノ酸配列がプロテインビーズ®への固定化のためのシグナル（固定化シグナル）として機能していることがわかるが，最近このアミノ酸配列がかなり特定されるようになってきた。

EGFPが固定化された１辺が約10μmのプロテインビーズ®を共焦点レーザー顕微鏡で観察した。1μm間隔でスキャンしたところ，緑色蛍光はまず上部表面全体に観察され，次に多角体外側の側面部分が光り，最後にプロテインビーズ®の底面全体の緑色蛍光が観察された。これはプロテインビーズ®の表面から緑色蛍光が観察されることを意味している（図３e)。次に，免疫電子顕微鏡観察によって固定化されたEGFPの局在を調べた。VP3とEGFPからなる組換えタンパク質を検出するために，8 nmの金粒子で標識されたVP3に対するモノクローナル抗体と15nmの金粒子で標識されたEGFPに対するモノクローナル抗体を用いた。その結果，この二つのサイズの金粒子で標識された抗体と組換えタンパク質との反応によって，VP3とEGFPからなる組換えタンパク質はプロテインビーズ®の表面及びその内部に存在していることが示された（図４)。

このようにプロテインビーズ®の免疫電子顕微鏡観察の結果からはEGFPの組換えタンパク質はプロテインビーズ®の表面と内部に均一に分布していることは明らかである。にもかかわらず，なぜプロテインビーズ®の表面からのみEGFPによる緑色蛍光が観察されるのであろうか？　この疑問に対して，十分な原因の解明には至っていないが，現段階では以下のようなことが推測される。プロテインビーズ®の内部に局在しているEGFPが緑色蛍光を発することのできる状態ではなかったということが挙げられる，つまりEGFPが結晶構造を有するプロテインビーズ®内で本来の立体構造を保持することが不可能であったために，構造的な制限の少ないプロテインビーズ®表面上では正常にそのタンパク質の持つ機能･立体構造を発揮できた。一方，プロテインビー

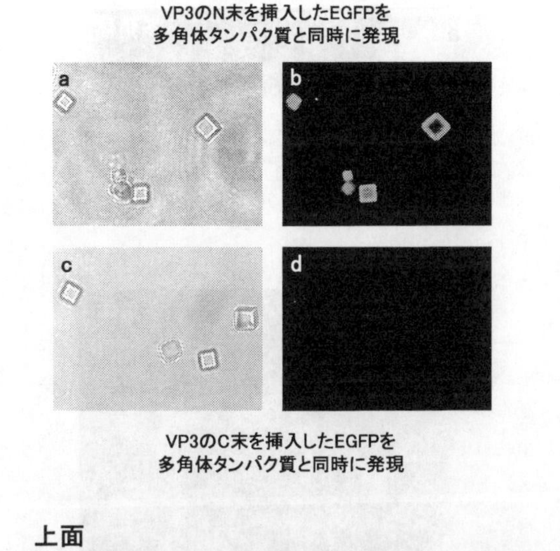

図３　多角体への緑色蛍光タンパク質（EGFP）の固定化

aとb：VP3のＮ末の配列をEGFPのＮ末端に挿入し，この組換えタンパク質を多角体タンパク質とともに発現してプロテインビーズ®を作製した

cとd：VP3のＣ末の配列をEGFPのＣ末端に挿入し，この組換えタンパク質を多角体タンパク質とともに発現してプロテインビーズ®を作製した

aとc：透過像

bとd：蛍光像

e　：EGFPを固定化したプロテインビーズ®の共焦点レーザー顕微鏡による観察結果

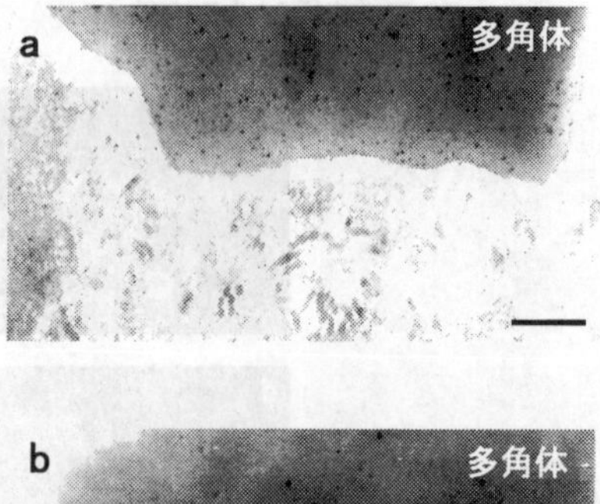

図4　EGFPを固定化したプロテインビーズ®の免疫電子顕微鏡による観察結果
a：8 nmの金粒子で標識したVP3に対するモノクローナル抗体との反応
b：15nmの金粒子で標識したEGFPに対するポリクローナル抗体との反応

ズ®の内部ではそれが抑制された状態にある。EGFPは本来蛍光を発するには分子内の発色団Ser–Tyr–Gly（アミノ酸65～67）が環状トリペプチドを構成し，さらに環状トリペプチドが酸素分子による酸化を必要とする[6, 7]。このEGFPの組換えタンパク質の場合，プロテインビーズ®に取り込まれた分子はアルカリ中でプロテインビーズ®を溶解すれば，蛍光が速やかに観察されることから，いずれにしてもプロテインビーズ®内部に固定化されたEGFPは構造的あるいは機能的に発色団の形成途上の段階にあるものと推察している。

3.6　プロテインビーズ®に固定化されたタンパク質分子の安定性

タンパク質分子の周囲にはおおむね一重の水分子が取り囲んで，タンパク質分子の立体構造を

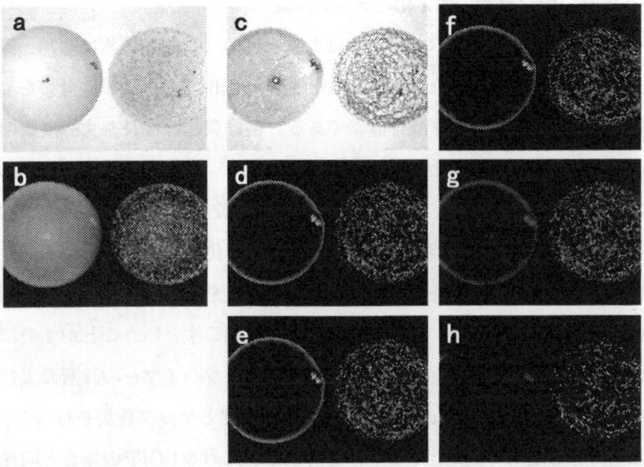

図5　プロテインビーズ®に固定化されたタンパク質の乾燥に対する安定性
それぞれの写真の左側はスポットしたEGFP溶液，右側はスポットしたEGFP固定化多角体a，bはスライドガラス上に滴下直後（aは透過像，bは蛍光像），cからhはスライドガラス上に滴下して10分経過後（cは透過像，dは蛍光像），1時間経過後（e），1日経過後（f），1週間経過後（g），1ヶ月経過後（h）。

ガードしている（水和）。タンパク質はこのような立体的な構造によって初めて生命における独自の働きを発揮することが出来る。あらゆる生物の生存の本質は，この水分子とタンパク質とが形成する立体構造によるものである。つまり，生命現象はこのタンパク質と水の織りなす立体構造をもとに生体がその機能を保持していると言うことである。逆に，死とはタンパク質が水との立体構造を維持できず，その結果，生体機能を失うことである。このようにタンパク質分子は乾燥，すなわち水分子を失うことによって，本来の立体構造を保持できなくなるということである。

フリーな状態のEGFPは，水溶液の状態では非常に強い緑色蛍光を発していたが，スライドガラス上で乾燥するとその蛍光を完全に消失した。これに対してプロテインビーズ®に固定化されたEGFPは乾燥によっても全く蛍光を失うことはなかった。さらに，1ヶ月放置してもその蛍光はほとんど低下することはなかった（図5）。これは，タンパク質を固定化する上で，極めて大きな利点である。すなわち，現存のプロテインチップの作製においては，タンパク質を基盤上に固定・配列した後，70〜80%の湿度管理を必要とする[8〜10)]。これに対して，プロテインビーズ®にタンパク質分子を固定化することによってこれらの保湿が不要となり，プロテインチップとしての生産効率，販売形態に極めて大きな利点を備えていることがわかった。このように多角体を用いたプロテインチップ開発の最大の利点を導き出すことが出来た。

3.7　多角体へのリン酸化酵素の固定化とチップ作製

サイクリン依存性リン酸化酵素（Cdk）とよばれる一群のリン酸化酵素は通常，細胞分裂を促進するものであるが，サイクリン依存性リン酸化酵素5（Cdk5）だけは細胞分裂をしない神経細胞で活性が見られるユニークなリン酸化酵素である。神経突起の伸長や大脳皮質の層形成にはCdk5とそのニューロンでの活性化因子p35を必要とするが，このp35/Cdk5複合体がカルシウム依存性プロテアーゼであるカルパインの働きによって限定分解を受けるとp35がp25へと変化し，p25/Cdk5複合体の生成がなされ，Cdk5の持続的活性化と局在異常が起き，それによってp25/Cdk5複合体はタウタンパク質を過リン酸化し細胞骨格を破壊する[11]。このようにp25/Cdk5複合体が投射ニューロンの細胞死（アポトーシス）を引き起こすということがすでに解明されている。このため，このCdk5を固定した多角体は今後，アルツハイマーの診断および治療に何らかの形で役立つものと考えられ，Cdk5の多角体への固定化とチップ作製を行った。

Cdk5のN末側にVP3由来の固定化シグナルを導入し，これをEGFPの場合と同様にバキュロウイルスベクターを用いて昆虫細胞内で多角体タンパク質と同時に発現させ，Cdk5の多角体への固定化を行った。このCdk5のようにあるタンパク質がプロテインビーズ®に固定されているかどうかはSDS-PAGEとゲルの染色で十分である。Cdk5の固定化を行ったプロテインビーズ®のレーンでは分子量30kの多角体タンパク質のバンドの他に134kDaと84kDaのマーカータンパク質のバンドの中間付近にもう一つバンドが確認された（図6）。このバンドは，マーカータンパク質の分子量からプロテインビーズ®に固定化されたCdk5のものであると推定された。一方，プロテインビーズ®のみを電気泳動した場合には多角体タンパク質以外のバンドは確認されなかった。このようにして，目的タンパク質が固定されているかどうかを確認することができる。

マイクロピペットのチップを装填した装置（サイボックス株式会社製）を用いて，プロテインビーズ®の懸濁液を1μLずつスライドガラス上に滴下した。なお，この装置を用いることにより，1枚のスライドガラス上にプロテインビーズ®の懸濁液を96スポットすることができる（図7）。プロテインビーズ®に固定化されたCdk5は同タンパク質に対するモノクローナル抗体（一次抗体）とFITC標識された二次抗体を用いることによって明瞭に検出された（図8）。現在，様々なリン酸化酵素のプロテインビーズ®への固定化とこのようなチップ作製を進

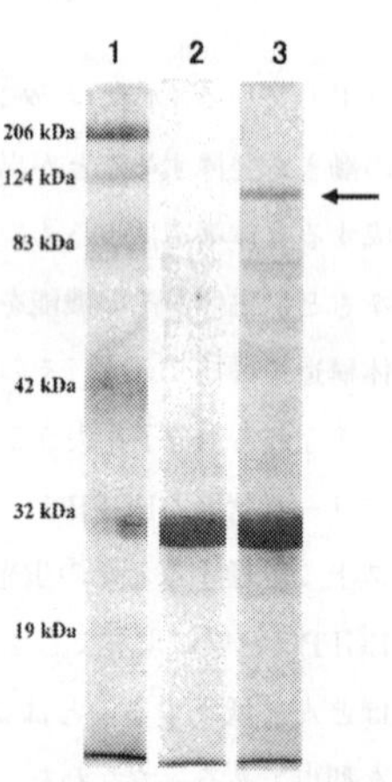

図6　多角体へのCdk5の固定化
レーン1はマーカータンパク質，レーン2は精製した多角体，レーン3はCdk5を固定化したプロテインビーズ®，矢印はプロテインビーズ®に固定化されたCdk5。

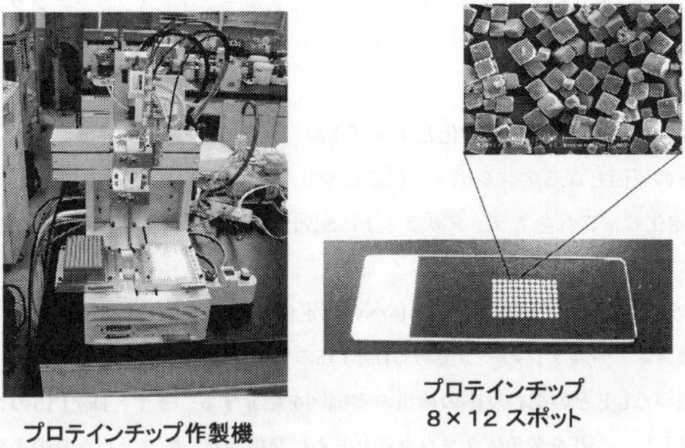

図７　開発中のプロテインチップ
左はプロテインチップ作製機。右はプロテインチップとチップ表面に固定化されたプロテインビーズ®。

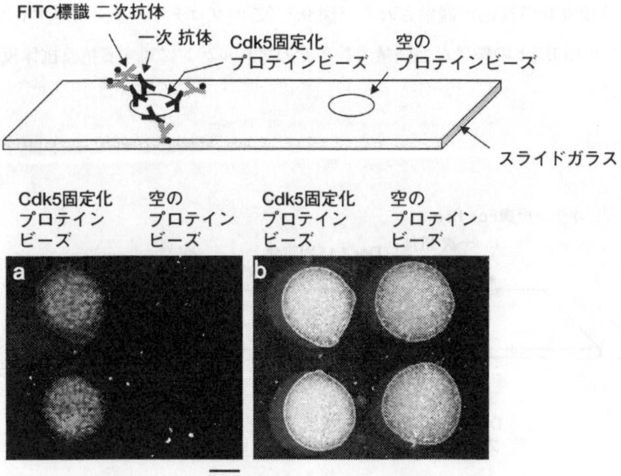

図８　多角体に固定化されたCdk5の抗体による検出
a：抗原抗体反応後の蛍光像
b：透過像

めており，今後リン酸化酵素の特異的な阻害剤のハイスループットスクリーニングに応用して行く予定である。

3.8　多角体へのアレルゲンの固定化とチップ作製

アレルギーの原因となるアレルゲン，膠原病やリュウマチなどの自己抗原などをプロテインビーズ®に固定化し，これをスライドガラス上に配列すれば，アレルギーや自己免疫疾患の診断用チップとして利用することができる。

現在，多数のアレルゲンの発現と多角体への固定化およびチップ作製を手掛けている。そこで，ここではダニアレルゲンの一つであるDer f 15の発現，多角体への固定化，チップ作製，さらに血清を用いたIgEとの結合反応の検出の実施例を紹介する。まず，Der f 15のN末に固定化シグナルを導入し，これを多角体タンパク質とともに発現させ，同タンパク質の多角体への固定化を行った。Der f 15を固定化したプロテインビーズ®と対照の多角体をスライドガラスにスポットした後，ダニに対して感作した血清0.1mLを滴下した。Der f 15とIgEとの抗原抗体反応は，IgE受容体Fcε RIαをあらかじめビオチン標識しておき，これとIgEとを反応させ，ビオチンによる発色反応により検出した。発色反応を行った結果，Der f 15固定化プロテインビーズ®のスポットから明瞭な発色反応が観察された（図9）。このプロテインチップ（アレルゲンチップ）を用いれば，0.1ml以下の微量な血清量で数多くのアレルゲンに対する抗原抗体反応を検出することができる。

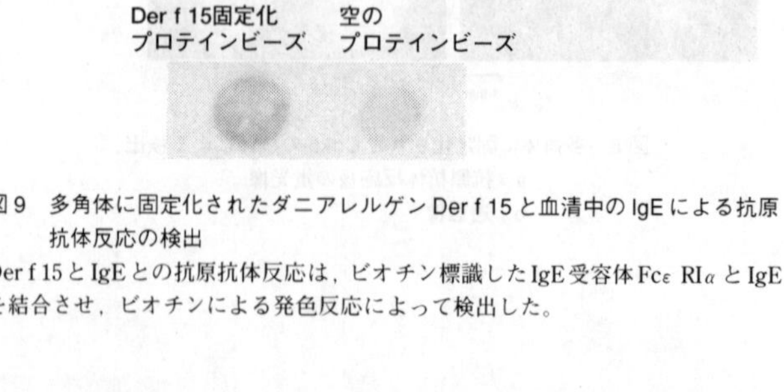

図9　多角体に固定化されたダニアレルゲンDer f 15と血清中のIgEによる抗原抗体反応の検出
Der f 15とIgEとの抗原抗体反応は，ビオチン標識したIgE受容体Fcε RIαとIgEを結合させ，ビオチンによる発色反応によって検出した。

3.9　今後の展望

タンパク質分子の立体構造の維持には，そのタンパク質分子の周りを一層に取り囲む水分子，すなわち水和が重要な働きをしていることが知られている。実際にタンパク質分子が乾燥などによって水分子を失うと立体構造が損なわれタンパク質分子は変性する。しかし，プロテインビーズ®に固定化されたタンパク質分子は乾燥によっても，極めて耐性をしめすことが判明し，プロテインビーズ®が水和の代役を果たしているものと考えられた。これが昆虫ウイルスの多角体をプロテインチップ開発に用いる最大の利点である。今後は，この特徴を最大限に生かしたプロテインチップの開発が望まれる。特に，抗原を固定化したプロテインビーズ®は抗体によって検出されやすいことから，今後はアレルギー患者のアレルゲンの診断やリュウマチや膠原病などの自己免疫疾患を診断するチップ，さらに様々な感染症を診断するチップの開発に取り組みたいと考えている。

文　　献

1） Belloncik, S. and Mori, H. Cypoviruses. In The Insect Viruses. (eds. Miller, L. K. & Ball, L. A.) 337–369 (Plenum, New York; 1998)

2） Rohrmann, G. F., *J. Gen. Virol*. **67**, 1499–1513 (1986)

3） Vlak, J. M. and Rohrmann, G. F. The nature of polyhedrin. In Viral Insecticides for Biological control. (eds. Maramorosch, K. & Sherman, K. E.) 489–542 (Academic Press, New York; 1985)

4） Mori, H., R. Ito, H. Nakazawa, M. Sumida, F. Matsubara, and Y. Minobe., *J. Gen. Virol*. **74**, 99–102 (1993)

5） Ikeda, K., Nagaoka, S., Winkler, S., Kotani, K., Yagi, H., Nakanishi, K., Miyajima, S., Kobayashi, J., Mori, H., *J. Virol*. **75**, 988–995 (2001)

6） Heim, R., Prasher, D. C., and Tsien, R. Y., *Proc. Natl. Acad. Sci. U.S.A.* **91**, 12501–12504 (1994)

7） Reid, B. G. and Flynn, G. C., *Biochemistry* **36**, 6786–6791 (1997)

8） Abbott, A., *Nature* **415**, 112–114 (2002)

9） Fung, E. T., Thulasiraman, V., Weinberger, S. R. and Dalmasso, E. A., *Curr. Opin. Biotechnol*. **12**, 65–69 (2001)

10） MacBeath, G. and Schreiber, S. L., *Science* **289**, 1760–1763 (2000)

11） Patrick, G.N., Zukerberg, L., Nikolic, M., de la Monte, S., Dikkes, P., and Tsai, L.-H., *Nature* **402**, 615–622 (1999)

4 組換えカイコを利用した有用物質生産系の開発とその展望
ーカイコ遺伝子組換え手法とその特徴を含むー

田村俊樹*

4.1 はじめに

近年，ゲノム中の動く遺伝子であるトランスポゾンを用いた組換えカイコを作出する方法が確立された[1)]。この方法を利用して，カイコを利用した組換えタンパク質の生産系の開発が可能になった。これまで，医薬品などの組換えタンパク質の生産には大腸菌や酵母，植物，組換え家畜などが用いられ，昆虫を用いた系としては核多角体病ウイルスを用いた方法が知られている。ウイルスについては別の項で紹介されているので，ここでは組換えカイコを利用した有用物質の生産に絞って紹介する。組換えタンパク質を作る生物としてカイコを眺めてみると，非常に特異的な生物であることが分かる。一般に昆虫は人為的にコントロールするのが非常に難しい生物である。それにも関わらずカイコは完全に家畜化されており，人に飼育されることによってかろうじて生存している。たとえば，カイコの幼虫は飼育している場所からほとんど動かず。成虫である蛾は飛ぶことができない。そのため，逃げる心配は全くなく，外に誤って放した場合でも生存することはできない。一方では，家畜化されているため，数十万頭単位の個体を飼育することができる。さらに，タンパク質を作るために適した絹糸腺という組織を持っており，1頭当たり0.3～0.5gのタンパク質を生産する能力がある。また，飼料については，人工飼料が確立されており，1年間を通じて供給されている。このようにカイコは組換え体として，有用物質を生産するには適した生物である。本節では組換えカイコによる有用物質の生産についての現状と今後の展望について紹介する。

4.2 トランスポゾンとは

組換えカイコの作出にはトランスポゾンをベクターとして用いる[2)]。トランスポゾンとは生物のゲノム中を動き回る性質のある遺伝子のことで，動く遺伝子，転移因子等とも呼ばれている。これにはいくつかのタイプがあるが一般に用いるのはDNA型と呼ばれているトランスポゾンである。代表的な例として，ショウジョウバエで良く用いられているP因子があるが，ショウジョウバエ以外の昆虫で使われるものとして，*hobo*，*Hermes*，*mariner*，*minos*，*piggyBac*などが知られている[3)]。トランスポゾンの構造を示す例として，カイコやハエなどでよく用いられているDNA型のトランスポゾン*piggyBac*を図1に示した。このトランスポゾンは約2.4kbの大きさで，両端に逆位末端反復配列（ITR）があり，トランスポゾンを動かす作用のある転移酵素遺

---

* Toshiki Tamura ㈱農業生物資源研究所 昆虫生産工学研究グループ チーム長

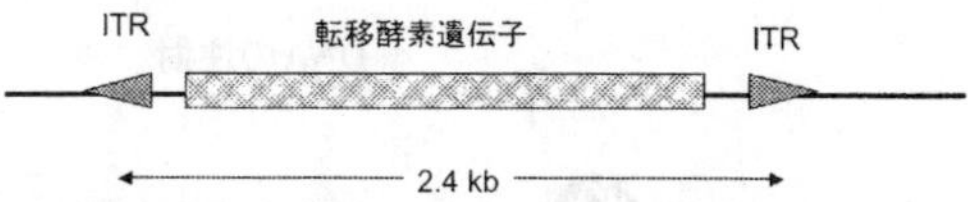

図１　トランスポゾン *piggyBac* の構造
大きさは約2.4kbで両末端に逆位末端反復配列（ITR）を持ち，この配列に作用してゲノム上での転移を促す転移酵素をコードしている。

伝子がITRの間にコードされている。生体内ではこの酵素が合成され，ITRに作用して，トランスポゾンをゲノムの別の位置に動かすと考えられている。

4.3　組換えカイコの作出法

組換えカイコを作る場合にはトランスポゾンが転移する性質を利用する。作出にはプラスミドとして図２に示した２種類を用いる。目的とする遺伝子を組み込むためのベクターとしては，ITRの間に組換え体を検出するためのマーカー遺伝子を持つものを使用する。また，細胞内で転移酵素を合成するため転移酵素遺伝子を持ちITRを持たないヘルパーと呼ばれるプラスミドを用いる。図２にはITRの間にマーカー遺伝子としてカイコの細胞質アクチン遺伝子のプロモーターを持つ緑色蛍光タンパク質(GFP)遺伝子を挿入したものをベクターとして示した。同じプロモーターの下流にトランスポゾン *piggyBac* の転移酵素遺伝子を持つものをヘルパーとして図２に示した。

組換えカイコはベクターとヘルパーのDNAを一緒に発生初期の卵に注射することにより作出する（図３）。この場合，注射はシンシチウムと呼ばれる裸の核が卵内に存在する時期であることが大切である。カイコ卵の場合，産卵後２時間の時期に受精し，25℃では１時間毎に受精核は分裂を繰り返し，シンシチウムの状態の核が卵表へと移動する。約12時間頃に核は卵表に達し，ここで細胞膜に包まれた胞胚を形成する。従って，注射は産卵後３～６時間の時期に行う

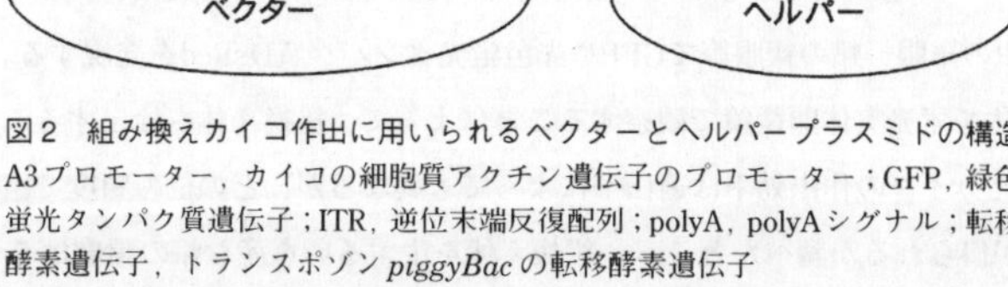

図２　組み換えカイコ作出に用いられるベクターとヘルパープラスミドの構造
A3プロモーター，カイコの細胞質アクチン遺伝子のプロモーター；GFP，緑色蛍光タンパク質遺伝子；ITR，逆位末端反復配列；polyA，polyAシグナル；転移酵素遺伝子，トランスポゾン *piggyBac* の転移酵素遺伝子

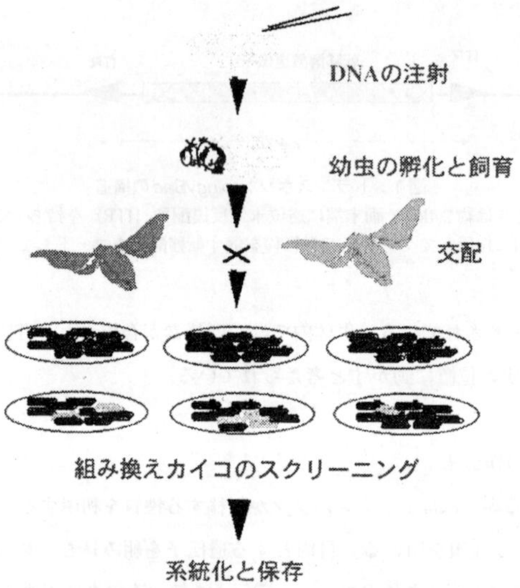

図3　組み換えカイコの作出方法
組換えカイコはベクターとヘルパーを一緒に卵に注射し，次世代のカイコをスクリーニングすることによって作出する

ことが望ましく，これまでの実験結果でも12時間以後の卵に注射した遺伝子は卵内で発現しないことが示されている[4)]。注射する位置は生殖細胞が形成されるところである卵側面に打つことが大切である，この位置に正確にDNAを注射することによって組換えカイコの作出効率が高くなる。注射後，卵を保湿したプラスチック容器に入れ25℃で保護する。10～12日後に卵から幼虫が孵化する。この幼虫を人工飼料の入ったシャーレーに移し，25℃で飼育する。2～3日毎に人工飼料を交換するとともに徐々に大きな容器に移すことによって成虫まで飼育し，成虫である蛾の雌雄を交配して次世代を得る。カイコの場合，1頭の雌が4～500粒の卵を産むが，雌毎に卵をグループ化して，孵化した幼虫を人工飼料の入ったシャーレーに移し，25℃で2日間飼育する。2日間飼育した幼虫を蛍光顕微鏡で観察し，蛍光タンパク質の発現を調べることにより，組換え体を同定する（図4a）。最近では，マーカー遺伝子として眼や神経系で発現する3XP3と呼ばれるプロモーター[5)]を利用したものが一般的に用いられるようになってきた。この遺伝子の場合は，胚や幼虫の単眼，蛾の複眼等でGFPや赤色蛍光タンパク質DsRedを発現する。そのため，卵期にG1の個体を蛍光実体顕微鏡で観察することによって，組換え体を検出することができる(図4b)。組換えカイコの作出効率は遺伝子によっても異なるが，どの位の頻度で組換えカイコを生ずる蛾区が得られるか調べたところ，組換え体を生ずる卵を産む蛾の頻度は5～20％であ

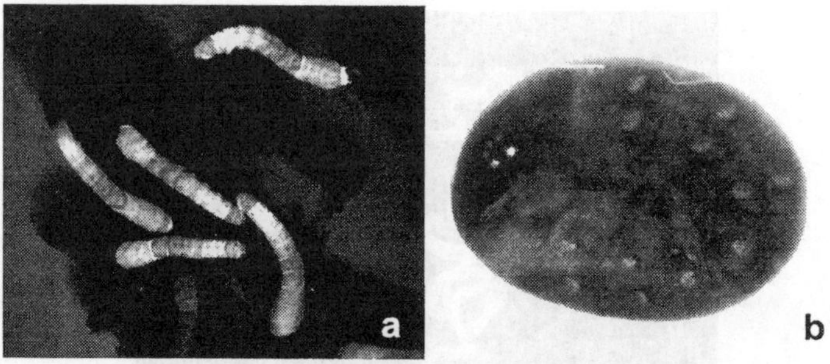

図4　組み換えカイコの実体蛍光顕微鏡像
a，A3GAL4とUASGFP遺伝子を導入した幼虫；b，3XP3GFP遺伝子を導入した卵（産卵後7日目）

る。例えば，1,000個の卵にDNAを注射し，約40%の卵が孵化したとすると400頭のカイコが孵化し，このうち約300頭が成虫になり，成虫を交配することによって100～120区の卵が得られ，この内の5～20蛾から組換えカイコが出現する。

4.4　有用物質の生産に適した組織

4.4.1　絹糸腺

カイコの絹糸腺はタンパク質を効率的に生産する器官として優れた性質を持っている。農家などで飼育される絹糸を作るためのカイコは比較的大きく，1.5～2.5gの繭を作り，その20～25%を繭糸が占めている。繭糸はタンパク質であり，水分含有量は10%前後である。したがって，ほぼこの重さに対応する組換えタンパク質を生産する能力がカイコにあることになる。絹タンパク質は繭をつくる直前の5齢期に合成され，カイコが持つ栄養素の半分以上が絹糸タンパク質に転換される。絹糸腺は図5に示したように前部と中部，後部からなり，前部は吐糸するための組織で，中部は絹タンパク質の蓄積と繭糸の表面にあるセリシンという絹タンパク質を合成している器官である。後部は絹糸の本体であるフィブロインを合成する器官で，合成されたフィブロインは中部絹糸腺に送られる。絹糸腺はチューブのような構造をしており，外側の細胞層でセリシンやフィブロインなどのタンパク質が合成され，内腔へと移動する

4.4.2　絹糸腺以外の組織

組換えタンパク質を作るための組織として，絹糸腺以外に考えられる組織には，脂肪体，中腸，卵胞細胞，マルピギー管などがある。脂肪体は哺乳動物の肝臓に似た機能があり，かなりの体積を占める大きな組織である。この細胞では多くの種類のタンパク質を大量に合成している。また，

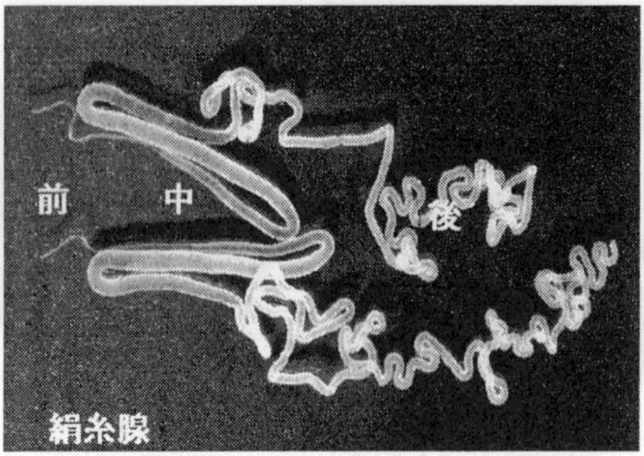

図５　カイコの５齢幼虫の絹糸腺
前，前部絹糸腺；中，中部絹糸腺；後，後部絹糸腺

卵胞細胞も卵殻となるタンパク質を合成し，かなりの量を生産する能力を持っている。他の組織はタンパク質を大量に作る能力はないが，特殊な用途には用いることが可能な組織である。

4.5　組換えカイコにおける遺伝子の発現系

組換えカイコに導入した外来遺伝子を発現させるためには，目的とする組織で大量に発現している遺伝子のプロモーターを利用する。後部絹糸腺ではフィブロイン，中部絹糸腺ではセリシン遺伝子が大量に発現しているため，これらの遺伝子を利用する。セリシン遺伝子１では，無細胞転写系を用いた解析から遺伝子の転写開始点から約600bpが重要であることが知られている。また，フィブロインＨ鎖遺伝子では上流約250bp，フィブロインＬ鎖では約600bpが組織特異的な遺伝子の発現を制御していることが報告されている[6)]。しかしながら，これらの配列をプロモーターとする遺伝子をカイコのゲノム中に挿入した場合，挿入遺伝子は内在性の遺伝子に比較して発現量が低い場合が多い。フィブロインＨ鎖やＬ鎖のプロモーターを用いた場合では，比較的発現量が多いが，それでも内在性のものに比べるとかなり低い。これは組換え体として個体のゲノム中に導入して利用する場合，遺伝子の上流領域だけでは不十分であることを示している。

導入遺伝子の組織特異的な発現を正確に制御する方法の一つとして，酵母の転写制御因子であるGAL4とその標的配列UASを用いた系が有効である。これはバイナリーな遺伝子発現制御システムで，カイコでも良く機能する[7)]。このシステムは図６に示したように，組織特異的，時期特異的な発現特性を持つプロモーターの下流にGAL4をコードしている遺伝子を繋ぎ，この融合遺伝子を導入した組換えカイコを作出する。この場合，組換え体のカイコはGAL4の標的配列を持たないため，*GAL*遺伝子を導入したカイコでは殆ど導入遺伝子の影響は見られない。次に標

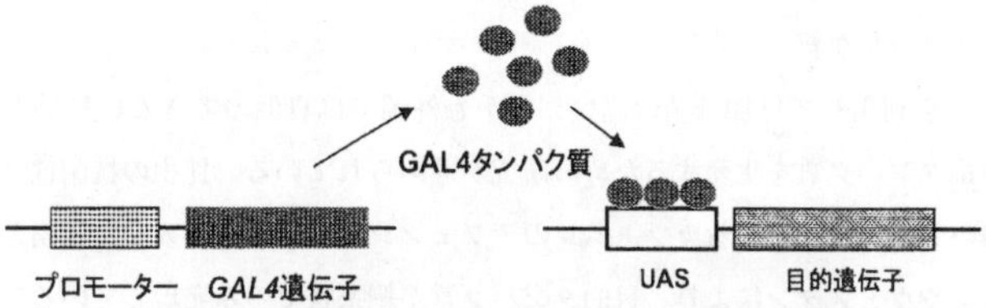

図6　酵母のGAL4／UASを利用した遺伝子発現系
各種のプロモーターを利用して時期及び組織特異的にGAL4を発現する系統を作出する。同時に上流をUASとする目的遺伝子を導入した系統を作出する。両者を交配することにより，目的遺伝子はGAL4の存在する細胞で発現する。

的配列*UAS*の下流に目的遺伝子を挿入したものを作成し，この遺伝子を導入した組換えカイコの系統を作出する。この場合，*UAS*の下流の遺伝子は通常の状態では殆ど発現しない。そのため，導入遺伝子の影響は見られない。*GAL4* 系統と*UAS*系統を交配し，次世代において両方の遺伝子を持つ個体のみが，目的とする遺伝子を目的とする組織で発現する。このように遺伝子の発現制御を行う系統と目的とする遺伝子を導入する系統とに分け，両者の交配によって導入遺伝子の発現を制御することができる。

4.6　組換えカイコによる有用物質生産の例

4.6.1　コラーゲン

L鎖遺伝子とコラーゲン遺伝子の一部を繋ぎ，*piggyBac* 由来のベクターで眼が赤くなるマーカー遺伝子を持つベクターに挿入したプラスミドをカイコ卵に注射することにより，ヒト型のコラーゲン遺伝子が組み込まれたカイコが作出された[8]。得られた組換えカイコではコラーゲンとフィブロインL鎖の融合タンパク質が発現し，繭糸中に分泌された。しかしながら，実験に用いられたコラーゲン遺伝子は一部を欠失したミニコラーゲン遺伝子であり，コラーゲンとして機能せず，現在その改良が進められている。

4.6.2　サイトカイン

組換えカイコを用いてサイトカインを作る研究が行なわれている[9]。セリシン遺伝子の上流をプロモーターとするネコインターフェロン遺伝子を導入した組換えカイコが作られた。RTPCRによる解析結果から，導入遺伝子が中部絹糸腺で発現していることが確認された。しかし，ウェスタンではインターフェロンは検出されなかった。そのため，さらに感度の高い検出法である抗ウイルス活性が調べられた。その結果，組換えカイコの中部絹糸腺から抗ウイルス活性が検出された。また，繭からも抗ウイルス活性が検出され，目的産物が組換えカイコで作られていることが明らかになった。

4.6.3　抗菌性タンパク質

組換えカイコを利用して付加価値の高い，しかも外国では真似のできない製品を開発するため，抗菌性の絹タンパク質を生産するための研究が進められている。昆虫の抗菌性タンパク質としては最も強いものの一つであるカブトムシのデフェンシン遺伝子を導入した組換えカイコが作られ，ノーザンやウェスタンにより，目的タンパク質が絹糸腺でのみ発現していることが確認された。

4.7　おわりに

組換えカイコを用いて有用物質を生産する方法はまだ研究が始まったばかりであり，今後多くの改良の余地がある。組み換え体としてカイコを考えた場合，非常に扱いやすい生物であること，関連研究がこれまで日本で行われ，膨大な研究蓄積があること等から，国際競争の面では非常に有利な手法であるといえよう。まだ，改良する余地の多い分野ではあるが，今後さらに研究が進み，日本発の新しい技術として定着することが期待される。

文　　献

1）T., Tamura *et al.*, *Nat. Biotechnol.*, **18**, 81 (2000)
2）Handler, M. A and A.A.James, "Iinsect Transgenesis", p397. CRC Press, New York (2000)
3）P. W., Atkinson, *Biochem. Mol. Biol* , **32**, 1237 (2002)
4）T., Tamura *et al.*, *J. Genet.*, **65**, 401 (1990)
5）A. J. Berghammer *et al.*, *Nature*, **402**, 370 (1999)
6）M. G. Kidwell and J. H. Law, "Molecular Insect Science", p83, Plenum, New York (1990)
7）M., Imamura *et al.*, *Genetics*, **165**, 1329 (2003)
8）M. Tomita *et al.*, *Nat. Biotechnol.*, **21**, 52 (2003)
9）山田勝成ほか，ブレインテクノニュース97，6 (2003)

5　カイコの人工飼料育

中村匡利*

5.1　人工飼料の特徴

狭食性昆虫であり実用的な飼料としては桑葉に限られているカイコの人工飼料による飼育の成功が，初めて報告されたのは1960年であった[1, 2]。当初，人工飼料による飼育成績は決して良好なものではなかったが，栄養要求や嗜好性等に関する研究の進展に伴い，人工飼料育技術の改良が図られ飼育成績も桑葉育に匹敵するようになり，1977年には人工飼料による稚蚕飼育が実用化されている。この人工飼料を用いた飼育のメリットとしては，先ず省力化があげられる。桑葉育では1日に数回の給桑作業が必要となるが，人工飼料では飼育環境が清浄に保たれていれば数日に1回の給餌作業とすることができる。さらには，無菌飼育とすることにより全齢1回の給餌による飼育の報告もなされている[3]。桑が落葉する冬期は桑葉育をすることは出来ないが，人工飼料は年間を通じて調整することができるので，人工飼料育によれば周年飼育が可能である。桑葉に比べ人工飼料はかさ張らないことから飼育空間を有効に使うことが可能で，機械化・自動化に適していると考えられる[4]。空調の完備した飼育室での人工飼料育は天候に左右されずに蚕作の安定化を図ることができる。このようなメリットをもつ人工飼料育であるが，デメリットとして飼料代が高いことがあげられる。飼育室も桑葉育に比べより高い清浄度が求められ，飼育室に係るコストも高くなる。ちなみに1箱（2万頭）当りの飼料代と繭代を試算してみると次のようになる。まず，箱当りの収繭量を40kgと仮定し，取引指導価格の1,518円で販売したとすると約6万円の繭代が得られることとなる。一方，1頭当たりの給餌量を乾物で5gとすると箱当り100kgの人工飼料が必要となる。シルクメイト2Mを購入すると1袋（20kg）の価格が3万円（平成16年1月現在）であるから，15万円の飼料代が必要となり，繭代を大きく上回ることになる。このようなことから現状では，経営として成り立つ全齢人工飼料育による糸繭生産は難しく，現状は稚蚕飼育にとどまっているのであるが，付加価値の高い有用物質生産を行うのであれば人工飼料育のメリットを活かした全齢人工飼料育を行うことも可能となる場面もあるものと思われる。

5.2　人工飼料の組成

飼料はカイコの栄養要求を満足させるとともに嗜好性をも満足することが求められ，カイコの摂食や給餌作業にあたって適切な物理性を持つことも必要である。これらの条件を満足するよう

*　Masatoshi Nakamura　㈱農業生物資源研究所　生体機能研究グループ　代謝調節研究チーム研究チーム長

表１　人工飼料組成の例[8)]

物質		添加量
桑葉粉末		25.0
脱脂大豆粉末		36.0
ショ糖		8.0
無機塩混合物[9)]		3.0
大豆油		1.5
アスコルビン酸		1.0
β-シトステロール		0.2
クエン酸		0.3
ソルビン酸		0.2
寒天		7.5
澱粉		7.5
セルロース粉末		20.8
（合計）		（111.0）
ビタミンＢ群混合液[10)]	(ml/g)	0.1
防腐剤[11)]	(ml/g)	0.1
蒸留水	(ml/g)	2.8

に飼料組成は設計される。実用的な飼料の組成の例を表１に示す。これらの飼料素材のうち，脱脂大豆粉末は蛋白源として用いられており，桑葉粉末は各種栄養素の給源としてだけではなく，飼料の摂食性を向上させる効果が期待される。また，寒天は飼料水分を保持し飼料として適切な物理性を保たせる役割を担っている。さらに，飼料の腐敗を防止するために，防腐剤が添加されており，アスコルビン酸，クエン酸等の添加により飼料のpHは酸性に傾いており，このことも飼料の腐敗を防ぐことに役立っている。なお，カイコの栄養要求は大要が判明しており[5)]，広食性蚕品種が育成されていることから[6)]，線形計画法を用いて低コスト人工飼料の組成設計をすることが可能となっている[7)]。

5.3　人工飼料の調整

人工飼料を調整するには，先ず粉体飼料を調整し，その粉体飼料に水を加え練り合せ，加熱して湿体飼料が製造される。湿体飼料は冷蔵保存する必要があるが，粉体飼料であれば冷暗所の保存が可能である。なお，カイコ用の人工飼料としては『シルクメイト』のシリーズが販売されており，粉体飼料，湿体飼料ともに入手可能である（日本農産工業株式会社バイオ部：神奈川県横浜市西区みなとみらい二丁目２番１号ランドマークタワー46F 〒220-8146 Tel. 045-224-3713）。

5.4　粉体飼料の調整

調整しようとする人工飼料の組成表のとおりに混合すればよいのである。飼料素材には無機塩のように比重の重いものからセルロースのように軽いものまで様々な素材があるので，これら比重の違うものが均一に混合されなければならない。また，ビタミン等の配合割合の小さなものも均一に混合されるように注意する必要がある。このビタミン等については，水溶液を調整しておき，湿体飼料を調整する際に水と一緒に加える方法もある。また，大豆油やステロールは水溶性でないので粉体の混合が不十分であると水を加えた際に分離してしまうので，入念に混合する必要がある。少量の粉体飼料を調整する場合は乳鉢が使われる。モーターで駆動する自動乳鉢は便利である。なお，飼料素材が粉末でない場合には粉体飼料の調整に先立って粉砕機で粉末化しておく。

5.5　湿体飼料の調整

粉体飼料に水を加え混合，加熱，冷却することにより湿体飼料の調整を行う。手作業で調整する際は，ステンレス容器等の耐熱性で蓋のある容器に粉体飼料を秤量し，水を加えよく混合し，蒸し器を用いて蒸煮する。加える水の割合は，粉体飼料1に対して2～3とする。稚蚕期は水を多めにし，5齢になると少なめにすると良い。蒸煮している間に飼料の内部に気泡が発生するので，蒸煮が終わったら飼料が固まらないうちに練り合せることにより気泡を追い出し，放冷したのち冷蔵庫に保存する。容器の大きさや蒸煮時間は飼料の量によって加減するが，粉体飼料1kg程度の時は35×25×10cm程度の大きさの容器を用い60分程度蒸煮する。大量に調整する場合は，ニーダー方式，連続加熱方式等の機器が利用できる。

5.6　人工飼料による飼育

飼育標準表を作成しておきこれに従って飼育を進めるとよい。蚕品種や使う人工飼料の種類によって飼育経過や給餌量（摂食量）がかわってくるので，既存の標準表を流用する際には注意が必要である。表2は飼育標準表の一例である。飼育標準表を有効に活用するためには飼育頭数を把握しておくことがポイントであり，掃立にあたっては蟻蚕を秤量する等により飼育頭数を把握しておく。掃立て3日後には摂食を停止し眠蚕といわれる状態になる。大半の幼虫が眠蚕になったら容器の蓋をとったり，飼育室の湿度を下げることにより残餌の乾燥を図る（停食）。停食により残餌が乾燥していれば，早めに脱皮した幼虫は餌を食べることができず，待たされることになる。このように，経過の早い幼虫を待たせつつほとんどの幼虫が脱皮した時点で給餌し2齢のスタートとする（餉食）。この停食と餉食のタイミングを適切に管理することにより経過の揃ったカイコを飼育することができる。2齢から3齢，3齢から4齢，4齢から5齢のいずれも同様である。また，飼育途中で頭数を整理する場合は餉食時に行うとよい。蚕座には蚕糞や食べ残しの飼料がたまってくるので，適宜，除沙・糞抜きを行い蚕座を清潔に保つようにする。除沙

表 2　飼育標準表の例[12)]

（1～3齢：対5,000頭，4・5齢：対500頭）

蚕齢	温湿度 光線条件	日順	時刻	作　業	蚕座面積 (cm²)	給餌量 (g)	飼料形態 (mm)
1	29℃ 85% 暗	1	10	掃立	1,225	250	2.5×13×50
		2					
		3	9	給餌		100	1×8×50
		4		眠中拡座			
2	29℃ 85% 暗	5	16	餉食	3,025	500	2.5×13×50
		6	16	給餌		500	2.5×13×50
		7		（補給時）		(150)	1×8×50
		8		眠中拡座			
3	28℃ 80% 暗	9	9	餉食	6,050	1,500	2.5×13×50
		10	16	給餌		1,500	2.5×13×50
		11		（補給時）		(400)	1×8×50
		12		眠中拡座			
4	27℃ 75% 暗	13	14	編入れ餉食	2,000	700	15×15×100
		14					
		15	14	給餌		800	15×15×100
		16		（補給時）		(200)	2.5×8×10
		17		眠中糞抜き拡座			
5	27℃ 75% 明	18	16	餉食	3,600	1,900	20×20×100
		19					
		20	16	網入れ給餌	5,200	2,700	20×20×100
		21					
		22	16	糞抜き給餌		2,300	20×20×100
		23					
		24	16	糞抜き給餌		1,200	15×15×100
		25		上蔟			

は次のようにして行う。除沙網を蚕座の上に置き，その上に人工飼料を給餌する。カイコ幼虫は網の上の飼料に登ってくるので，除沙網と一緒に新しい容器に移す。この時除沙網を2枚入れておき，上の網を新しい容器に移すようにすると作業が容易となる。除沙網としては，稚蚕では網目1cm，5齢では2cm程度のプラスチック製の網が使われる。糞抜きは網上の幼虫を網とともに新しい容器に移し，網下に溜っている蚕糞を取り除く作業である。表2に示した標準表では，4齢餉食時に最初の除沙を行うようになっているが，このように1～3齢の期間を無除沙とするためには給餌量を的確に管理する必要がある。給餌量が多いと食べ残しの餌が多くなるので除沙の回数を増やす必要が出てくる。また，5齢期の給餌は次回の給餌のときには餌を食べ尽くしているようにするのがよい。なお，4，5齢になり給餌する餌の厚みを増すようになると給餌の際に餌に潰される幼虫が発生しやすくなるので注意が必要である。5齢末期になると体がやや透明になり，いわゆる熟蚕となる。この時は，糞の形状が大きくかつ柔らかくなり，幼虫が蚕座

から這い出すようになるので，蔟器に移し吐糸・営繭させる。

5.7　飼育室の防疫管理

人工飼料は栄養に富み多くの水を含んでおり微生物が繁殖しやすい状態にある。微生物が繁殖してしまった飼料をカイコが摂食すると下痢症状を呈し死亡してしまう。したがって，微生物による汚染を極力減らすように飼育環境を管理することが肝要である。一般に人工飼料には防腐剤が配合されているが，飼育を始めるにあたっては飼育室や飼育容器等を消毒し，飼育作業を行う際にもマスク，帽子，手袋を着用する等により，飼育室や蚕座への微生物の持込を極力少なくするように努める。なお，消毒に使われるホルマリンは刺激臭が強く，発ガン性も指摘されているが，代替えとなるよい薬剤がないのが現状である。また，桑葉に付着している微生物の持込が避けられないので桑葉育では難しいが，人工飼料育では防疫管理を徹底することにより無菌育を行うことも可能である。

文　　献

1）福田紀文，須藤光正，樋口芳吉，日蚕雑，29，1 (1960)
2）伊藤智夫，田中元三，日蚕雑，29，191 (1960)
3）松原藤好，松本継男，石河正久，濱崎實，林幸之，日蚕雑，57，100 (1988)
4）蜷木理，蚕糸昆虫研ニュース，30，3 (1996)
5）堀江保宏，革新養蚕のための技術戦略，日本蚕糸新聞社，p.32 (1990)
6）真野保久，朝岡潔，井原音重，中川浩，平林隆，村上正子，永易健一，蚕糸昆虫研報，3，31 (1991)
7）柳川弘明，渡辺喜二郎，鈴木清，蚕糸昆虫研報，3，57 (1991)
8）堀江保宏，井口民夫，渡辺喜二郎，中曽根正一，柳川弘明，蚕糸彙，96，7 (1973)
9）伊藤智夫，新村正純，蚕試報，20，361 (1966)
10）堀江保宏，渡辺喜二郎，伊藤智夫，蚕試報，20，393 (1966)
11）新村正純，桐村二郎，日蚕雑，43，163 (1974)
12）古山三夫，中村正雄，遊佐富士雄，森良種，水田美照，蚕糸彙，111，37 (1980)
13）伊藤智夫，蚕の栄養と人工飼料，日本蚕糸新聞社 (1983)
14）日本蚕糸学会，改訂蚕糸学入門，大日本蚕糸会 (2002)

6　昆虫由来抽出液を用いた無細胞タンパク質合成試薬キットの開発

伊東昌章*

6.1　はじめに

2003年にヒトゲノム配列の完全解読が宣言されたのをはじめとし，近年さまざまな生物の全遺伝情報が解読されている。このような中，ポストゲノム研究として，遺伝子産物であり生命の営みそのものを担うタンパク質が実際にどのような働きをしているかを調べる機能解析研究(例えばタンパク質ータンパク質相互作用解析)がますます重要となってきている。これらの研究を行うためには，まず，目的とするタンパク質を何らかの方法でつくらなければならない。

「目的タンパク質をつくる」方法として最近注目されているのが，試験管内で簡単にタンパク質を合成できる無細胞タンパク質合成系である。無細胞タンパク質合成系とは，タンパク質合成反応に必要な各種因子（リボソーム，伸長因子，など）を含んだ細胞の抽出液に基質やエネルギー源など反応に必要な成分を加えることにより生物の遺伝情報翻訳系を試験管内に取り揃え，目的タンパク質をコードしているmRNAを鋳型としてタンパク質を合成する方法である。鋳型としてmRNAの代わりにDNAを用い，転写と翻訳を共役させることもある。無細胞タンパク質合成系は，現状では高価な試薬類を用いなければならず，工業的スケールでのタンパク質生産法とはなっていない。しかしながら，生細胞を用いる発現系と比較して，①生きた細胞を使用しないため生命維持に関わる因子(例えば細胞の培養など)から開放される，②細胞にとって毒性となるタンパク質も生産できる，③一般に短時間で反応を完結させることができる，④ハイスループット化が容易である，⑤簡単に非天然型アミノ酸を導入できるので目的タンパク質の標識が容易である，⑥生細胞を用いずに済むので組み換えDNA実験に該当しない，などの利点を有している。生細胞の系と比べこれらの利点があることから，無細胞タンパク質合成系は，機能解析のための実験室的スケールでのタンパク質生産法としては，極めて有用な方法と思われる。

無細胞タンパク質合成に関する研究は，遺伝子組み換え技術よりも古くから行なわれてきた。1950年にWinnick[1)]が，細胞をすりつぶした抽出液にタンパク質合成能が残っていることを見出して以来，大腸菌，小麦胚芽，ウサギ網状赤血球由来などの抽出液を用いて研究が行われてきた。そして，これらの抽出液を用いた試薬キットも開発され，既にいくつかの試薬メーカーより販売されている。近年，この技術は，日本を中心として活発に研究が行われ，その結果，反応液1 mlあたり数mgのタンパク質が合成可能な高効率発現系，一晩で数百種類のタンパク質を生産することができるハイスループットな合成法，およびその操作を自動化したロボット，などが開発さ

＊　Masaaki Ito　㈱島津製作所　分析計測事業部　ライフサイエンスビジネスユニット
ライフサイエンス研究所　主任

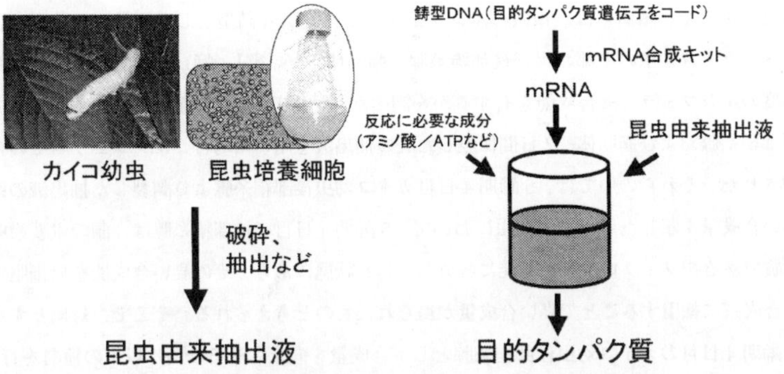

図1　昆虫由来抽出液を用いた無細胞タンパク質合成の概要

れている[2, 3]。

一方，市販品では，大腸菌，小麦胚芽の抽出液を用いた系の試薬キットにおいては高効率合成が可能となっていたが，唯一の動物由来であるウサギ網状赤血球抽出液を用いた系では，合成量が1～6 μg/ml（カタログ値）と低いレベルであり，赤血球由来であるため抽出液が赤色を呈しており光学分析に不向きであるなど，実験を行う上で制約があった。そこで，筆者らは，ウサギ網状赤血球の系の問題点を克服した新たな動物由来の抽出液を用いた系［開発コンセプト：①動物由来，②高いタンパク質合成能，③反応液の光学分析が可能（無色透明）］を構築することを目的とし，近年，生細胞の系であるバキュロウイルス発現系で多数のタンパク質生産実績があり，タンパク質生産工場として注目されているカイコなどの昆虫に着目し，その各器官やその培養細胞から調製した抽出液を用いて，無細胞翻訳系を構築した（図1）[4]。さらに，開発した技術を生命科学分野の研究者に手軽に使用してもらうために，試薬キットの開発を行った。そして，市販品としてはじめての昆虫培養細胞抽出液を用いた無細胞タンパク質合成試薬キットTransdirect™ *insect cell* を発売した。本節では，その開発の経緯について紹介する。

6.2　カイコ幼虫後部絹糸腺抽出液の系

まず，抽出液作製に用いる昆虫として，飼育や昆虫としては大型のため各器官の摘出が容易であるカイコ（*Bombyx mori*）を選んだ。カイコを用いた無細胞翻訳の試みは，既に，Ikariyamaらによって行われている[5]。5齢期5～6日目カイコ幼虫の絹フィブロインタンパク質生産器官である後部絹糸腺から調製した抽出液を用い，内在性mRNAを鋳型とし，絹フィブロインの *in vitro* 合成に成功している。しかしながら，この実験での合成量はごく少量であり，また，外来性mRNAを用いた合成が試されておらず，タンパク質合成のための実用的な系とはなっていなかった。そこで，筆者らは，市販のルシフェラーゼmRNAを鋳型として用い，カイコの各器官や個体（カイコ幼虫の中部および後部絹糸腺，脂肪体，胚（卵），蛹）の抽出液を用いた系がどの程度のルシフェラーゼ合成能を有するかを調べた。結果として，5齢期2～7日目のカイコ幼虫後部絹糸腺および脂肪体，2日間保温した胚の抽出液を用いた場合，ルシフェラーゼの合成が確認された。それらの中では，5齢期4日目カイコ幼虫後部絹糸腺より調製した抽出液の系が最も高い合成量を示した。カイコ幼虫において，5齢期4日目の後部絹糸腺は，繭の主要構成タンパク質である絹フィブロインを活発に合成している状態にあり，その高い合成能を無細胞タンパク質合成系に転用することで高い合成量が得られたものと考えられる。そこで，対象とする器官を5齢期4日目のカイコ幼虫後部絹糸腺とし，合成量を向上させるために以下の検討を行った。①抽出方法の改良－抽出時にグリセロールを添加し，抽出液中に含まれている可溶性の絹フィブロインを不溶化させ除去することにより大幅に合成量が向上することを見出した。②反応液組成の最適化－反応に必要な成分それぞれについて最適添加量を決定した。③翻訳促進配列の適用－タンパク質合成量における，鋳型発現プラスミドの開始コドン上流への昆虫の主要タンパク質遺伝子あるいは昆虫ウイルスのポリヘドリン遺伝子5'非翻訳領域の挿入による影響を調べ，翻訳促進効果を示す配列を見出した。これらの検討結果を適用したところ，反応液1 mlあたり約30μgのルシフェラーゼを合成することができた。この値は，ウサギ網状赤血球の系の値と比べ，5～10倍である。また，ルシフェラーゼのみならず他のタンパク質も効率的に合成することができた。これにより開発コンセプトである，動物由来，高いタンパク質合成能，反応液の光学分析が可能（無色透明）という項目を達成した系を構築することができた。しかしながら，後部絹糸腺を材料として抽出液を作製する場合，その前処理として，カイコ幼虫の解体，器官の摘出，洗浄などの細かな工程を必要とするため非常に手間がかかっていた。また，合成量がカイコ幼虫の個体間で差があり，一定の品質を得るのが難しいという問題が生じた。そのため，安定かつ低コストでカイコ幼虫後部絹糸腺を材料として抽出液を製造するのは難しいと思われた。そこで，カイコの系の構築で得られたノウハウを使い，解体や器官の摘出が不要で，均一の細胞を大量に増やすことが可能な昆虫培養細胞を抽出液の材料として用い，新たな系の構築を試みた。

6.3 昆虫培養細胞抽出液の系

昆虫培養細胞は，それを宿主とした発現系が高いタンパク質生産能を有することから，その抽出液を用いた無細胞タンパク質合成においても同様のことが期待できる。昆虫培養細胞を用いた無細胞翻訳の試みは，既にTaruiらによって行われている。窒素ガスにて圧力を上げた後，急激に圧力を下げることにより細胞を破砕するという特殊な細胞破砕装置を用いて抽出液を調製し，それを用いて*N*-グリコシル化が可能な無細胞タンパク質合成系を構築している[6]。筆者らは，より簡便に抽出液が調製できないものかと考え，特殊な装置を必要としない簡便な細胞破砕方法を検討し，また，破砕時に添加する試薬を工夫することで，高いタンパク質合成能を有する抽出液の調製に成功した。さらに，反応液組成の最適化，翻訳促進配列の適用を行い，実験に用いた2種の昆虫培養細胞（Sf21，HighFive）どちらの場合も，カイコ幼虫後部絹糸腺の場合と同等かそれよりも高い合成量（ルシフェラーゼで反応液1 mlあたり30～50μg）を得た。また，ルシフェラーゼ以外のタンパク質も効率的に合成することができた。以上の検討を行なうことにより，新たな方法で調製した昆虫培養細胞抽出液を用いた無細胞タンパク質合成系を構築することができた。これにより，開発コンセプトを達成し，且つ，カイコと比べて抽出液調製に手間がかからず，また，培養細胞であるため均一な細胞からの調製ができるため品質管理が容易となり，低コストで製造することが可能な系の開発に成功した。

6.4　試薬キットの開発

試薬キットを開発するにあたり，抽出液作製に使用する昆虫培養細胞は，培養が容易であり，バキュロウイルス発現系で広く一般的に用いられ多数のタンパク質生産実績を有するSf21（*Spodoptera frugiperda* 卵巣細胞由来）細胞を用いることとした。

まず，Sf21昆虫培養細胞抽出液を用いた無細胞タンパク質合成系において，タンパク質を高効率で合成することができる専用発現ベクターの構築を行った。具体的には，この系で高い翻訳促進効果を示す*Malacosma neustria*核多角体病ウイルス由来ポリヘドリン遺伝子の5'非翻訳領域（ポリヘドリン5'UTR）を含むベクターpTD1を作製した。図2にこのベクターのマップを示す。このpTD1 Vectorは，mRNA合成に必要なT7プロモーター配列，翻訳促進配列であるポリヘドリン5'UTR，目的遺伝子を挿入するためのマルチクローニングサイト（MCS）など，mRNAの合成からタンパク質合成に関わるすべての因子を含んでいる。なお，pTD1 Vectorの全塩基配列は，各DNAデータバンクに登録しており入手可能である（Accession Number：AB194742）。

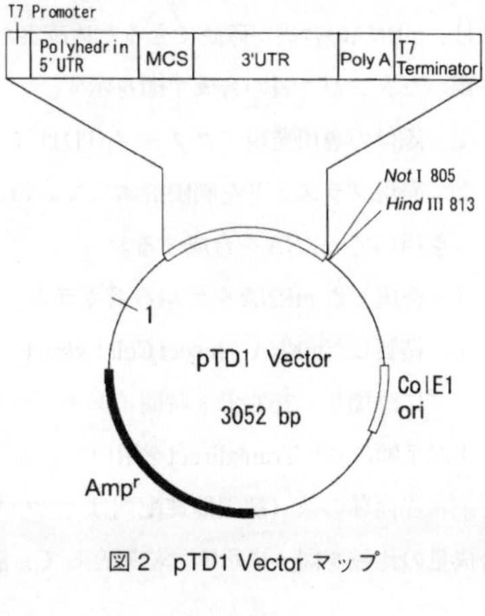

図2　pTD1 Vector マップ

試薬キットとして販売するためには，昆虫培養細胞の抽出液を含む試薬類を安定的に生産でき，長期間保存可能でなければならない。そこで，キットに含まれる試薬の生産体制，品質管理体制の整備を行った。次に，キットに含まれる試薬，特に昆虫培養細胞抽出液を－80℃（他の試薬は一部－20℃以下）で長期間保存可能とする安定化技術を開発した。実際のキットは，① Insect Cell Extract：Sf21 培養細胞抽出液，② Reaction Buffer：緩衝液，19 種アミノ酸（－メチオニン），ATP，GTP など，③ 4 mM Methionine：メチオニン（アミノ酸），④ 0.5 μg/μl pTD1 Vector：発現ベクター，⑤ 0.5 μg/μl Control DNA：β－ガラクトシダーゼ遺伝子をpTD1に組み込み直鎖化したコントロールDNA，の計５種類の試薬から構成されている。１キットでは，50 μlの反応系で 40 回相当分，計約 2 ml の反応が可能となっている。このような形態で，昆虫培養細胞抽出液を用いた無細胞タンパク質合成技術を試薬キット化した。商品名は，無細胞タンパク質合成試薬キットTransdirect™ *insect cell*（以後，Transdirectと略する）とし，島津製作所より，2004 年 12 月 22 日に発売を開始した(図３)。

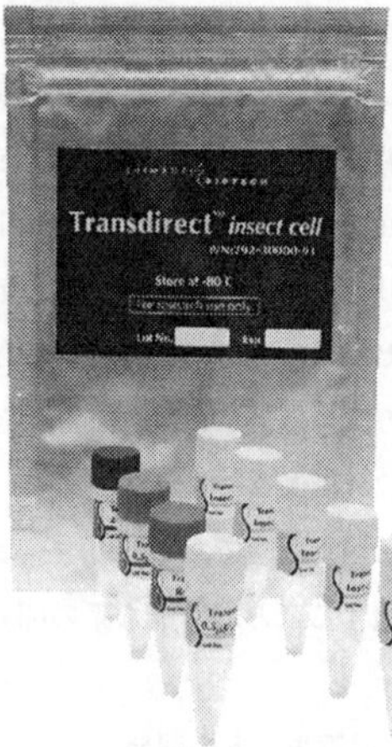

図３　無細胞タンパク質合成試薬キット Transdirect™ *insect cell*

6. 5　試薬キットの特徴

現在市販されている無細胞タンパク質合成試薬キットは，反応方法の違いにより，転写と翻訳を１チューブ内で同時に行う共役系と，転写と翻訳を分けて行う系とのおおまかに２種類にわけられる。Transdirectは，後者の方法を採用している。すなわち，あらかじめ市販の大量RNA合成キットを用いてDNA から mRNA を合成し，その mRNA を鋳型として，効率的なタンパク質合成を実現するために反応液組成など最適な条件で翻訳反応を行う方法を採用している。この方法は，mRNAの合成が確認できるため確実なタンパク質合成が可能である。以下に，このキットを用いたタンパク質の合成手順を示す。

① 添付の専用発現ベクター（pTD1）に目的遺伝子を挿入し，発現プラスミドを構築する。
② 発現プラスミドを制限酵素にて直鎖化し，それを鋳型とし，市販のRNA大量合成キットを用いて mRNA を合成する。
③ 合成した mRNA をゲルろ過カラム，エタノール沈殿により精製する。
④ 精製したmRNA，Insect Cell Extract，Reaction Buffer，4mM Methionine を所定量，チューブに添加し，25℃で５時間インキュベートすることによりタンパク質合成を行う。

上記手順に従いTransdirectを用いて，β－ガラクトシダーゼを合成させた場合と，他社製ウサギ網状赤血球の系（翻訳促進配列はβ－グロビンリーダー配列を使用）で合成させた場合との，合成量の比較を図４に示す。結果として，活性測定では，Transdirectは，ウサギの系（A社およ

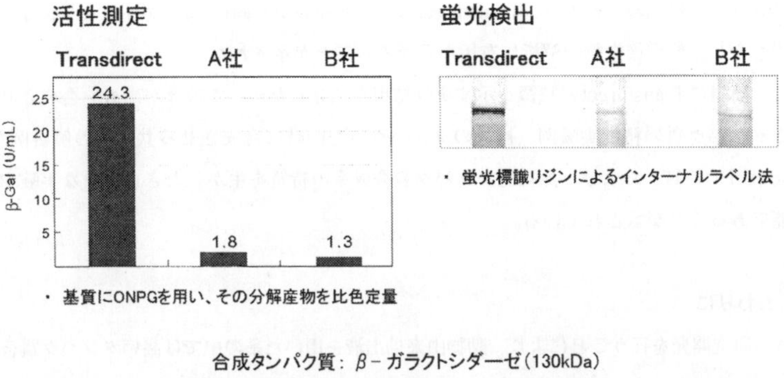

図4　ウサギ網状赤血球の系との合成量の比較

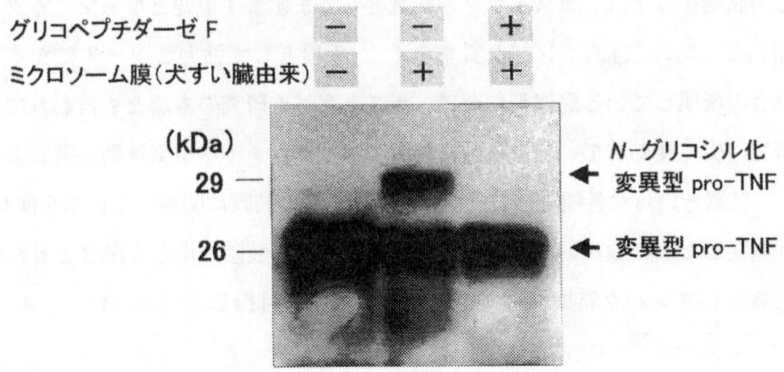

図5　ミクロソーム膜添加による糖鎖修飾反応

びB社）と比較して，13～18倍高い合成量を示した。また，蛍光検出では，ウサギの系と比べて非常に強いバンドとして検出された。以上のことから，Transdirectは，同じ動物の系であるウサギの系よりも，高いタンパク質合成能を有していることが示された。

翻訳後修飾解析は，無細胞タンパク質合成系を用いて行われる重要なタンパク質機能解析のための一つの手段である。そこで，Transdirectにおいて，ウサギの系と同様にミクロソーム膜を添加することにより代表的なタンパク質翻訳後修飾である*N*-グリコシル化が可能であるかどうかを調べた。モデルタンパク質としては糖鎖付加部位を導入した変異型pro-TNFを用いた。その結果を図5に示す。結果として，Transdirectで発現させた変異型pro-TNFは，26kDaのバンドとして検出され，この系に市販の犬すい臓ミクロソーム膜を添加すると29kDaにもバンドが検出された。この29kDaのバンドは，糖鎖をタンパク質から切断するグリコペプチダーゼFで処理することにより消失したことから，*N*-グリコシル化された変異型pro-TNFであることが強く示唆された。以上のことより，Transdirectは，ウサギの系と同様に*N*–グリコシル化などの小胞体膜を介した翻訳後修飾の解析に有用な系であることが示された。

以上，簡単にTransdirectの特徴を示す実験結果を紹介したが，このほかにも，合成させたタグ付きタンパク質の精製実験例，複数のタンパク質を同時に合成させる共発現の解析例など，Transdirectの特質，および，無細胞タンパク質合成系の特質を生かしたさまざまな実験や解析が可能であることが示されている。

6.6　おわりに

今回の研究開発を行うことにより，動物由来抽出液を用いた系の中では高いタンパク質合成能を有する昆虫由来抽出液を用いた無細胞タンパク質合成系を構築することができた。また，その成果を多くの研究者に使っていただくために，試薬キット化し，2004年12月より販売することができた。この試薬キットは，ポストゲノム研究としてますます重要となってくるタンパク質の機能解析に用いるための「目的タンパク質をつくる」手段として強力なツールになるものと期待している。筆者の所属している島津製作所は，ポストゲノム研究の本流とも言われているプロテオーム解析研究に広く使われている質量分析装置，マイクロチップ電気泳動装置および液体クロマトグラフィー装置といった各種分析装置，また，それらの装置に関連する技術を保有している。今後は，今回開発した無細胞タンパク質合成技術と，それら装置技術とを融合させた翻訳後修飾解析を含めた新しいタンパク質機能解析システムの構築を目指していきたい。

最後に，本研究開発は，2001年1月より2004年3月まで，主に，カイコ，昆虫培養細胞の系の構築をレンゴー株式会社中央研究所にて，2004年4月より2005年4月（執筆時）まで，主に，専用ベクター，試薬キットの開発を株式会社島津製作所ライフサイエンス研究所にて行なわれました。本研究開発にたずさわった多くの研究者の方々を代表して執筆させていただきました。この場をお借りして記します。

文　献

1） T. Winnick, *Arch. Biochem.*, **28**, 338 (1950)
2） 遠藤弥重太ほか, ゲノミクス・プロテオミクスの新展開 ―生物情報の解析と応用―, エヌ・ティ・エス, p.573 (2004)
3） 木川隆則ほか, 蛋白質 核酸 酵素, **47**, 1014 (2002)
4） 伊東昌章, 化学と生物, **42**, 639 (2004)
5） H. Ikariyama *et al.*, *J. Solid–Phase Biochem.*, **4**, 279 (1979)
6） H. Tarui *et al.*, *Appl. Microbiol. Biotechnol.*, **55**, 446 (2001)

第2章　カイコ等の絹タンパク質の利用

1　絹フィブロインの構造と大腸菌による新しい絹の生産ならびに生体材料への応用

朝倉哲郎[*1]，大郷耕輔[*2]

1.1　はじめに

カイコが生産する繭の主成分である絹フィブロインは，天然の繊維状タンパク質であり，繊維の女王として数千年の長きにわたって人類に用いられてきた。また，縫合糸等の生体材料としても長い間用いられてきた経緯があるが，これは絹フィブロインが優れた力学特性に加えて生体適合性を有するためであり，この点に注目した新規生体材料としての開発研究も進んできている。これら絹フィブロインの特徴は，基本的には，絹のアミノ酸配列ならびに，より高次の構造に起因している。従って，その分子構造の詳細を知ることで，絹の特徴が解明される糸口をつかむと共に，絹の新たな応用や，絹配列を模倣した新たなタンパク質の作製などが可能になる。実際，最近のバイオテクノロジー技術の進歩とあいまって，今日，それらの分野の研究は極めて盛んである。

そこで本稿では，絹の分子構造の解明について最近の知見をまとめると共に，新らたな絹様タンパク質の創成ならびに最新の生体医療材料への応用について述べる。

1.2　絹フィブロインの構造と繊維化に伴う構造変化

家蚕絹の主成分である絹フィブロインは，H鎖とL鎖からなるが，前者が95%を占める。H鎖の完全な一次構造は2000年にZhouらによって報告された[1]。R領域（R01からR12まで）とA領域（A01からA11まで）が交互に繰り返す特異な構造をとっている（図1）。R領域は，絹フィブロインの主要領域であるが，Gly，Ala，Ser，Tyr，Val，Thrのみの限られたアミノ酸からなり，特に，GlyとAla残基の交互共重合体中にSerが規則的に配置された，(Gly-Ala-Gly-Ala-Gly-Ser) の繰り返しが主要な配列である。他のアミノ酸は，両末端の領域とA領域中に存在する。

次に家蚕絹フィブロインの結晶領域の二次構造について述べる。蚕体内絹糸腺から取り出して乾燥させた繊維化前の絹の構造をSilk I 型構造，一方，繭として得られる繊維化後の絹の構造は

＊1　Tetsuo Asakura　東京農工大学　工学部　生命工学科　教授

＊2　Kosuke Ohgo　東京農工大学　産官学連携・知的財産センター　非常勤講師

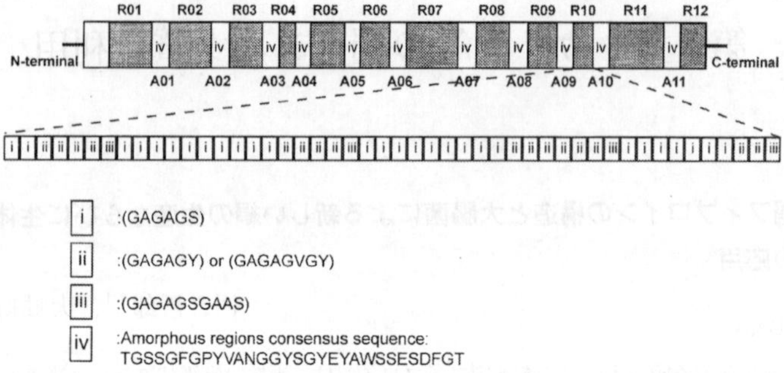

図１ 家蚕絹フィブロインの一次配列[1)]

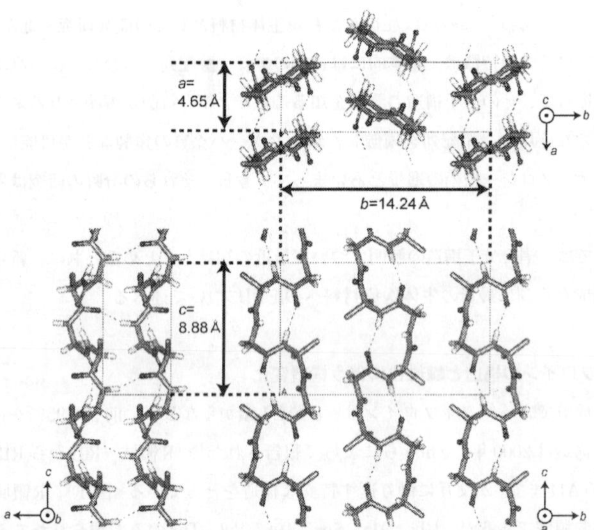

図２ Silk Ⅰ型の分子構造[2)]

SilkⅡ型構造と呼ばれ区別される。固体NMRの最新手法等を用いて得られたSilkⅠ型構造を分子鎖間配置まで含めて図２に示した[2)]。これまでの繊維状タンパク質には見られない，全く新しい構造である。typeⅡ型のβターン構造が繰り返されており，分子内水素結合と分子間水素結合が分子鎖に沿って交互に形成されている。

続いて，家蚕絹繊維すなわち，SilkⅡ型構造について述べる。1955年にMarsh，Corey，Pauling

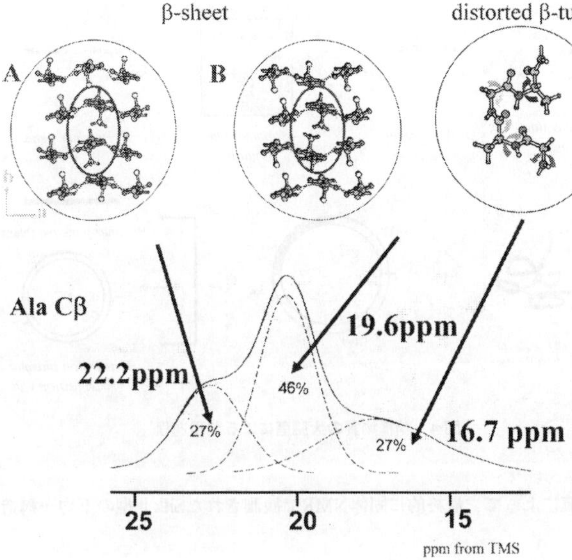

図３　家蚕絹結晶部のSilk II型構造についての不均一構造モデル[4)]

らによってX線構造解析結果に基づいて，逆平行βシート構造が提案され，絹繊維の構造として教科書にも引用されてきた[3)]。しかしながら，これは約半世紀前のモデルであり，固体NMRを用いた構造解析に基づいて，現在，より詳細な構造が明らかとなってきている[4)]。Marshらが提案したようにSilkⅡ型構造の主な部分は逆平行βシート構造として良いが，結晶部分であっても不均一な構造を有する。例えば，図３にはSilkⅡ型構造を有するモデル化合物，poly (Ala-Gly)の交互共重合体の^{13}C CP/MAS NMRスペクトルを示したが，例えば，Ala残基のCβ炭素のピークはブロードな３本線となり，シャープなピークを与えるSilkⅠ型構造の場合と著しく異なる。最も高磁場に出現するブロードな16.7ppmのピークは，SilkⅠ型構造の平均的内部回転角を中心とするが，それを中心とした内部回転角のゆらぎの大きな，“ゆがんだβターン構造”に帰属される。残りの19.6ppmと22.2ppmに出現する２本のピークは，いずれも“逆平行βシート構造”に帰属されるが，分子鎖の配置が異なる。すなわち，シート構造が紙面に垂直に広がっている場合，その断面図を見ると，22.2ppmのピークは，隣接した絹分子鎖のAla残基のメチル基が平行にシフトし配置された状態（A），19.6ppmのピークは，隣接した絹分子鎖のAla残基のメチル基が各々向かい合って配置された状態（B）に対応する[5, 6)]。各々の割合は図３中に示した。SilkⅠ型の構造を出発点として，水の存在とカイコ体内で絹に作用する“延伸力”や“ずり”を考慮し

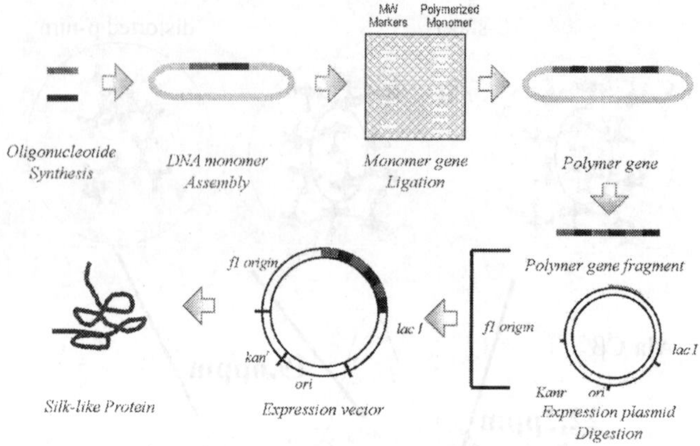

図 4　絹様物質の大腸菌による発現過程

た分子動力学計算によって，最終的に固体NMRで観測されたSilkⅡ型の不均一構造を再現する事ができた[7]。

一方，エリ蚕やサク蚕といったインドならびに中国原産の野蚕の絹フィブロインの一次構造は，“Alaの連鎖領域”と“Glyを多く含む領域”の二つの領域の繰り返しからなり，クモ牽引糸の絹と同様の繰り返し構造を有する[8]。Ala連鎖の長さが違うという相違点はあるが，優れた物性を有するクモの絹の一次構造と，野蚕絹フィブロインの一次構造が，同様の繰り返し構造を有しているということは非常に興味深い。エリ蚕やサク蚕の絹の繊維化後の構造は，先に示した家蚕絹繊維と同様に，逆平行βシート構造を多く含む不均一構造をとることがわかってきたが，ここでは，紙面の都合で，特に，エリ蚕絹フィブロインの繊維化前の特徴的な構造について述べる。特に，Ala連鎖部分（Ala残基が平均12個からなる）は，その結晶部を構成するが，選択的に安定同位体ラベル化された適当なモデルペプチドの作成と家蚕絹フィブロインの構造解析に適用された固体NMRの最新の手法を用いた研究によって，Ala連鎖部分を中心とする繊維化前の構造の解明がなされた。Alaの連鎖部分は典型的なαヘリックス構造を有するが，特にそのN端ならびにC端近傍は，むしろ，3_1ヘリックス構造に近いことがわかった。すなわち，両端は，αヘリックス構造よりも巻きの強い，よりすぼまった構造をとることによって，αヘリックス構造を安定化させ，βシート構造への構造転移を防いでいると推測された[9,10]。繊維化前のエリ蚕絹フィブロイン中では，局所的にこのような構造が約100回繰り返されている。一方，Glyを多く含む領域は，基本的には，ランダムコイルであるが，一部，3_1ヘリックス構造を有する。

クモは，物性の異なる7種類の絹糸を，各々に対応する絹糸腺から生産するが，それらの絹の構造解析も，クモの自重をささえる牽引糸を中心に進んでいる。牽引糸のAla連鎖部分（平均のAla連鎖数は，約6個で，エリ蚕絹フィブロインの場合の約半数）は，繊維化後では，逆平行βシート構造をとるが，繊維化前は，主にランダムコイル構造を有する。一方，Glyの多い部分では，その局所的繰り返し構造に対応して，3_1ヘリックス構造やランダムコイルとなる。

1.3　新しい絹様タンパク質の分子設計と大腸菌ならびにトランスジェニックカイコによる生産

2．で述べてきた各種絹フィブロインや各種タンパク質の詳細な構造情報に基づいて，新しい機能を有する絹様タンパク質を分子設計するとともに，実際に大腸菌による遺伝子組み換え法によって，あるいは，トランスジェニックカイコによって，それを生産する試みが活発になされてきた[11~13]。新しい絹様タンパク質を分子設計し，大腸菌によって発現する過程を図4にまとめた。2種類のモノマーをDNA合成し，クローニングベクターの中に入れ重合によってつなげたものを，発現ベクターに再度いれて大腸菌で絹様タンパク質を発現させる。

表1に，一例として，現在，我々の研究室で，分子設計し，大腸菌による生産に成功した新しい絹様タンパク質の一次構造をまとめた。家蚕絹フィブロイン結晶部の基本構造であるGAGAGSの繰り返し構造やエリ絹フィブロイン結晶部のポリAla領域(Ala)$_{12}$の繰り返し構造を基本とし，新たな物性を有する絹の作成を目的としてエリ蚕やクモ牽引糸の半結晶性部分やGlyを多く含む領域を組み合わせたり，高い細胞接着性の付与を目的としてフィブロネクチンの細胞接着部位，Arg-Gly-Asp[14]等を含む連鎖部位を導入している。また，他の繊維状タンパク質であるエラスチンの弾性部位，Gly-Val-Pro-Gly-Val[15]を導入することにより，高い弾性や親水性を新たに付与することができる。発現ベクター，宿主大腸菌の選択及び発現条件を最適化することにより，現在，1Lの培養液あたり，20～40mgの絹様タンパク質が生産されている。

表1　新規絹様タンパク質の一次配列[11~13]

1. [(GVPGV)$_2$GG(GAGAGS)$_3$AS]$_{16}$
2. [TGRGDSPA(GVPGV)$_2$GG(GAGAGS)$_3$AS]$_5$
3. [TGRGDSPAGG(GAGAGS)$_3$AS]$_8$
4. [((AGSGAG)$_3$AS)$_2$YGGLGSQGAGRAS]$_4$
5. TS[DGG(A)$_6$GGAASGAGYGA(GAGSGA)$_2$GAGYGA]$_8$
6. TS[DGG(A)$_{12}$GGAASGAGYGA(GAGSGA)$_2$GAGYGA]$_4$
7. TS[DGG(A)$_{12}$GGAASGAGYGA(GGA)$_4$GAGYGA]$_4$
8. TS{[DGG(A)$_{12}$GGAASGAGYGA(GAGSGA)$_2$GAGYGAS]$_8$AS[(GPGGSGPGGY)$_2$GPGGAS]$_4$}
9. TS[(A)$_{18}$TSGVGAGYGAGAGYGVGAGYGAGVGYGAGAGY]$_4$
10. TS[GERGDLGPQGIAGQRGVV(GER)$_3$GAS]$_8$GPPGPCCGGG
11. TS(TGRGDSPAS)$_8$

GAGAGS：家蚕絹フィブロイン由来　GVPGV：エラスチン由来　(A)n：エリ蚕，クモ牽引糸由来
TGRGDSPA：フィブロネクチン由来　GPGGX：クモ横糸由来　GER：コラーゲン由来

1.4　再生絹繊維および絹不織布の作成

絹様タンパク質を広く利用していく上で，目的に合わせた多様性のある形状に加工することが必要となる。特に，十分な強度を有する繊維の形状に作成するためのプロセッシング技術の開発は重要である。一般に，溶液紡糸によって繊維化を行うが，例えば家蚕再生絹繊維を作成するための紡糸溶媒として，デュポンの特許にヘキサフロロイソプロパノールが挙げられている。我々は，ヘキサフロロアセトンが，溶解性の点で，さらに適しており，溶液紡糸の際の条件を詳細に検討することによって，十分に優れた物性を有する家蚕絹再生繊維が得られることを報告してきた[16]。一方，表1にまとめた，家蚕絹の結晶部をベースとした絹様タンパク質の場合には，この紡糸溶媒を用いても，溶液紡糸法では優れた物性を有する繊維を得る事は難しかった。そこで，不織布作成用のエレクトロスピニングの装置を開発，それを用いて，最終的に，不織布状の再生繊維を絹様タンパク質から作成することができた[17]。SEM写真（図5）で示したように，直径がナノスケールの極めて細い絹のナノファイバーが得られ，新しい微粒子の捕捉用フィルター等の目的に十分に使用できることがわかった。

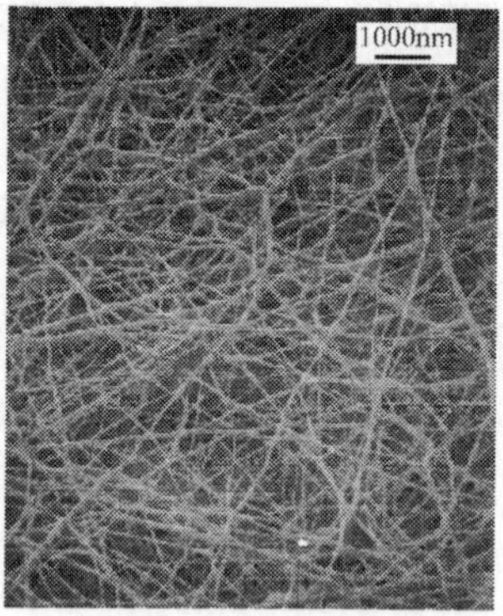

図5　遺伝子組み換え大腸菌より生産した新規絹様タンパク質，$[GGAGSGYGGGYGHGYGSDGG(GAGAGS)_3]_6$の，エレクトロスピニングの適用結果[17]

1.5　絹繊維の生体材料への応用

ここでは，現在活発に進められている，絹ならびに新規絹様タンパク質の医療分野への応用について述べる。家蚕絹繊維の諸性質について，表2[18]にまとめた。　例えば，ヤング率は約10～15GPa，破断強度は0.5～0.7GPa，破断伸度は約15～20%である[19,20]。鋼鉄線と比較して，ヤング率では大きな差（鋼鉄線：200GPa）が見られるが，強度に関しては約半分の値（鋼鉄線：1.5GPa）を示す。更に破断伸度に関しては，絹繊維が圧倒的に伸びる（鋼鉄線：0.8%）。これらが‘強い繊維’としての絹の物性値である。一方，生体適合性については，従来より縫合糸等で用いられてきた経緯があり，安全性が確認されている。また生体吸収性について，絹は非吸収性と言われているが，生体内において約1年で張力の多くが失われ，約2年で埋設箇所で認識されなくなると報告されている[19]。

これらの特性を活かし，絹繊維を特に医療の分野へ応用しようとする動きが国内外で見られる。例えば，強度が必要とされる膝の靭帯の修復に，タフツ大学Kaplanのグループでは，絹繊維を撚った素材について検討を行っている[19]。撚り方により，強度の調整が可能であり，靭帯の

表２　家蚕絹繊維の諸性質（参考文献18）より改変）

引張強さ	標　準　時	2.6 〜 3.5
(cN/dtex)	湿　潤　時	1.9 〜 2.5
乾　湿　強　力　比　(%)		70
結　節　強　さ　(cN/dtex)		2.6
伸び率（%）	標　準　時	15 〜 25
	湿　潤　時	27 〜 33
伸　長　弾　性　率　(%)（３%伸長時）		54 〜 55（８%）
初期引張抵抗度	(cN/dtex)	44 〜 88
(見掛ヤング率)	(GPa)	6.370 〜 11.760
比　重		1.33
水分率（%）	公定	11.0
	標準状態（20℃，65%RH）	9
	その他の状態	100%RH：36 〜 39（20℃）

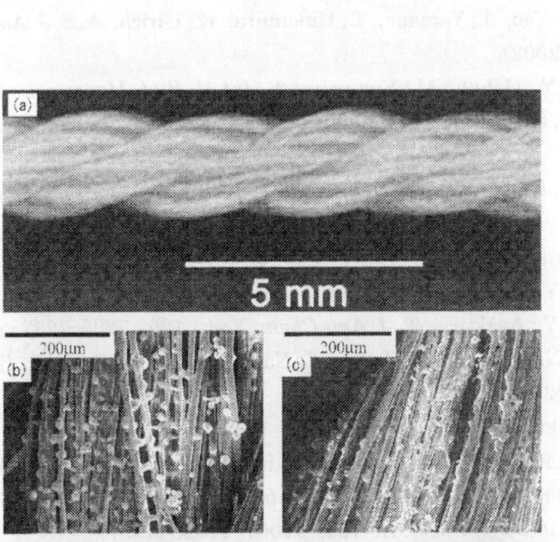

図６　家蚕絹繊維の再生医療材料への応用
膝靭帯修復のための素材(a)。
絹表面上での骨芽細胞増殖の様子
(b) 5分間後，(c) 1時間後，(d) 7日間及び(e)14日間。
文献19)より改変。

強度に近づける事が出来る（図6a）。また*in vitro*ではあるが，絹素材表面において，ヒト骨髄間質細胞がよく増殖したことも併せて報告している（図6b～e）。

文　献

1） Zhou, C.; Confalonieri, F ; Medina, N.; Zivanovic, Y.; Esnault, C.; Yang, T.; Jacquet, M.; Janin, J.; Duguet, M.; Perasso, R.; Li, Z. *Nucleic acids res.*, **28**, 2413–2419 (2000)
2） Asakura, T.; Ashida, J.; Yamane, T.; Kameda, T.; Nakazawa, Y.; Ohgo, K.; Komatsu, K. *J. Mol. Biol.*, **306**, 291–305 (2001)
3） Marsh, R. E.; Corey, R. B.; Pauling, L. *Biochem. Biophys. Acta.*, **16**, 1–34 (1955)
4） Asakura, T.; Yao, J.; Yamane, T.; Umemura, K.; Ulrich, A. S. *J. Am. Chem. Soc.*, **124**, 8794–8795 (2002)
5） Takahashi, Y.; Gehoh, M.; Yuzuriha, K. *Int. J. Biol. Macromol.*, **24**, 127–38 (1999)
6） Yamane, T.; Sonoyama, M.; Asakura, T.; Furukawa, Y. *Sen'i Gakkaishi*, **58**, 327–331 (2002)
7） Yamane, T.; Umemura, K.; Nakazawa, Y.; Asakura, T. *Macromolecules*, **36**, 6766–6772 (2003)
8） Xu, M.; Lewis, R. V. *Proc. Natl. Acad. Sci. U S A*, **87**, 7120–7124 (1990)
9） Nakazawa, Y.; Bamba, M.; Nishio, S.; Asakura, T. *Protein Sci.*, **12**, 666–671 (2003)
10） Nakazawa, Y.; Asakura, T. *J. Am. Chem. Soc.*, **125**, 7230–7237 (2003)
11） Asakura, T.; Nitta, K.; Yang, M.; Yao, J.; Nakazawa, Y.; Kaplan, D. L. *Biomacromolecules*, **4**, 815–820 (2003)
12） Yao, J.; Asakura, T. *J. Biochem.*, **133**, 147–154 (2003)
13） Asakura, T.; Kato, H.; Yao, J.; Kishore, R.; Shirai, M. *Polymer J.*, **34**, 936–943 (2002)
14） Pierschbacher, M. D.; Ruoslahti, E. *Nature*, **309**, 30–33 (1984)
15） Urry, D. W. *J. Phys. Chem. B*, **101**, 11007–11028 (1997)
16） Yao, J.; Masuda, H.; Zhao, C.; Asakura, T. *Macromolecules*, **35**, 6–9 (2002)
17） Ohgo, K.; Zhao, C.; Kobayashi, M.; Asakura, T. *Polymer*, **44**, 841–846 (2003)
18） 第3版　繊維便覧，繊維学会編，丸善株式会社 (2004)
19） Altman, G. H.; Diaz, F.; Jakuba, C.; Calabro, T.; Horan, R. L.; Chen, J.; Lu, H.; Richmond, J.; Kaplan, D. L. *Biomaterials*, **24**, 401–416 (2003)
20） Gosline, M. J.; Guerette, A. P.; Ortlepp, S. C.; Savage, N. K. *J. Exp. Biol.*, **202**, 3295–3303 (1999)

2　セリシンの構造と機能－セリシン分子の特徴と物理的性質，その機能－

高須陽子*

2.1　セリシンとは

家蚕の繭層を構成するタンパクのうち，熱水あるいは弱アルカリ水溶液により溶出する非繊維成分をセリシンと呼び，生繭の繭層重量の約25～30％を占める。中部絹糸腺細胞で合成された後，内腔に分泌され，後部絹糸腺で作られた液状フィブロインの周囲を取り巻くかたちで吐糸口へ押し出される。吐糸された後は繊維化したフィブロインを互いに接着することにより，繭の形を保持する。製糸，製織業においては，煮繭，繰糸，精練等の工程で繊維から脱落し，利用されることはなかったが，近年タンパク資源としての利用開発が試みられている。

2.2　セリシン分子の特徴

2.2.1　セリシンタンパクの成分

セリシンが複数成分か否か，また個々の成分の性質について，古くから多くの実験と議論がなされてきた[1)]。今日までに文献に現れたセリシン成分に関する研究のうち主なものを表1にまとめた。以下これらについて概説する。

Yamanouchiは，熟蚕の絹糸腺を酸性フクシンで染めた場合，中部絹糸腺前区のセリシンが三層に染め分けられ，中区ではそれが二層に，後区では一層になることを報告している[2)]。大場，渋川も各種色素による染め分けを行い，同様の結果を得たことから，染色性の異なる三層が，異なる部位から分泌される異なるセリシン成分であると考えた[6, 7)]。井上，金子，Mosher，清水，小松らは，100℃以上の熱水で繭層セリシンを抽出し，その抽出時間の長短あるいは沈澱法などでセリシンを分画した[3～5, 9, 22, 23)]。小松，渡辺らは，これらのセリシン成分について，アミノ酸分析により成分の特定を試みたが，成分間の差異が不明確で，他の分画法による成分との対応関係も得られなかった[9, 24)]。これは抽出の段階から既にセリシン分子がかなり分解しており[11)]，分子種ごとの分画がなされなかったためと考えられる。それに対し，絹糸腺内の液状セリシンを用いたTashiro and Otsukiによる超遠心分析は，セリシンに由来すると思われる複数の明瞭なピークを示し，これらがYamanouchi，大場，渋川の報告と矛盾しないことから，未分解セリシン分子分画の最初の成功例と考えられる[8)]。その後，電気泳動法を用いて，蒲生，Sprague，筒井ら，庄野崎らが，主に絹糸腺由来の未分解セリシンの分析を行った[10～12, 14～16)]。特に筒井ら，庄野崎らは，現在広く行われているSDS-PAGE法により，中部絹糸腺全体のセリシン成分を分析した。最近，筆者らは繭層セリシンを未分解で抽出し，主要な分子種を分離精製するのに成功した[21)]。

＊　Yoko Takasu　㈱農業生物資源研究所　素材特性研究チーム　主任研究官

表1 セリシン成分に関する研究の歴史

	観察·実験内容	セリシン成分に関する報告	補足
Yamanouchi (1921)[2]	中部絹糸腺のVan Gieson染色	中部絹糸腺前区のセリシンに染色性の異なる3層。 S_1：内層 S_2：中層 S_3：外層	
Mosher (1932, 1934)[3, 4]	繭層抽出セリシンの等電点の違いによる分画	繭層より110℃，30min，2回抽出。 A：pH 4.1で沈澱，水溶性高い B：75% EtOHで沈澱，水溶性低い C：難溶性	繭糸の外側からA，B，Cの順に層状構造を形成。 Bを加熱するとAに変化。
清水 (1941)[5]	繭層セリシンの段階的抽出	繭層より抽出。 Ⅰ：水で10min煮沸 Ⅱ：水で2hあるいは，7M尿素で5min煮沸 Ⅲ：7M尿素で 2h煮沸	Ⅰ：准非晶質 Ⅱ，Ⅲ：β型結晶含む 繭糸の外側からⅠ，Ⅱ，Ⅲの順に層状構造を形成。
大場 (1957)[6] 渋川 (1959)[7]	中部絹糸腺の多糖，脂質，タンパク質染色	染色性異なる3層。 S_1：内層 S_2：中層 S_3：外層	3成分は異質な成分で，中部絹糸腺の異なる部位から分泌される。 S_1：後区 S_2：中区 S_3：前区 後区前方にS_1，S_2混合分泌帯。
Tashiro and Otsuki (1970)[8]	中部絹糸腺内容物の超遠心分析	3あるいは 2 成分のセリシンを検出。 9-10S：中区後半 9S：中区前半，前区 4S：前区	山内，大場らのS_1～S_3に対応？ 9-10S＝S_1 9S＝S_2 4S＝S_3
小松 (1975)[9]	繭層セリシンの段階的抽出	水またはホウ酸緩衝液(pH 9)中煮沸。 Ⅰ，Ⅱ，Ⅲ，Ⅳの順に溶出。	浴比750倍の時，溶解曲線に屈曲点。Ⅰ～Ⅳは異なる分子。清水と同様の層状構造説。
Sprague (1975)[10]	中部絹糸腺前区内容物のSDS-PAGE	分子量220,000から20,000に及ぶ少なくとも15種類のポリペプチドから成る。	
蒲生 (1973)[11] Gamo *et al.* (1977)[12]	中部絹糸腺内容物の酸性電気泳動	主に5種のポリペプチドから成る。 それぞれの分子量； s-1：309,000 s-2：177,000 s-3：145,000 s-4：80,000 s-5：134,000	熱水抽出によりセリシンは分解。 絹糸腺内分布とS_1～S_3との対応； 前区：s-2，s-5＝S_3 前中区：s-3＝S_3 中区：s-1＝S_2 後区：s-4＝S_1
Gamo (1982)[13]	酸性電気泳動による変異型セリシンの連関分析	S-2（正常型）：分子量226,500 $S\text{-}2^v$（変異型）：分子量164,000	第11連関群に*Src-2*遺伝子を決定（S-2＝s-3？）。
筒井ら (1979)[14] 庄野崎ら (1980, 1986)[15, 16]	繭層セリシン，絹糸腺セリシンのSDS-PAGEと連関分析	移動度が遅い順に，A，B，C，E，D	第11連関群に*Src*遺伝子を決定。A，B，Dは*Src*遺伝子由来，C，Eは*Src-2*遺伝子 由来。

表１　セリシン成分に関する研究の歴史（つづき）

	観察･実験内容	セリシン成分に関する報告	補足
Okamoto *et al.*（1982）[17]	中部絹糸腺mRNAの電気泳動	11.0及び9.6kbのmRNAを検出。	*Ser1*遺伝子の部分構造解明。 11.0kbと9.6kbは多型か？ 38残基のSerリッチな反復配列。 SSTDASSNTDSNSNSAGSSTSGGRRTYGTSSNSRDGSV
Ishikawa and Suzuki（1985）[18]	中部絹糸腺RNAのノーザンブロッティング	*Ser1*プローブを用いて，発達段階により異なるサイズのmRNAを検出。 20kb：３，４齢 10.5kb：５齢３日目以降，主成分 9.0kb：５齢７日目以降 4.3kb：３，４，５齢 3.0kb：５齢２日目以降	*Ser1*遺伝子の選択的スプライシング。 5.0kbのmRNAを検出。
Michaille *et al.*（1990）[19]	中部絹糸腺前区特異的mRNAのcDNAをプローブとしたゲノムライブラリーの検索	選択的スプライシングによる２種のmRNAを検出。 ５～6.4kb（多型），3.1kb	*Ser2*遺伝子の制限酵素地図作成。 15残基の反復配列。 RSPSHKDTGKAKPND *Src-2*遺伝子と同一か？
Garel *et al.*（1997）[20]	中部絹糸腺cDNAライブラリーの解析	４種あるいは５種の*Ser1* mRNAの構造から，タンパクの一次構造を決定。分子量； Ser1A：76,425（2.8kb mRNA） Ser1B：123,436（4.0kb mRNA） Ser1C：330,767（10.5kb mRNA） Ser1D：283,617（9.0kb mRNA）	第６及び第８エクソンに反復配列。 反復配列部位がβシートを形成しやすいことを予測。
Takasu *et al.*（2002）[21]	飽和LiSCN/EtOH混合溶媒によるセリシン成分の分離	３種の主成分の分子量； A：250,000（前区）＝C（庄野崎ら）＝S-2（Gamo） M：400,000（中区）＝A，B（庄野崎ら） P：150,000（後区）＝D（庄野崎ら）	AはM，Pと物性異なる

セリシン成分の中で最も多く存在するのは，分子量300,000～400,000のセリシンMで，これに分子量約250,000のセリシンA，約150,000のセリシンPを加えたものがセリシンの主要３成分である。

2.2.2　セリシンのアミノ酸組成

セリシンがセリンを30～40mol％含むことはよく知られており[25]，成分ごとのアミノ酸組成の違いも古くから検討されてきたが[9, 24]，多くの場合，抽出に伴うセリシンの分解が成分の分離

表２　主要セリシン３成分のアミノ酸組成（mol%）[21]

a.a.	Sericin A 250kDa	Sericin M 400kDa	Sericin P 150kDa
Gly	14.3	16.0	14.1
Ala	5.5	4.1	8.1
Val	0.7	3.2	3.9
Leu	0.5	0.9	1.6
Ile	0.2	0.5	0.8
Ser	39.0	35.4	33.2
Thr	3.3	9.7	12.2
Asp＋Asn	13.3	15.7	11.3
Glu＋Gln	12.8	3.1	3.1
Lys	5.4	1.8	1.0
Arg	2.9	3.4	4.0
His	1.0	1.3	nd
Tyr	0.7	4.0	4.6
Phe	0.4	0.2	0.7
Pro	nd	0.6	1.3
Trp	—	—	—
Met	nd	nd	nd
Cys	0.1	0.0	nd

—：not determined
nd：not detected

精製を困難にし，明確な結果が得られていなかった。表２にセリシンM，A，Pのアミノ酸組成を示す。M及びPは互いに似通った組成を示すが，Aはこれらに比べてGlu＋Gln及びLysの含量が多く，Thr及びTyrの含量が少ない点が特徴的である。

2.2.3　各セリシン成分の中部絹糸腺内分布

セリシンの成分により中部絹糸腺内腔での分布が異なることは，大場，渋川により報告されている。後部絹糸腺で合成されたフィブロインが中部絹糸腺内腔を前方へ押されるにつれ，そのまわりを中部絹糸腺各区で分泌されたセリシンが順に被い，前区に至るとセリシンの三層構造を作る様子が観察されている。このことは，中部絹糸腺内容物の電気泳動によっても確認されている[12]。筆者らの呼称に従えば，前区ではセリシンA，中区ではセリシンM，後区ではセリシンPが作られる。

絹糸腺内腔に分泌されたタンパクは，次第に前方に押されて時間と共にその場所を変えるが，絹糸腺細胞内のmRNAを分析することにより，さらに正確なセリシンの発現プロファイルが調べられた。その際，後に述べるセリシン遺伝子*Ser1*及び*Ser2*の一部がプローブとして用いられた。Ishikawa and Suzukiは，発達段階ごとに異なる分子量のmRNAが転写され，これらが同一のセリシン遺伝子(*Ser1*)プローブに反応することを報告し，選択的スプライシングの可能性を指摘した[18]。Couble *et al.* も，2種のセリシン遺伝子 *Ser1* 及び *Ser2* が，選択的スプライシングによって，部位，発達段階ごとに異なる発現パターンを示すことを報告している[26]。それによると，*Ser1* mRNAは主に中部絹糸腺中区から後区で合成され，そのうち10.5，9.0及び4.0kbのものは中区，2.8及び2.9kbのものは後区に現れる。一方，*Ser2* mRNAは，5齢2日目では前区から中区にかけて合成されるが，6日目以降ではほぼ前区のみで作られる。セリシン遺伝子の発現がアラタ体摘出により早まることから，セリシン遺伝子の選択的スプライシングはホルモンにより制御されていると考えられている[27]。

2.2.4　セリシン遺伝子（連関分析）

Gamoは，中部絹糸腺前区に分泌されるセリシンタンパクS-2が第11連関群の瘤遺伝子 *K* と連関することを見出し，その遺伝子を *Src-2* と名づけた[13]。また，庄野崎らはS-2とは異なる3種のセリシンタンパク（A，B，D）が *Src-2* とは異なる遺伝子により支配されることを発見し，*Src* と名づけた[15]。*Src* も第11連関群に座乗し，瘤遺伝子 *K* の23.2cM上流，*Src-2* の9.2cM上流にあることが報告された。これらの遺伝子はタンパクとの対応が明確であり，次に述べる分子生物学的手法で発見されたセリシン遺伝子に比べてタンパクの構造に関する情報量は少ないが，セリシン遺伝子であることの信頼性は高い。なお，タンパクの泳動像，分子量，アミノ酸組成等の比較により，セリシンM及びPは *Src* 遺伝子，セリシンAは *Src-2* 遺伝子由来と考えられる。

2.2.5　セリシン遺伝子（分子生物学）

1982年にOkamoto *et al.* が *Ser1* 遺伝子の部分構造を決定し[17]，これに基づいてGarel *et al.* は，*Ser1* 遺伝子由来タンパク群の一次構造をほぼ決定した[20]。それによれば，分子内に1か所あるいは2か所のセリンリッチな38残基周期の反復配列（表1）を持ち，最も分子量の大きいSer1Cについては，この反復部位が分子全体の約80%を占める。この反復部位のアミノ酸組成が，それまで報告されているセリシンタンパクのものと非常によく一致することから，この反復構造がセリシン全体でもかなりの部分を占め，その物性に大きく影響していると思われる。セリシンMの酵素分解物のアミノ酸配列分析により，*Ser1* に対応する配列が見出されたので，*Ser1* はセリシンMをコードする遺伝子であり，したがって庄野崎らの報告する *Src* であることが確実となった[28]。

一方，Michaille *et al.* により中部絹糸腺前区に特異的に発現する遺伝子が分離され，*Ser2* と名づけられた[19]。部分的に解明されている一次構造によると，15アミノ酸残基を単位とする配列（表1）が少なくとも20回反復される。分子量，発現部位，多型の存在という類似点から，Gamoの *Src-2* と同一であろうと予測されてきたが，カイコゲノムデータベースの公開及びRT-PCR法を用いた実験により *Ser2* の全貌が明らかになるにつれて，*Src-2* とは異なる遺伝子である可能性が高まっている。

2.2.6　非セリシン繭層タンパク

繭層にはフィブロイン，セリシン，P25以外にも多くの種類のタンパクが含まれる。Michaille *et al.* は，中部絹糸腺で特異的に発現する３種の遺伝子（*MSGS3*，*MSGS4*，*MSGS5*）を分離し，それぞれが3.5，2.95，0.45kbのmRNAを生成することを報告した[29]。栗岡らは，繭層より分離した5.5～28kDaの７種のタンパクについて，アミノ酸組成とＮ末端配列分析を行い，そのうち２成分にトリプシンインヒビター様の配列を見出した[30, 31]。また，Nirmala *et al.* は，それぞれ9.9kDa，10.3kDaの seroin 1 及び seroin 2，また，それぞれ６kDa，4.7kDaの BmSPI 1 及び BmSPI 2 を特定し，このうち BmSPI 2 が栗岡らのトリプシンインヒビターと同一タンパクであると報告した[32]。他の３成分のmRNAが吐糸後の幼虫で多量に検出されることから，何らかの防御物質ではないかと予想されている。

2.3　セリシンの物理的性質

2.3.1　セリシンの物性研究に関する注意点

セリシンは主な成分だけでも３種類あるが，いずれも類似したアミノ酸組成を示すことから，互いに分離･精製するのは困難である。したがって，現在までに報告されているセリシンの物性に関する報告は，ほとんどが分離されていないセリシン混合物のものであり，その場合，最も含量の多いセリシンＭの物性を主に反映していると考えられる。また，抽出法によってはセリシンが低分子化している場合もあるため，データの解釈には注意が必要である。

2.3.2　セリシンの結晶性

セリシンの物性を支配する重要な要素である結晶構造変化に関する研究が数多く行われている。現在までに非晶（ランダム）構造及びβ型結晶（逆平行β-シート）構造が知られており，外部からの処理に応じてセリシンはこれらの間を行き来する。セリシンの物理化学的性質は多様に変化するため一見捉えがたいが，これら２つの構造の性質に基づいて整理することができる。図１にその概略を示した。

(1)　セリシンフィルム

繭糸セリシンは基本的に無配向で結晶化度も低い。熱水抽出したセリシンをポリエチレンなどの上にキャストし，室温で速やかに乾燥させて得たフィルムもほぼ非晶質である。清水は非晶質のセリシンフィルムを湿らせて延伸すると，配向したβ型結晶構造が観察されることをX線回折像により示した[5]。小松は水分の授受と湿潤状態での加熱によってセリシンフィルムがβ結晶化することをIR及びX線回折により観察し[9]，北村らは，セリシンフィルムによる水の等温吸着曲線から[33]，また平林らは熱分析から[34] セリシンの結晶状態を評価して，同様の結論を得た。塚田によれば，水が存在しないエタノール，アセトン中で熱処理を行っても，セリシンは高い結晶

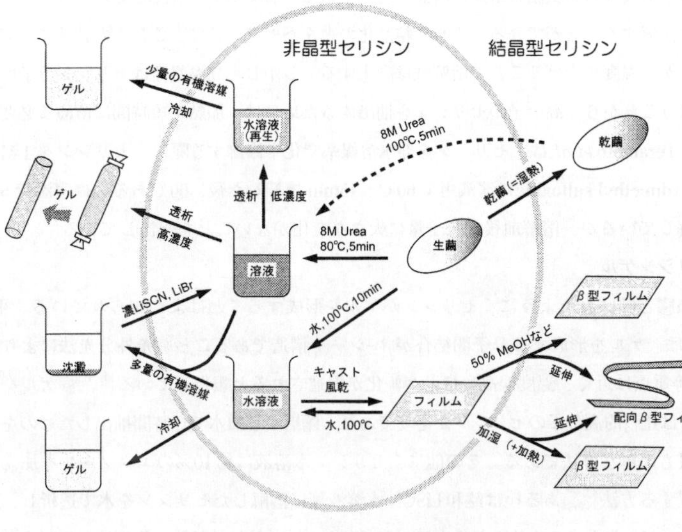

図１　セリシンの状態変化と結晶型の関係

化度を示さない[35]。しかし，水と有機溶媒の混合液に浸漬したセリシンフィルムは，常温において速やかにβ-シート構造を形成し，直後に延伸することで配向することが偏光FT-IRスペクトルにより確認されている[36]。配向方向に関しては，延伸軸に垂直とする報告[5, 37]と平行とする報告[5, 9, 36]があるが，試料の状態や延伸条件等に依存すると考えられる。

以上のことから，セリシンの結晶化には分子鎖に運動性を与えるための水が必要であり，熱運動や延伸等の応力が結晶化を促進することがわかる。また，貧溶媒である有機溶媒が存在すると，溶媒和に比べて分子鎖同士の会合が相対的に有利になるため，β-シートの形成が促進されると考えられる。

(2)　セリシン溶液

液状セリシン及び繭層抽出セリシン（再生セリシン）水溶液は，わずかなβ構造を含むランダム構造であることが，CD及びIRスペクトルに基づいて報告されている[37]。従って，既にβ構造を形成している固体状セリシンを溶解するためには，この構造を壊す必要がある。

比較的新しく，低湿度下で保存された生繭のセリシンは，沸騰水中約10minの抽出で全体の60～80%が抽出される。しかし，水の存在下で結晶化が進むため，古い繭や乾繭処理により湿熱を受けた繭の場合，熱水溶解性は著しく低下する。比較的結晶化が進んだセリシンを溶解するためには，40～100℃の８Ｍ尿素水溶液[11, 38]，室温の９Ｍ臭化リチウム水溶液，飽和チオシアン酸リチウム水溶液等の水素結合解離性溶媒が有効である。有機溶媒で沈澱させたセリシンもこれらの試薬に溶解することができる。さらに結晶化の進んだセリシンは，これらの試薬でも溶解が困難であるが，温度を上げることで溶解性は向上する。しかし，高温処理はセリシン分子の低分子化をも伴うことから，高分子のセリシンを抽出するためには，加熱を短時間に留める必要がある。なお，Teramoto *et al.*は，セリシンを非水溶媒系で化学修飾する際に，セリシンを1 M LiClのDMSO（dimethyl sulfoxide）溶液中で60℃，45min攪拌した後，60℃あるいは室温で5 h攪拌して溶解しているが，溶解前後で分子量に大きな変化がないことを報告している[39]。

(3) セリシンゲル

古くは糸膠と呼ばれたように，セリシンがゲルを形成することはよく知られている。平林，Zhu *et al.* は，ゲルを形成する分子間結合がβ-シート構造であることを赤外分光法により確認し，pHが等電点に近く，温度が高いほどゲル化が促進されると報告している[40, 41]。ゲルを作製するためには比較的高分子のセリシンが必要であり，繭層から熱水で短時間抽出したものを静置するのが最も簡単な方法である。その他に，セリシン水溶液に約10%のエタノールを加え4℃に一夜静置する方法[42]，あるいは飽和LiSCN水溶液等に溶解したセリシンを水で透析し，透析チューブ内でゲル化させる方法などもある。セリシンゲルの物性は材料，作製法により大きく異なり，それらの物性評価も今後の課題である。

2. 3. 3 セリシン類似合成ペプチドの結晶性

Tooney and Fasmanは1968年，分子量約100,000のポリL-セリンフィルムがβ構造を取ることをIRにより確認し，また，分子量約30,000のポリL-セリン水溶液がアルコールの添加に伴ってランダムからβ構造へ移行するのをORDにより観察した[43]。漆崎もX線回折像から，ポリL-セリンがセリシンより高い結晶性を示すことを報告したが[44]，その後セリシンとアミノ酸組成の類似したポリL-アミノ酸について調べたところ結晶性が低かったため，セリシンの結晶性はアミノ酸組成だけではなくその配列に由来すると考えた[45]。Okamoto *et al.*によりセリシンの反復配列が明らかにされた後，遺伝子組み換え技術によるセリシン類似ポリペプチドの合成が行われ，その性質が調べられた。Huang *et al.* は，31.9kDaのポリペプチドの溶液から透析により8 M尿素が除かれるにつれてβ-シート構造が形成される様子をCD及びFT-IRで観察した[46]。また，透析の結果生じた微細な繊維状の沈澱をコンゴーレッド染色し，β-シート構造からなるアミロイド繊維の形成を確認した。

2. 3. 4 セリシンの力学的性質

Iizukaは繭糸とフィブロイン繊維の動的弾性率からセリシンの動的弾性率を計算し，概ねフィブロインの1/2から1/3であるという結果を得た[47]。平林・荒井は，絹糸腺より摘出したセリシンでフィルムを作製し，乾燥時の動的弾性率がフィブロインの約1/10であると報告した[48]。荒井らは，50～60℃で緩和弾性率が急激に減少し，170℃で動的損失正接（tan δ）が急激に上昇することについて，それぞれ側鎖及び主鎖の運動性が関係していると考察した[49]。また，含水状態でセリシンがゴム紐のような弾性を示すことから，切断強度及び伸度の湿度依存性を調べた結果，50%RHにおいて極大強度を示し，これを境に伸度が急激に上昇し，100%RHにおいては伸度が400%に達することを報告した。

2.3.5　コロイド化学的性質

製糸用水中の無機塩類と繭の解舒との関係を調べるため，渡辺らは界面電気化学の理論を用いてヨウ化銀ゾルに対するセリシンの凝集作用，保護作用を検討した[50]。セリシン濃度が比較的高い場合，セリシンの等電点から離れたpH範囲で保護作用が見られ，それより低濃度で，セリシンとヨウ化銀が逆の電荷を帯びるpH範囲で凝集作用があることを報告した。また，その作用機構に関する研究も行われた[51]。

2.3.6　セリシン成分による物性の差異

セリシン成分間の物性の違いは今後の研究課題であるが，セリシンAがセリシンM及びPと有機溶媒に対する沈澱性及び湿熱処理による結晶性において異なる性質を示すことが確認されている[21, 52]。セリシンAの遺伝子がM及びPとは異なることから，この物性の違いは一次構造の違いに起因するものと思われる。

2.4　セリシンの機能

2.4.1　カイコにおけるセリシンの機能

フィブロインを吐糸しない突然変異体はいくつか知られているが，セリシンを分泌しない変異体が知られていないことからも，セリシンが吐糸の際に重要な役割を果たしていることが推察される。片岡・植松は，絹糸腺内のフィブロインが前方へ進むに従ってその水分率を減ずることにより粘度を増し，前部絹糸腺の圧糸部でずり応力を受けて繊維化するとしているが，セリシンは絹糸腺内を通じて一定の約86%の水分率を保つため，圧糸部ではフィブロインに比べておよそ1,000倍ものずり速度にさらされながらも粘度が低いために繊維化せず，フィブロインと吐糸管内壁との間で潤滑剤の役割を果たしていると考えた[53, 54]。一方，もう一つのセリシン本来の機能である接着に関して，Zhu *et al.* は繭糸の剥離抵抗の測定結果から，繭層におけるセリシンの接着性は結晶化度に依存すると結論している[55]。

2.4.2　細胞生育促進作用

本来カイコの繭を構成する膠状タンパクであるが，コラーゲン，フィブロネクチンといった細胞接着因子との類似性から，細胞への生理作用に関する研究が行われている。

1995年，絹糸腺由来のセリシンフィルムがマウス繊維芽細胞の接着及び増殖をコラーゲンと同程度に促進することがMinoura *et al.* により報告された[56]。また，ハイブリドーマを含む哺乳動物由来の4種の細胞に対し，加水分解セリシン（6～67kDa以上）が接着促進作用を示すこと[57]，さらに，未分解セリシンM及びその反復配列部分がヒト皮膚繊維芽細胞の接着を促進すること[58]も報告されている。Takahashi *et al.* は，急激な血清飢餓による昆虫培養細胞の細胞死がセリシン加水分解物及び38残基反復配列2反復より成るペプチドによって抑制されることを見いだしたが，BSAほどの効果が得られなかったことを報告している[59]。

2.4.3 その他の生理機能

セリンやスレオニン，アスパラギン酸といった親水性のアミノ酸残基を多く含むことから，衣料素材，化粧品への利用可能性を探るため，その吸湿性及び保湿性が検討された[60]が，近年ではこれら側鎖アミノ酸残基に由来すると思われるいくつかの生理機能が報告されている。

1998年，Kato *et al.* によりセリシンの抗酸化作用及びチロシナーゼ活性阻害作用が報告され[61]，医薬品，化粧品への有効性が期待されている。マウスの大腸癌抑制作用[62]，皮膚癌抑制作用[63]，紫外線による皮膚障害の抑制作用[64]も報告され，これらはいずれもセリシンの抗酸化作用により，炎症に関わる活性酸素の発生が抑制されたためと考えられている。一方，竹岡らによると，*in vitro*の系では高分子量セリシンによってマウス皮膚癌細胞の接着が抑制されたものの，マウスの腹膜に播種した場合，接着抑制効果は得られなかった[65]。セリシンの医薬品への応用に向けて，今後さらに多くの実験を通した検討が必要と思われる。また，Tsujimoto *et al.* により，38残基反復ペプチド（2反復）と加水分解セリシンのいずれも大腸菌及び酵素（lactate dehydrogenase）に対して凍結保護作用を示すことが報告されたことから，食品産業への応用可能性も期待される[66]。

文　献

1） 小松計一，続 絹糸の構造，北條舒正編，信州大学繊維学部，p.380 (1980)
2） M. Yamanouchi, *J. Coll Agricult., Hokkaido Imp. Univ.*, **10**, 1 (1921)
3） H. H. Mosher, *Am. Dyestuff Rep.*, **21**, 341 (1932)
4） H. H. Mosher, *Am. Rayon J.*, **53**, April, 43 (1934)
5） 清水正徳，蚕糸試験場報告，**10**，441 (1941)
6） 大場治男，長野県蚕業試験場報告，**10**，390 (1957)
7） 渋川明郎，蚕糸試験場報告，**15**，383 (1959)
8） Y. Tashiro and E. Otsuki, *J. Cell Biol.*, **46**, 1 (1970)
9） 小松計一，蚕糸試験場報告，**26**，135 (1975)

10） Sprague, *Biochemistry*, **14**, 925 (1975)
11） 蒲生卓磨，日本蚕糸学雑誌，**42**，17 (1973)
12） T. Gamo *et al.*, *Insect Biochem.*, **7**, 285 (1977)
13） T. Gamo, *Biochem. Genet.*, **20**, 165 (1982)
14） 筒井亮毅ほか，九州蚕糸，**10**，65 (1979)
15） 庄野崎直子ほか，九州蚕糸，**11**，62 (1980)
16） 庄野崎直子ほか，九州蚕糸，**17**，63 (1986)
17） H. Okamoto *et al.*, *J. Biol. Chem.*, **257**, 15192 (1982)
18） E. Ishikawa and Y. Suzuki, *Dev. Growth Differ.*, **27**, 73 (1985)
19） J. J. Michaille *et al.*, *Gene*, **86**, 177 (1990)
20） A. Garel *et al.*, *Insect Biochem. Molec. Biol.*, **27**, 469 (1997)
21） Y. Takasu *et al.*, *Biosci. Biotechnol. Biochem.*, **66**, 2715 (2002)
22） 井上柳梧ほか，農学会報，**259**，329 (1924)
23） 金子英雄，農芸化学会誌，**7**，1104 (1931)
24） 渡辺忠雄，日本蚕糸学雑誌，**29**，15 (1960)
25） 桐村二郎，蚕糸試験場報告，**17**，447 (1962)
26） P. Couble *et al.*, *Dev. Biol.*, **124**, 431 (1987)
27） 浜田義雄，鈴木義昭，蛋白質核酸酵素，**30**，1740 (1985)
28） Y. Takasu *et al.*, *J. Insect Biol. Sci.*, in press
29） J. J. Michaille *et al.*, *Insect Biochem.*, **19**, 19 (1989)
30） 栗岡聡，蚕研彙報，**42**，19 (1995)
31） A. Kurioka *et al.*, *Eur. J. Biochem.*, **259**, 120 (1999)
32） X. Nirmala *et al.*, *Insect Molec. Biol.*, **10**, 437 (2001)
33） 北村愛夫ほか，日本蚕糸学雑誌，**44**，281 (1975)
34） 平林潔ほか，繊維学会誌，**30**，459 (1974)
35） 塚田益裕，日本蚕糸学雑誌，**52**，157 (1983)
36） 寺本英敏ほか，日本蚕糸学会第74回学術講演会講演要旨集，p.94 (2004)
37） E. Iizuka, *Biochim.*, *Biophys. Acta*, **181**, 477 (1969)
38） Y. Takasu *et al.*, *J. Insect Biotechnol. Sericol.*, **71**, 151 (2002)
39） H. Teramoto *et al.*, *Biomacromolecules*, **5**, 1392 (2004)
40） 平林潔ほか，日本蚕糸学雑誌，**58**，81 (1989)
41） L. J. Zhu *et al.*, *J. Sericult. Sci. Jpn.*, **64**, 415 (1995)
42） H. Teramoto *et al.*, *Biosci. Biotechnol. Biochem.*, in press
43） N. M. Tooney and G. D. Fasman, *J. Mol. Biol.*, **36**, 355 (1968)
44） 漆崎末夫，日本蚕糸学雑誌，**44**，351 (1975)
45） 漆崎末夫，日本蚕糸学雑誌，**45**，55 (1976)
46） J. Huang *et al.*, *J. Biol. Chem.*, **278**, 46117 (2003)
47） E. Iizuka, *Biorheology*, **3**, 1 (1965)
48） 平林潔・荒井三雄，日本蚕糸学雑誌，**45**，503 (1976)
49） 荒井三雄ほか，日本蚕糸学雑誌，**47**，320 (1978)
50） 渡辺昌ほか，日本蚕糸学雑誌，**37**，362 (1968)

51) 青木一三・渡辺昌, 日本蚕糸学雑誌, **38**, 444 (1969)
52) 高須陽子ほか, 日本蚕糸学会第74回学術講演会講演要旨集, p.93 (2004)
53) 片岡紘三, 高分子論文集, **34**, 1 (1977)
54) 片岡紘三・植松市太郎, 高分子論文集, **34**, 7 (1977)
55) L. J. Zhu *et al.*, *J. Sericult. Sci. Jpn.*, **64**, 420 (1995)
56) N. Minoura *et al.*, *J. Biomed. Mater. Res.*, **29**, 1215 (1995)
57) S. Terada *et al.*, *Cytotechnology*, **40**, 3 (2002)
58) K. Tsubouchi *et al.*, *Biosci. Biotechnol. Biochem.*, **69**, 403 (2005)
59) M. Takahashi *et al.*, *Biotechnol. Lett.*, **25**, 1805 (2003)
60) H. Miyake *et al.*, *Polymer J.*, **35**, 8, 683 (2003)
61) N. Kato *et al.*, *Biosci. Biotechnol. Biochem.*, **62**, 145 (1998)
62) M. Sasaki *et al.*, *Oncology Rep.*, **7**, 1049 (2000)
63) S. Zaorigetu *et al.*, *Biosci. Biotechnol. Biochem.*, **65**, 2181 (2001)
64) S. Zaorigetu *et al.*, *J. Photochem. Photobiol. B.*, **71**, 11 (2003)
65) 竹岡みち子ほか, セリシンシンポジウム予稿集, p.24 (2004)
66) K. Tsujimoto *et al.*, *J. Biochem.*, **129**, 979 (2001)

3　セリシンの新規機能性とその利用

辻本和久*1，佐々木真宏*2

3.1　はじめに

セリシンは，絹糸を構成する主要なタンパク質の一つであるが，絹織物の製造過程で取り除かれ，長い間未利用のまま廃棄されてきた。しかし以前から，セリシンが親水性のアミノ酸を多く含むという特徴が知られており，優れた保水・保湿性をもつことが指摘されていた。また近年，セリシンが抗酸化作用やチロシナーゼ活性阻害作用（メラニン色素合成阻害作用）などの機能性を有するタンパク質であることが明らかにされた[1]。最近では，繊維や化粧品をはじめとする多くの分野にセリシンが利用されており，セリシンの機能性研究と新規の用途開発が注目されている。

当社では絹織物の製造過程で廃棄していたセリシンを回収して高純度に精製することに工業レベルで成功し，新規の機能性バイオ素材として開発を進めている。本節では，最近の研究によって明らかになったセリシンの新たな機能性と，用途開発の一例を紹介する。

3.2　スキンケア素材への利用

絹タンパク質は，古くから生体親和性に優れた素材として知られており，絹糸は手術用の縫合糸などに利用されてきた。またセリシンは，親水性のアミノ酸を多く含むという特徴があり，ヒトの皮膚の天然保湿因子として知られているNMF（natural moisturizing factors）との類似性が見出されている。

そこで，当社では繊維加工の分野にセリシンの機能性を利用し，セリシン定着繊維を開発した。セリシン定着繊維は，天然繊維や合成繊維など種々の繊維素材の表面をセリシンで被覆することによって，肌への親和性を高めた新しい繊維素材である。セリシン定着繊維は吸湿性が大幅に向上すると同時に，プロテインタッチ（ドライな風合い）となり，衣料用繊維として好まれる性質を合わせ持っていた[2]。

このセリシン定着繊維を用いて肌着を作製し，実際に着用した場合の肌への効果についても調査を行った。アトピー性皮膚炎患者に対する着用試験を実施した結果，セリシン定着繊維は，かゆみ，ヒリヒリ感，チクチク感などのアトピー性皮膚炎患者の症状を大幅に軽減することが明らかになった[3]。

これら試験の結果より，セリシンは繊維加工の分野において極めて有用な機能性素材であるこ

＊1　Kazuhisa Tsujimoto　セーレン㈱　技術開発部門　主任
＊2　Masahiro Sasaki　セーレン㈱　技術開発部門　主任

とが認められた。現在，セリシン定着繊維は肌に優しい素材として，肌着や寝具などの多くの衣料繊維に利用されている。さらに最近では，自動車の座席シートなどの全く新しい分野でも利用されるようになっている。

またセリシンは化粧品にも応用されている(図１)。我々はさらに，化粧品素材としてのセリシンの新しい機能性研究を進めており，前述した抗酸化作用やチロシナーゼ活性阻害作用（メラニン色素合成阻害作用）などに加えて，セリシンによる皮膚ガンの発現抑制効果や紫外線障害の保護効果を明らかにした[4, 5]（図２）。皮膚細胞に対するセリシンの生理作用の解析は今後の課題であるが，セリシンには次世代のスキンケア素材としての可能性が大いに期待される。

図１　セリシンを利用した化粧品

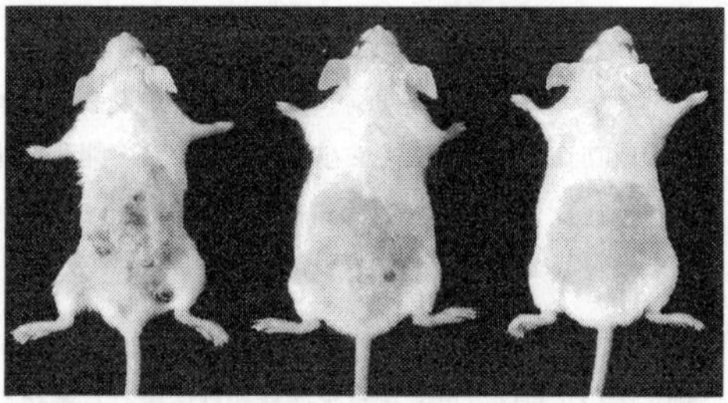

対照実験　　セリシン 2.5mg塗布　　セリシン 5.0mg塗布

図２　セリシンの皮膚ガン発現抑制

3.3　機能性食品への利用

近年では，食品分野にも絹タンパク質が利用されている。我々はセリシンの食品素材としての有用性を研究した結果，セリシンが各種消化酵素に対して消化抵抗性を示すことを明らかにした。つまり軟消化性のセリシンを摂取することで，消化管内でも保湿や抗酸化等の生理作用を期待したところ，これまでにラットを用いた栄養学的な解析によって，大腸ガンの発現抑制効果，ミネラル吸収促進効果，便秘改善効果などの興味あるセリシンの新規機能性が見出された[6~8]。最近，セリシンのように消化性が低いことで生理的に重要な役割を果たしているタンパク質を“レジスタントプロテイン”と称し，新たなタンパク質の役割として提案されている。従って，セリシンは栄養的意義の面からも興味深く，今後も食品素材としての有用性が期待されている。

3.4　バイオマテリアルとしての応用

セリシンを，繊維製品や化粧品，食品だけでなく，医療関連分野にも利用する為の研究が進められている。我々は，セリシンの親水性に着目し，酵素や細胞の凍結ストレス保護効果や，動物細胞培養への有効性について検討を行った。さらにセリシンの一部分を含む遺伝子組換えペプチドを生産し，その構造と機能を解析した。

3.4.1　凍結保護作用

セリシンを構成する主なアミノ酸組成は，セリン33%，グリシン17%，スレオニン9%，アスパラギン酸19%などであり，極めて親水性に富んでいる。一般的に，親水性アミノ酸に富んだタンパク質群が，細胞内の水の保持に関与し，凍結や乾燥条件で引き起こされる脱水ストレスから，細胞を保護すると考えられている。また，植物のストレスタンパク質として知られる親水性タンパク質群が，凍結融解条件などの脱水状況下におけるタンパク質の活性の保護に関与していることが報告されている[9]。

そこで，セリシンを用いて，乳酸脱水素酵素（LDH）の凍結融解による失活に対する保護作用を調べた[10]。乳酸脱水素酵素は凍結に関して感受性であり，液体窒素で1分間凍結し30℃で5分間融解するという処理を繰り返すことによって，活性が著しく低下する。凍結保護剤を添加しない条件で，5回の凍結融解処理を行なった場合の残存活性は10%以下であった。一方，セリシンを添加することによって，乳酸脱水素酵素の活性低下は抑制され，凍結融解処理後も約80%の活性が維持されていた（図3）。これらのことから，セリシンは凍結保護剤として広く知られているウシ血清アルブミン（BSA）と同等の，高い凍結保護活性を示すことが明らかになった。

さらにセリシンは動物培養細胞に対しても顕著な凍結保存効果を示すことが認められた（図4）。マウスミエローマ細胞P3U1を用いて－80℃で1日保存した後，細胞生存率を比較した。セリシンを含む凍結保存液（セリシン1%，マルトース0.5%，プロリン0.3%，グルタミン0.3%，溶媒PBS，DMSO10%）は，一般的な血清を含む凍結保存液（FBS90%，DMSO10%）と同程度の生存率であった。さらに，セリシンを含む凍結保存液からセリシンのみを除去した場合，細胞生存率が大きく低下したことから，セリシンが凍結保護の重要な有効成分として機能していることが示された。

なお，セリシンの凍結保護活性の作用機序は，親水性アミノ酸に富む領域が水分子と結合することにより，氷結晶の形成を抑制している可能性が考えられる。

3.4.2　細胞増殖促進効果

これまでに，細胞培養基材の表面をセリシンでコーティングすることにより，繊維芽細胞の増殖が促進され，細胞接着因子としてセリシンの有効性が示唆されている[11]。細胞培養分野におけるセリシンの新たな機能性を検討した結果，ハイブリドーマ細胞の無血清培地に液性因子として

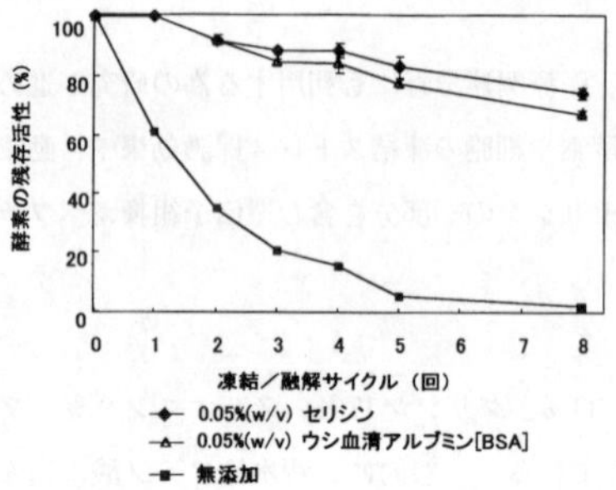

図３　乳酸脱水素酵素に対するセリシンの凍結保護

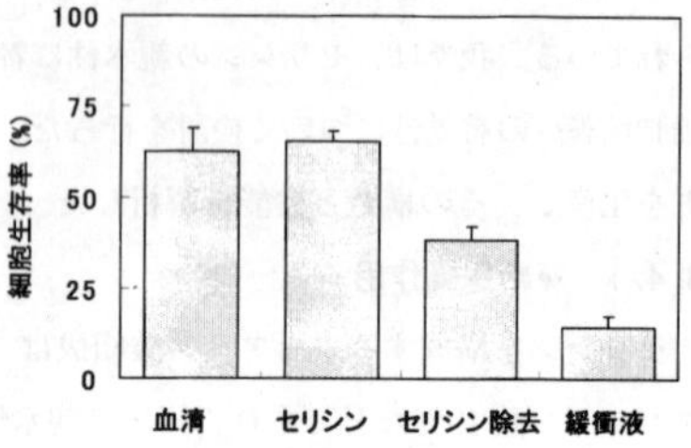

図４　マウスミエローマ細胞に対するセリシンの凍結保護

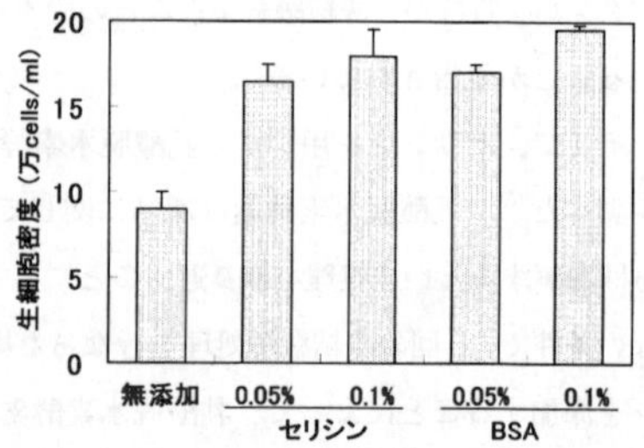

図５　ハイブリドーマ細胞に対するセリシンの増殖促進

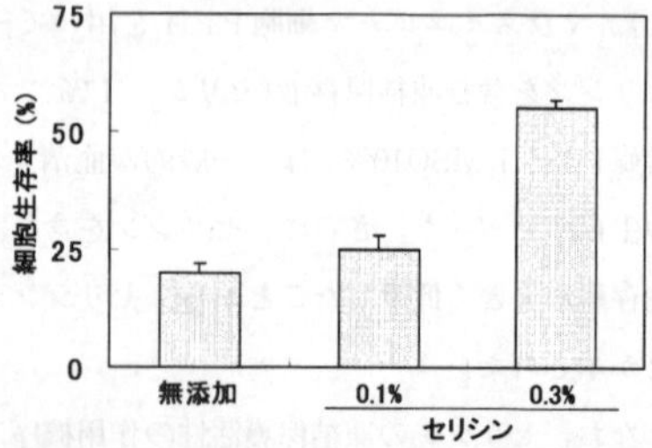

図６　昆虫細胞に対するセリシンの細胞保護

セリシンを添加することでも細胞増殖の促進が認められた[12]。

アルブミンフリーの無血清培地ASF104［味の素㈱］によるハイブリドーマ細胞（2E3－0.6D）培養系に，0.05%，0.1%（w/v）のセリシンを添加した結果，細胞の増殖が顕著に促進され，その効果はウシ血清アルブミン（BSA）と同等であった（図５）。さらに，高圧蒸気滅菌したセリシンを用いても，ろ過滅菌したセリシンと同等の効果を示した。セリシンはその高い親水性のため，120℃で20分間の熱処理を行なっても変性による凝集が起こらず可溶性を保つというユニークな性質を有しており，高圧蒸気滅菌が可能であると考えられる。このことは簡便かつ確実な滅菌処理が求められる細胞培養において，セリシンの有用性が極めて高いことを示している。

また，昆虫細胞（Sf 9）の培養系においても，培地にセリシンを添加することによって，血清飢餓の条件で引き起こされる細胞死が抑制され，細胞増殖が促進されることが明らかになった[13]。血清飢餓の状態で5日間培養後の細胞生存率は，無血清培地のみでは約20%であるのに対し，0.3%（w/v）のセリシンを添加することによって大幅に向上した（図６）。ハイブリドーマやSf9細胞は，抗体や組換えタンパク質の生産などに用いられており，その培養は工業的にも重要と考えられる。一般的に，細胞培養の培地成分として用いられる動物細胞の増殖因子は高価なものが多く，またウィルス感染等の問題から安全性の制約が大きい。これらのことから，昆虫由来素材であるセリシンが，細胞培養の分野においても有効な機能性素材になり得るのではないかと考えている。

3.4.3　セリシンペプチド

これまでに報告されているセリシン遺伝子*Ser1*には，セリシンに特徴的なセリンリッチの反復配列が存在している[14]。*Ser1*からは複数種のセリシン分子が合成されると推測されているが，この特徴的な反復配列領域は，*Ser1*由来の全てのセリシン分子種に共通に含まれると考えられており，セリシンの機能性にとって重要な構造の一つであることが示唆される。そこで，*Ser1*の情報を基に，このセリシンの特徴的な反復配列を含むセリシンペプチドをデザインし，大腸菌のタンパク質発現系でセリシンペプチドを生産した[10]。

通常，繭や生糸から抽出されるセリシンは，複数の分子種を含んでおり，抽出の過程で加水分解される場合もあることから，様々な分子種の混合物として得られる。そのため，単一なセリシン分子を精製し，構造機能解析を行うことは困難であることが知られている。一方，遺伝子組換えによって生産したセリシンペプチドは，構造が明らかであり，セリシンの構造機能解析に有用であると考えている。

3.5　今後の展望

衣料用繊維や化粧品の分野では，肌に優しい天然素材への期待が大きくなっている。セリシンは，優れたスキンケア素材として注目されており，既に多くのセリシン応用製品が実用化されている。また最近の研究では，セリシンの凍結保護活性や細胞増殖促進機能などが新たに明らかになった。これらのセリシンの新しい機能性を，細胞培養などの医療関連分野に利用する試みがはじまっている。

一方，これまで絹織物産業の廃棄物として扱われてきたセリシンを有効活用することは，ゼロエミッションの生産システムでもあり，環境対策の観点からも重要なテーマであると考えている。本節の内容は，セリシンの機能性研究のごく一部であるが，新規の機能性が次々と明らかになりつつあり，今後もセリシンを利用した新しい産業の進展が期待される。

文　献

1) N. Kato *et al.*, *Biosci. Biotech. Biochem.*, **62**, 145 (1998)
2) 野村正和, 山田英幸, 繊学誌., **48**, 305 (1992)
3) 庄司昭伸ほか, 皮膚, **41**, 481 (1999)
4) Siqin *et al.*, *Oncology Rep.*, **10**, 537 (2003)
5) Siqin *et al., J. Photochem. Photobiol. B : Biol.*, **71**, 11 (2003)
6) M. Sasaki *et al.*, *Oncology Rep.*, **7**, 1049 (2000)
7) M. Sasaki *et al.*, *Food Sci. Technol. Res.*, **6**, 280 (2000)
8) M. Sasaki *et al.*, *Nutri. Res.*, **20**, 1505 (2000)
9) Dure III. L *et al.*, *Plant Mol. Biol.*, **12**, 475 (1989)
10) K. Tsujimoto *et al.*, *J. Biochem.*, **129**, 979 (2001)
11) Minoura. N *et al.*, *J. Biomed. Mater. Res.*, **29**, 1215 (1995)
12) S. Terada *et al.*, *Cytotechnology.*, **40**, 3 (2002)
13) M. Takahashi *et al.*, *Biotech. Lett.*, **25**, 1805 (2003)
14) Garel. A *et al.*, *Insect Biochem. Mol. Biol.*, **27**, 469 (1997)

4 絹タンパク質の化学修飾による新機能付加とその利用

玉田　靖*

4.1 はじめに

化学的な反応を利用して機能性分子等を付加する手法（化学修飾）は，素材への機能付加や物性改変を効果的に実現することができ，素材の新しい利用用途を開拓するための有用な技術である。絹タンパク質の化学修飾に関しては，絹繊維の改質という観点から多くの研究が進められ，その手法としては，化学反応を利用するものとグラフト重合技術を利用するものの２つが挙げられる。絹繊維の欠点である摩耗性や黄変，耐洗濯性などの改良を目的として，種々の化学反応[1]やグラフト重合[2]の応用が試みられてきている。しかし，絹繊維の特徴である風合いや光沢の劣化や着色，吸保湿性の低下などの副反応も同時に進む場合が多く，衣料素材としての絹繊維への化学修飾の難しさも指摘されている。

最近，非衣料用分野へ絹タンパク質を利用する試みが，活発に行われている。化粧品やヘアケア製品，あるいは食品分野へは，すでに利用の実績があり，創傷被覆材·骨結合性材料や再生医療用材料等のメディカルを指向したバイオマテリアルとしての利用を考えた研究報告も多い[3]。非衣料分野では，利用用途に即した多様な機能が素材に要求され，絹タンパク質自身が持つ性質のみでは，その要求に応えることが出来ない場合が多い。そのため，化学修飾による新機能付与は，絹タンパク質の非衣料用分野での活用のために必要な技術の一つである。本項では，絹タンパク質への化学修飾による新機能付加とその利用技術開発について，非衣料用分野での絹タンパク質の利用を念頭においた最近の研究例を中心に述べる。

4.2 絹タンパク質の化学反応性

タンパク質を構成するアミノ酸の中で，架橋剤や縮合剤等の一般的な化合物で化学修飾が比較的容易な側鎖を持つアミノ酸として，アミノ基を持つリジンやアルギニン，カルボキシル基を持つグルタミン酸やアスパラギン酸，イミダゾール基をもつヒスチジン，スルフヒドリル基をもつシステイン，芳香族性水酸基を持つチロシンが挙げられる。絹タンパク質の主体と考えられるフィブロインH鎖分子では，これらの反応性の高いアミノ酸はチロシンが５モル%程度あるもののその他のアミノ酸含量が極めて少なく，化学修飾という観点からは不利とも考えられる。他方，チロシンを除く反応性アミノ酸は，非晶領域，特に分子のＮ末端とＣ末端に局在している特徴があるため，反応の工夫により絹タンパク質の高次構造への影響が少ない化学修飾も可能であろ

* Yasushi Tamada　㈱農業生物資源研究所　昆虫新素材開発研究グループ
生体機能模倣研究チーム　チーム長

う。フィブロイン分子には，側鎖に水酸基をもつセリンの含量が，全アミノ酸量に対して12モル%程度含まれているため，化学修飾のターゲットとして利用できれば化学修飾性が向上する。しかし，セリンの水酸基は水と求核性が近いため，水溶媒中での化学反応性が落ちることを考えると，反応手法の工夫が必要となる。フィブロインH鎖分子では，セリンが規則的繰り返し配列(Gly–Ala–Gly–Ala–Gly–Ser/Tyr)の中に存在しているため，セリンを化学修飾できれば，分子中の規則的な繰り返し位置に機能性基を付加できる特徴も有している。

4.3 硫酸化による機能付加

硫酸化多糖類であるヘパリンやコンドロイチン硫酸などは，生体内において細胞増殖因子や血液凝固因子などの生理活性分子に作用し，様々な生体反応に影響を与えている。例えば，ヘパリンは，抗血液凝固因子であるアンチトロンビンに作用し，その活性を高めることで抗血液凝固作用を発現し，臨床上の治療剤や検査用試薬として活用されている。ヘパリンのこの機能発現には，規則的に存在する硫酸基が重要であると言われている。そこで，絹フィブロインをクロロ硫酸·ピリジン複合体により硫酸化することを試みた。得られた硫酸化フィブロインには，ヒト全血の凝固時間を延長する作用があることが確認され，抗血液凝固作用が付与されたことがわかった[4)]。ヘパリンの抗血液凝固活性に比較してその活性は弱いものの，血液凝固阻害機序はヘパリンと類似していた。前述したフィブロインの持つ繰り返し構造領域のセリンに硫酸基が付加し，ヘパリンのもつ硫酸基の繰り返し構造と類似の構造をとるためと推察している(図1)。もう一つの絹タンパク質であるセリシンも，硫酸化処理することで抗血液凝固作用を発現する[5)]。しかし，その血液凝固阻害機序はヘパリンや硫酸化フィブロインと異なるものであり，これはセリシンにはフィブロインに見られる規則性のある繰り返し構造がないためであろう。

硫酸化オリゴ糖類に抗エイズ作用があることが報告されている。硫酸化フィブロインにも抗エイズ活性が存在することが期待された。実際，HIV感染T細胞を用いた*in vitro*での評価により，硫酸化フィブロインには抗エイズ活性が存在することが確認された[6)]。また，多量に硫酸化フィ

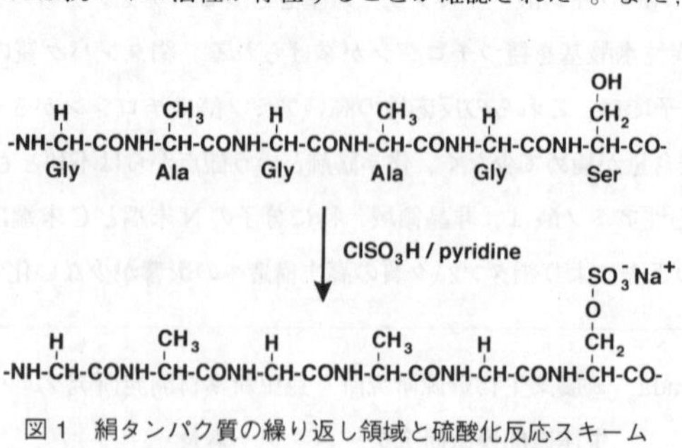

図1　絹タンパク質の繰り返し領域と硫酸化反応スキーム

図２　硫酸化絹タンパク質の吸水性
A：未処理絹タンパク質，B：硫酸化絹タンパク質

ブロインを用いても細胞毒性が見られなかったことより，安全性の高い抗エイズ物質であると考えられる。さらに，硫酸化フィブロインの抗エイズ機序として，HIVが標的T細胞へ付着する感染初期段階を阻害する機構であることが確認された。これらの結果は，エイズ治療薬としての利用は難しいが，細胞毒性のないエイズ感染予防物質としての硫酸化フィブロインの利用の可能性を示唆している。

電解質である硫酸基が付加されることで，絹タンパク質の吸水・保水性が向上する。硫酸化フィブロインは，未処理フィブロインに比較して数倍の吸水性能を発現した（図２）。吸水率は自重の100倍強であり，既存の高分子吸水材料に比較してその性能は低いが，絹タンパク質のもつ生体親和性や生分解性を生かすことで，新たな機能性素材として活用できる可能性も高い。

4.4　機能性分子の付加

絹タンパク質自身がもつ生理活性機能については，セリシンの抗酸化作用や抗腫瘍活性等が報告されているが，フィブロインに関しては今のところ知られていない。そこで，フィブロインに機能性を持つ分子を化学的に付加する試みが検討されている。アシアロ糖タンパク質レセプターによりβ-ガラクトースを認識する肝細胞は，β-ガラクトース表面をもつ基材の上で良好な接着を示すことが報告されている。そこで，Gotoらは，β-ガラクトースを含むラクトースを塩化シアヌル法によってフィブロインに付加し，肝細胞接着を検討している[7]。ラクトースを付加することにより，未処理フィブロイン基材に比較して10倍以上の肝細胞接着の向上が観察され，フィブロインへの肝細胞接着機能性の付加に成功している。また，Araiらは，絹フィブロインへの抗菌活性付与を目的に，ethylenediamoinetetraacetic（EDTA）dianhydrideによるアシル化反応により金属キレートであるEDTAを付加した[8]。付加したEDTAによりキレートされた銀イオンや銅イオンにより，フィブロインに抗菌機能が付与できたことを報告している。

4.5　グラフト重合反応

絹繊維に対するグラフト重合は，絹繊維の嵩高性や吸湿性，あるいは耐しわ性や耐摩耗性を向上させる目的で，メタクリル系モノマーを中心としたグラフト重合加工技術が検討されている[2)]。グラフト重合加工では，重合開始剤として過酸化物系開始剤を用いて，絹タンパク質分子鎖からの水素引き抜きにより生成したラジカルを起点として，グラフト鎖を伸長させる。従って，化学反応とは異なり絹タンパク質のアミノ酸組成には依存せず，多量のポリマー鎖を付加することも可能である。また，グラフト重合後の構造解析結果は，主に非晶領域でグラフト重合が生じていることを示しているため，グラフト重合による顕著な機械的特性の劣化は避けられる[2)]。絹タンパク質への機能性付与を目的にグラフト重合反応を利用する場合，多様なモノマーの使用が可能であることや，グラフト量や密度をコントロールすることが重要となる。そこで，絹フィブロイン分子にあらかじめ重合性不飽和基を導入する新しい２段階グラフト重合技術が開発された[9)]（図３）。反応性のイソシアネート基をもつメタクロイルオキシエチルイソシアネート（MOI）を絹フィブロイン分子と反応させ，絹タンパク質分子のアミノ基，水酸基あるいはカルボキシル基へウレア結合，ウレタン結合あるいはアミド結合を通して重合開始点としてのメタクロイル基を

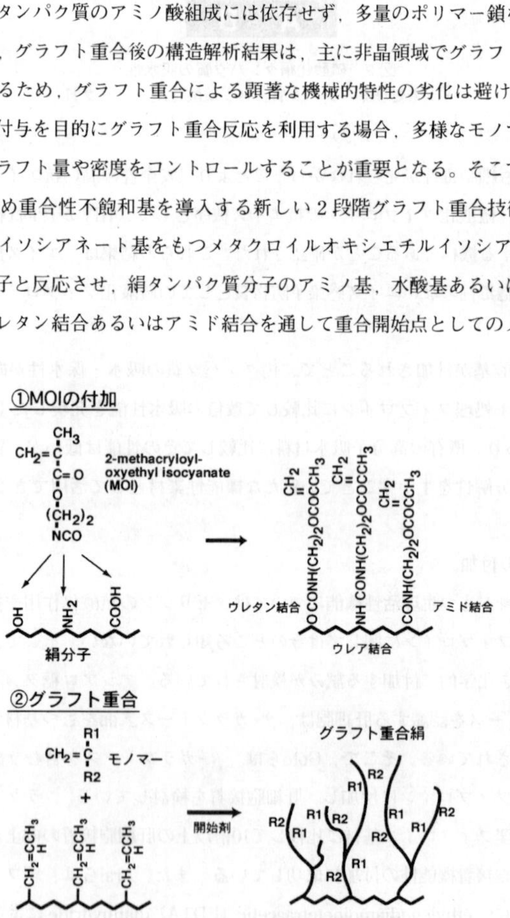

図３　絹タンパク質への新しいグラフト重合のスキーム

導入し，アゾ系開始剤によりグラフト重合を進める方法である。１段目の反応時に不飽和基導入量をコントロールすることでグラフト重合密度の制御が可能となることと，アゾ系開始剤を利用できるため絹フィブロイン分子の損傷を低減できる可能性がある。

4.6　グラフト重合による機能性付与

絹タンパク質は，手術用縫合糸として臨床上の長い使用実績があり，生体親和性の高い材料であると考えられる。そのため，細胞培養担体や再生医療用足場材料等の医療利用を指向した研究開発が活発に進められている。医療用材料として絹タンパク質を利用することを目的に，機能性モノマーを用いたグラフト重合による化学修飾が検討されている。

血液親和性材料は，人工血管用材料等としてその必要性は高く，様々な材料が検討されているが，まだ満足できる材料は開発されていない。生体膜成分であるフォスファチジルコリンの極性基を側鎖に持つメタクロイルオキシエチルフォスホリルコリン（MPC）（図４）ポリマーは，血液タンパク質や血小板という生体成分との相互作用が非常に弱い材料と報告されている。このMPCを絹タンパク質にグラフト重合したところ，未処理の絹タンパク質に比較して，顕著に血小板付着が抑制されることが確認された[10]。絹タンパク質に血液親和性という機能がグラフト重合で付加されたことを示唆している。

人工腱や人工靱帯用材料は，運動や荷重に耐えうる力学的強度や弾性が必要とともに骨結合性が要求される。多様な材料が検討されているが未だ決定的な材料は開発されていない。絹タンパク質は，骨の無機成分であるハイドロキシアパタイトと効率よく複合化されることが見出されている。ハイドロキシアパタイトはリン酸カルシウムが主体の化合物であるため，リン酸基を絹タンパク質に付加すれば，よりハイドロキシアパタイトとの親和性が向上すると考えられる。そこ

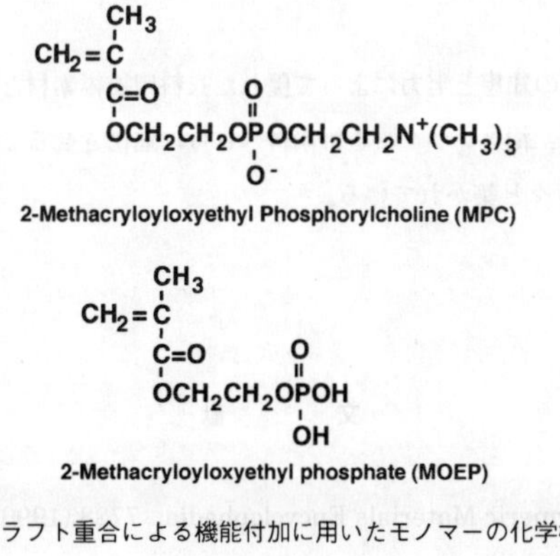

図４　グラフト重合による機能付加に用いたモノマーの化学構造式

で，側鎖にリン酸基をもつメタクロイルオキシエチルフォスフェート（MOEP）（図4）を絹タンパク質にグラフト重合した。未処理絹タンパク質に比較して，MOEPグラフト化絹タンパク質へは，より速くアパタイト成分との複合化が進む結果が得られた[11]。実際，ラット大腿骨に埋植してみると，MOEPグラフト化絹タンパク質は未処理絹タンパク質よりも，埋植初期の骨結合性が高い結果が観察され，グラフト重合により絹タンパク質に骨親和性機能が付与できることが示唆された。

4.7 今後の展望

絹タンパク質への機能付加の観点から見ると，遺伝子工学的手法により遺伝子レベルからの修飾も重要な手法である。実際，絹フィブロインのH鎖のフラグメントと細胞接着配列を融合したキメラフィブロインフラグメント分子の大腸菌による生産が試みられ，細胞付着機能がフィブロイン分子に付加されたことが確認されている[12]。さらに最近では，家蚕や野蚕絹糸のモチーフと種々の機能性タンパク質のモチーフを組み合わせた新しい機能性絹様材料の設計と大腸菌による生産も試みられている[13]。また，本書別項にも述べられているように，トランスジェニック・カイコの作製技術が開発され，カイコによる機能性絹タンパク質の生産も可能となっている[14]。しかし，遺伝子工学的手法では，アミノ酸の組成・配列の改変や付加による修飾が中心となるため，付加される機能に制限が生じるとともに，時間やコストの面で課題が残る。一方，多彩な化合物やモノマー分子を利用できる化学反応やグラフト重合による機能付加は，アミノ酸の改変から生じる機能性変化以上の変化を付加することも可能であり，時間やコストの面でも有利である。目的に応じて，どちらかの手法を選択することを考えるとともに，両者の修飾技術を融合することも有用である。例えば，絹タンパク質分子の希望の位置に化学反応性の高いアミノ酸を遺伝子工学的手法により導入し，その位置に多様な機能性分子を化学反応やグラフト重合技術を用いて付加することも可能となる。

絹タンパク質は，先人の知恵と努力によって優れた衣料用繊維素材として進化してきた。機能付加という技術を活用し，絹タンパク質を新素材へさらに進化させることがわれわれの役目であり，そのための基盤は着々と築かれている。

文　献

1） M. Tsukada, Polymeric Materials Encyclophedia, 7728 (1996)

2）G. Freddi, Polymeric Materials Encyclophedia, 7734 (1996)
3）G. H. Altman, *et al.*, *Biomaterials*, **24**, 401 (2003)
4）Y. Tamada, *Biomaterials*, **25**, 377 (2004)
5）Y. Tamada, *et al.*, *J. Biomater. Sci. Polym. Ed.*, **15**, 971 (2004)
6）K. Goto, *et al.*, *Biosci. Biotechnol. Biochem.*, **64**, 1664 (2000)
7）Y. Goto, *et al.*, *Biomaterials*, **25**, 1131 (2004)
8）T. Arai, *et al.*, *J. Appl. Polym. Sci.*, **80**, 297 (2001)
9）特許第2987442号
10）T. Furuzono, *et al.*, *Biomaterials*, **21**, 327 (2000)
11）Y. Tamada, *et al.*, *J. Biomater. Sci.*, *Polym. Ed.*, **10** (7), 787 (1999)
12）Y. Tamada, *MRS Proceedings Series*, **530**, 27 (1998)
13）J. Yao and T. Asakurra, *J. Biochem.*, **133**, 147 (2003)
14）T. Tamura, *et al*, *Nature Biotech.*, **18**, 81 (2000)

5　蚕糸生産物と野蚕の生活資材への有効利用

瓜田章二*

5.1　はじめに

家蚕絹糸を構成するフィブロイン，セリシンの硬タンパク質や色素等有機化合物，さらに蛹に至るまで，それに備わる機能を有効利用しようとする試みが多く行われるようになった。もっとも絹を衣料繊維として利用することも，蛹自身の身を守る衣としての機能を，1本の繊維として繭層から解きほぐしたことに他ならない。

繭糸を吐いて繭を造る，いわゆる絹糸虫には多くの種類があるが，家蚕以外の野外に生息する絹糸虫を野蚕といい，中でも天蚕や柞蚕の絹糸は衣料用繊維としても利用されている。しかし，多量に衣料用繊維として利用するには繭からの繭糸の解舒性が極めて悪く，あまりにもコストが掛かり過ぎるのが難点である。天蚕に関しても一時はかなりの高額で繭の取引が行われたが，現在はほとんど農家で家内工業的に製品を製作しているのが現状である。

野蚕の中でもこの天蚕は，日本古来の種類[16]であることや一生懸命飼育されている農家があることからすると，天蚕，野蚕絹糸類を有用資源として，特に過酷な自然に立ち向かって野外で生息するために具備するその機能を，人間生活へ有効利用しようとすることは意義あることと考えている。

このような観点から，以下に今までの研究成果を，当初は蚕糸生産物の有効利用から始まって，現在の天蚕フィブロインに関する特許取得から実用的利用に至るまでの経緯を踏まえて，その研究の展開について述べたい。

5.2　蚕糸生産物の有効利用

蚕糸生産物の有効利用に関する研究は，既に昭和10年代から20年代前半に掛けて相当行われていた[10, 11]。当試でも，この研究はつい最近始めたものでなく，以前から蚕糸における生産物のあらゆるものを無駄なく有効利用しようとする理念を機軸に取り組んできた。その当初の研究設計ビジョンを図1に示す。振り返れば，ややスケールが大き過ぎた嫌いがあったかもしれない。

5.2.1　桑条木質から生体膜類似機能膜の調製

しかし，その中で成果の筆頭に挙げるとすれば，桑廃条の木質からパルプ，セルロースを取り出しセルロースアセテート（CA）を合成，そのCA膜を調製した[19]ことである。その製造，調製工程の詳細は省略するが，ジ·およびトリ·アセチル形態のアセテートが得られ，一連の研究では，主にトリ·アセテート膜を適用した。

＊　Shoji Urita　福島県農業試験場　梁川支場　支場長；工学博士

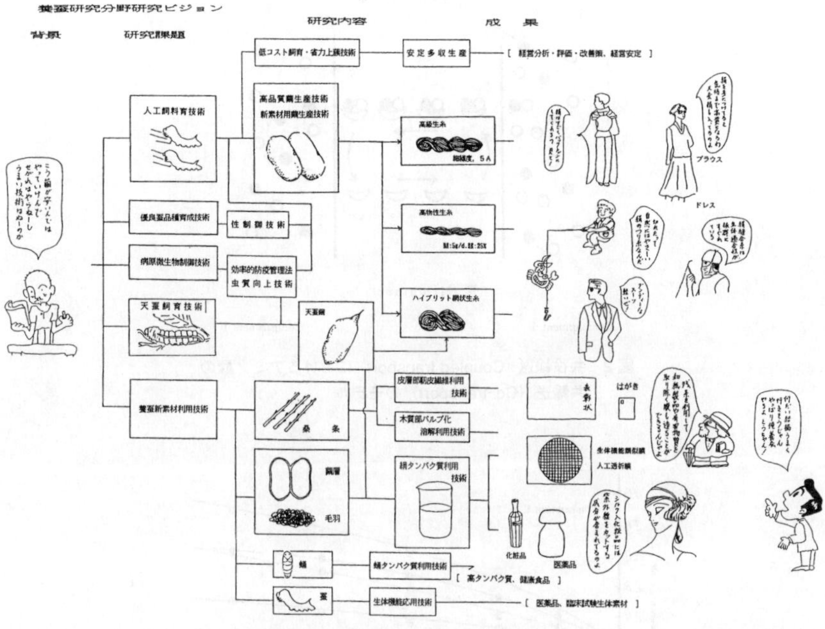

図1　養蚕・蚕糸新利用技術研究ビジョン

この膜に生体膜機能であるイオンの濃度勾配に逆らった輸送，すなわち能動輸送を再現する機能を付与したのである。水溶液系で，この膜による α-アミノ酸[23]，希土類元素[14, 15]，重金属類[22, 24]の各種イオンの能動輸送を実験し，この膜を生体膜機能類似膜[12, 13]としての評価を行った。

生体膜機能の能動輸送を再現するには，膜内にイオンを運ぶ担体（キャリア）とそのキャリアの易動性を高める物質，さらにキャリアとイオンを移動させるためのエネルギーとしての駆動力源が必要である。このような要素が膜に付与されたとき能動輸送が実現する[13]。理論的な扱いは省略するが，この膜は水を透過せず，濃縮イオン，キャリアと駆動力イオンが膜界面（膜内 Compartment Ⅰ側）でキレートを形成し，それが膜内を駆動力源の流れに沿って移動，そして一方の膜界面（膜内 Compartment Ⅱ側）でキレートはイオンとキャリア単体に分離，イオンは膜から放出され濃縮される。その仕組み（共役輸送における共輸送）の概要について，アミノ酸を例に図2に示した。

5. 2. 2　桑条木質から調製した生体機能類似膜によるイオンの濃縮

まず，実際に用いた α-アミノ酸イオンの輸送濃縮例を述べる。

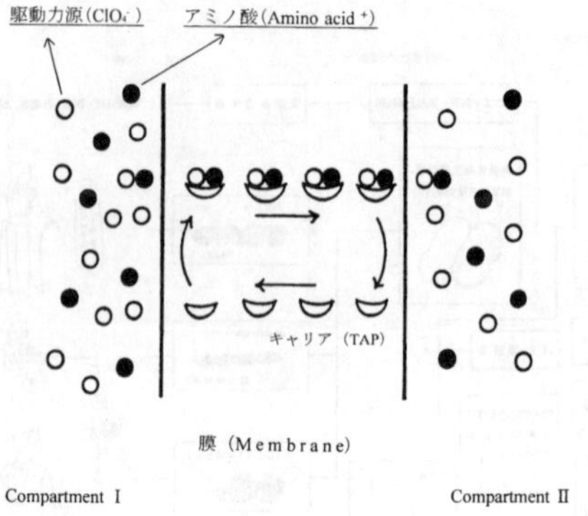

図2　共役輸送 (Coupled transport) におけるアミノ酸の共輸送 (Co-transport) のモデル

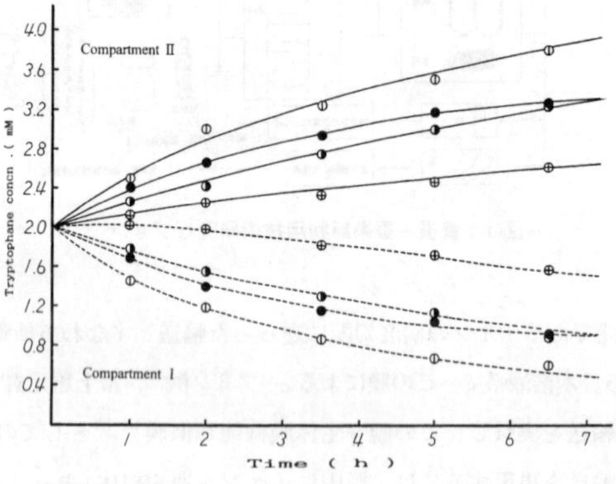

図3　アミノ酸 (Tryptophane) 輸送におけるキャリア (TPA) 濃度と経時変化
●, TAP：2.0；⦶, TAP：1.5 & ONPOE：0.5；◑, TAP：1.0 & ONPOE：1.0；
⊕, TAP：0.5 & ONPOE：1.5 (×10ml/62.5mg, CA)

上記のような作用機序機能をもつ桑条木質セルロースアセテート膜により脂溶性のα−アミノ酸であるトリプトファンについて，キャリア (トリ−n−アミルホスフェート，TAP) 濃度に依存した区画I (Compartment I) から区画II (Compartment II) へ輸送濃縮される経時変化を図3に示す。併せてこの他のα−アミノ酸についてキャリア濃度に依存したイオン流束(フラックス，Flux)を図4に示した。キャリア濃度が高くなるとフラックスも高くなり，これを理論からも検証した。さらに表1には，最も高いフラックスを示すキャリア濃度における各種親水性のα−ア

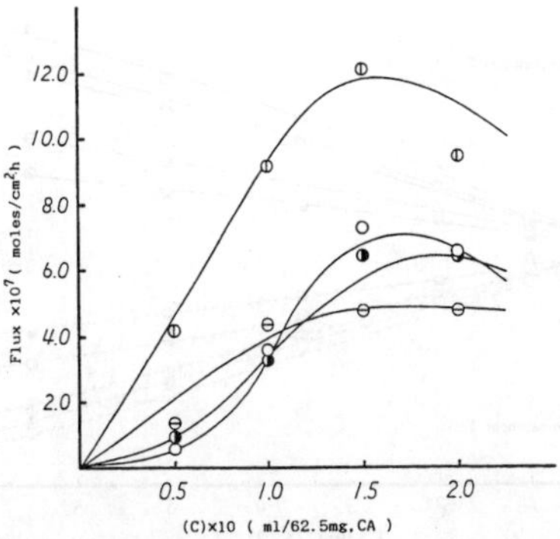

図4　各種アミノ酸フラックス（Flux）のキャリア濃度（C）依存性
⦶，Tryptophane；○，Phenylalanine；◑，Tyrosine；⊖，Phenylglycine

表1　桑条木質より調製したtri-CA可塑剤膜[a]による親水性α-アミノ酸の輸送流束（フラックス）

α-アミノ酸	Flux × 10^7 (moles/cm^2h)
ロイシン	4.75
イソロイシン	3.94
メチオニン	3.59
バリン	3.13
アラニン	1.76
アルギニン	2.53
グルタミン酸	1.32
セリン	1.00
リジン	0.76

a，膜（× 10 ml/62.5mg，CA）内キャリア・可塑剤濃度：TAP；1.5，ONPOE；0.5

ミノ酸のフラックスを示した。

脂溶性α-アミノ酸はそのフラックスも高いが，水溶性α-アミノ酸はそのフラックスは低い。これは，膜が脂溶性であるため，輸送イオンとの相互作用が低いために膜によく溶け込むためである。

能動輸送を再現させる共役輸送[13, 21]には，共輸送と対向輸送の方式がある。α-アミノ酸は共輸送方式[23]で輸送したが，重金属イオンについては対向輸送方式[24]で検討した。対向輸送は駆動源とする水素イオンの流れに対向して，膜内でキャリア（テノイルトリフルオロアセトン，HTTA）と輸送イオンがキレートを形成して膜透過を実現する輸送方式である。水素イオンのイオン半径が最も小さく，易動性が極めて高いため，共輸送方式より濃縮効率が高いのが特徴であ

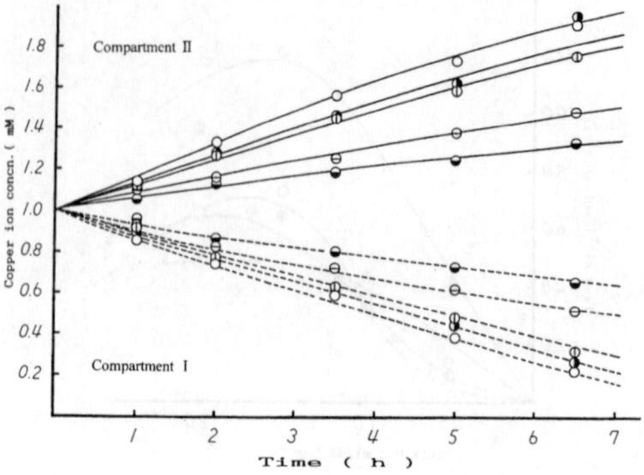

図5　対向輸送における銅イオン濃度（C）のpH依存性と経時変化
⏀，pH6.1；◑，pH5.5；○，pH5.1；⊖，pH4.5；◒，pH4.0

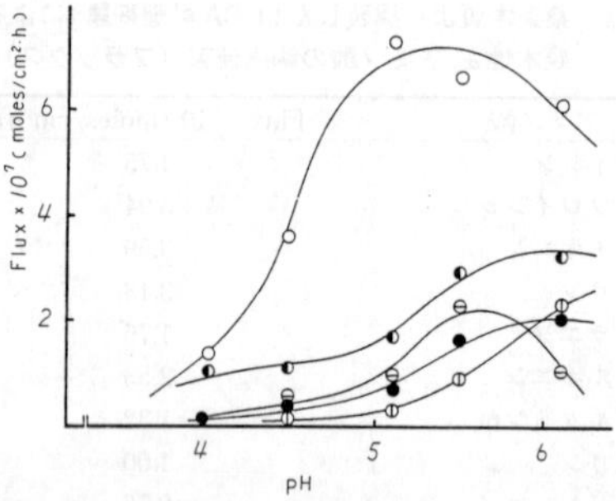

図6　各種重金属イオンフラックス（Flux）のpH依存性
○，Cu；◐，Zn；⊖，Ni；⏀，Co；●，Pb

る。

この方式による銅イオンの濃縮について，区画Ⅰ(CompartmentⅠ)から区画Ⅱ(CompartmentⅡ)へpHに依存した輸送濃縮される経時変化を図5に示す。さらに図6には，各種重金属イオンフラックスのpH依存性を示した。それぞれ異なるpHにそのピークを観測することができた。このことは，キャリアの種類とpHを変えることにより膜にイオンの選択性を具備させることが可能であることを示している。

金キレートも濃縮した。また，理論的にはウランイオンの濃縮回収も可能である。

さらに，この桑条木質セルロースアセテート膜をケン化してセルロース膜に調製し，透析膜としての利用も検討した[21]。

このようなことは，環境に有害なイオンや重要金属の回収に役立つものと，また人工透析膜への利用[17]を期待したが，残念ながら実用的利用には至っていない。しかし，桑条の木質から，生体膜類似機能膜を調製できたことの成果手法は，確実に絹フィブロイン膜の機能利用へと受け継がれることとなった。

5.2.3　蚕糸生産物その他の利用

この他，図１にも示してあるが，桑条の有効利用としてその靭皮繊維を用いた和紙への利用，さらに蛹の粉末化利用の研究も行った。和紙は生産効率と収率が，蛹の粉末は臭いがやや問題を残した。

5.3　野蚕の生活資材への有効利用

冒頭にも述べたが，絹繊維を衣用として利用することも機能利用である。繭層は主にタンパク質で構成されており，種によってその構造は異なり，当然その機能性も異なるものと考える。

ところで，絹糸（フィブロイン，セリシン）がなぜタンパク質なのかは分からないが，動物の中で繊維素（セルロース）を生合成できるのはないようである。生体防御機能の作用はタンパク質の相互作用の関連で働くので，その意味では繭層がタンパク質であっても奇異なところはない。

タンパク質の形状による分類には大きく分けて，繊維状タンパク質と球状タンパク質とに分けられる。人体では前者に毛，皮膚，腱帯，靭帯等が，後者はいわゆる肉体として脂質等と結合している構成部分である。絹糸フィブロインは繊維状タンパク質で分子が一定方向に配列し分子間の結合が強く，これを食下しても消化することはできない。ただし，その精製は比較的容易である。

しかしながら，繊維以外での具体的利用法となると，どのような分子の形態で何に応用するのか想定しなければならない。家蚕フィブロインでは，繊維状で粉末化しコーティング剤としての利用，また一旦溶解してさらに加水分解し分子量を小さくしたその粉末を化粧品や食品に供する技術が開発されていることは既に周知のことである。

5.3.1　天蚕絹フィブロイン高分子膜の調製

繭から糸を繰ること，これは加工技術になる。絹タンパク質フィブロインを糸にする加工以外の加工には，基本的にそれを溶解することが手始めとなる。しかし，家蚕絹フィブロインを溶かす溶剤には，塩化カルシウムや臭化リチュウム[5, 8]等の中性塩が数多くあるが，天蚕絹フィブロインはこれらの中性塩にはほとんど溶けない。これは，天蚕絹フィブロインの分子間結合には水和性の強い中性塩で切断される水素結合以外の強靭なジスルフィドS–S結合がある[4]と考えられるためである。この結合を切断する溶剤が必要で，天蚕フィブロインの加工性を獲得するためにもこれを溶解する溶剤を見出すことがまず必要であった。その溶剤が銅エチレンジアミン溶液[5, 18]であったのである。

同時に，家蚕絹フィブロインの溶解と異なり，溶剤が水和より絹フィブロインと結合力が強く，単にセルロースチューブに入れて流水透析によってその溶剤をフィブロインから抜き取ることができない。それを抜き取る銅解離剤も必要であった。その解離剤として硫酸，酢酸，クエン酸，酒石酸等を見出して天蚕絹フィブロインの再生溶液を得ることができた。

しかし，フィブロインの加工性の良否は再生溶液の分子量に掛かっており，少なくとも分子量1万以上の分子であることが条件である。定性的には，成膜するかどうかによって判断することができるが，この成膜にはトレーに展開した再生フィブロイン溶液の乾燥条件が最も支配的[8]で，温湿度制御と緩やかな気流を用いることによってようやく期待した透明な天蚕絹フィブロイン膜を得ることができた。溶液粘度測定による推定分子量は10～20万で，膜加工性の確保は十分であった。家蚕フィブロイン膜の調製とは比較にならない細かい処理条件のその技術が開発され，特許[1]となった。その処理製造工程を図7に示した。

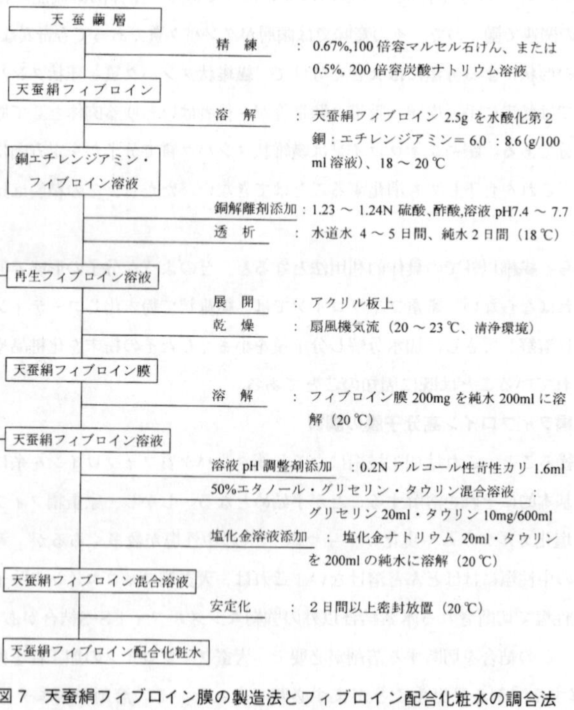

図7　天蚕絹フィブロイン膜の製造法とフィブロイン配合化粧水の調合法

5.3.2 天蚕絹フィブロイン膜の利用とその配合化粧水の調合

さて，調製されたフィブロイン膜の具体的利用はどうなのか問題となる。この膜は水溶性で水に浸けると再度フィブロイン溶液が得られる。膜として利用するには，目的とするその機能を膜に付与することが必要になる。例えば，前項の能動輸送を再現するイオン選択分離膜や人工透析膜さらに広く工業利用膜[13]としてバイオリアクターに用いるための加工調製が可能である。当然，膜を不溶化する必要があり，この処理技術も開発した。これらの膜の評価[6]にはより専門的な知識と技術が必要とされるが，ことフィブロイン膜に関しては先端を行くものと考えている。

一方，水溶性膜を再度溶解して，例えば化粧水に配合すればフィブロインの高分子膜を皮膚に形成し，家蚕ものより紫外線の吸収（図8）や保湿性（膜の吸湿能[7,9]として図9に示す）に優れ，さらに使用感も良いものができるのではないかと思われた。非常に大きな分子量なので，その配合量とゲル化が問題になり，これをクリアした上で化粧水を調合[2]し，さらにこれをベースにして乳液，クリームも調合した。これらはしっとり，しかもさらっとした使用感があり，好評を博している。この技術を用いて製造された製品を写真1に示した。

5.3.3 野蚕絹糸の機能利用の検討

冒頭にも触れたが，野蚕には家蚕にない自然に対する抵抗性のようなものを持っていると思われる。自ら生き残るために獲得してきたその生体防御機能は，当然野蚕の種類によって各々特異的と思われる。もし，これらの機能を司る成分を特定し，抽出，精製できるならば，これを人間生活に役立てることができると思う。食材とするのもいいが，もっと積極的に利用することができないか，例えば，医療分野で，生体防御関連でウイルスを不活化，ひいてガンの抑制効果の可能性等がないものか研究を進めている。

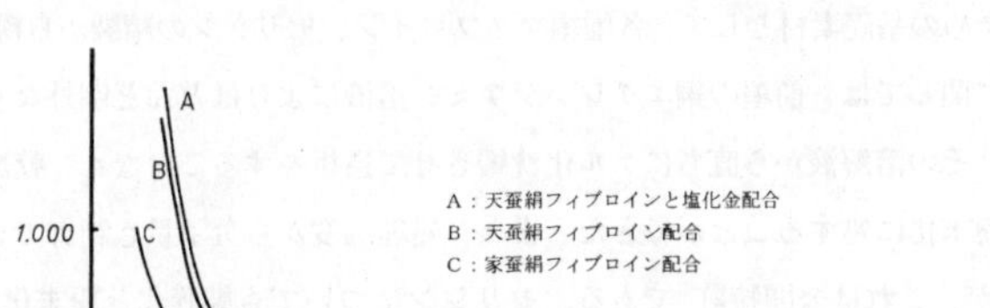

図8 天蚕絹フィブロイン配合化粧水の紫外線吸収スペクトル

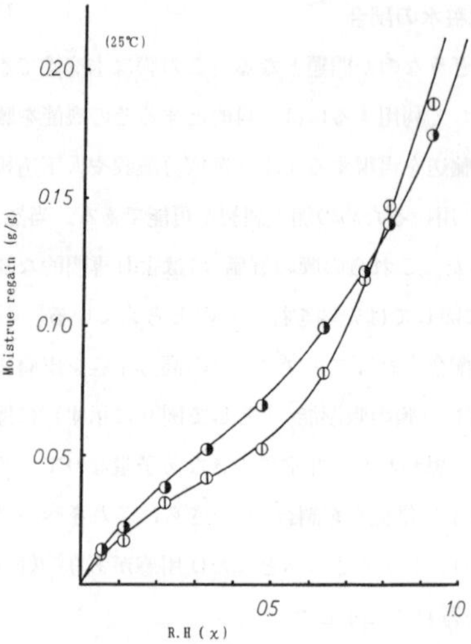

図９　絹フィブロイン膜の水分吸湿曲線
◑，天蚕（*Antheraea yamamai*）
⦶，家蚕（*Bombyx mori*）

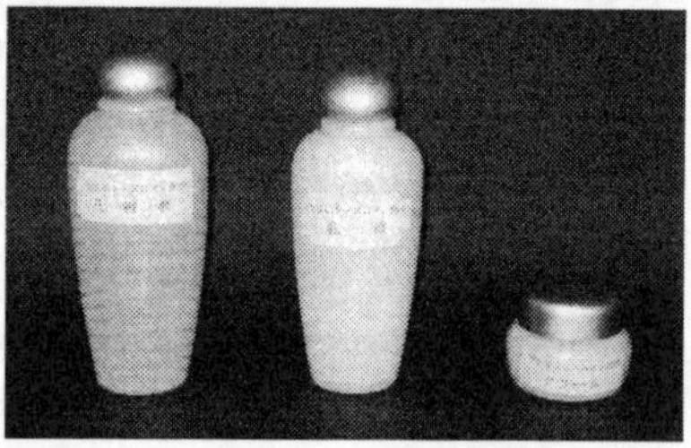

写真１　天蚕絹フィブロイン配合化粧品

このことを具現化するためには，野蚕絹フィブロインもしくはセリシンの特定の分子量における特異的相互作用の見極めとタンパク質のみならず繭層を構成する色素やその他の有機化合物の機能的役割を解明することが必要で，これが成就することによりその利用法が自ずと確立すると考える。

まず，このための基礎素材として，各種絹フィブロイン，セリシンの精製から粉末化を試みた。フィブロインに関しては，前項の銅エチレンジアミン溶液によりほとんど例外なく溶解することができるので，その溶解液から直ちにゲル化沈殿させて透析をすることなく，乾燥とブレンダーにより容易に粉末化に処することができた。また，処理温度から分子量も制御できる。この方法を図10に示すが，これは公開特許[3]である。セリシンについても製膜化と粉末化を試みている。

すなわち，これには各種野蚕絹フィブロイン，セリシンを溶解し，さらに粉末化，分子量の制御，色素等絹糸構成成分の抽出および構造解析をする[20]ことである。そして，共同研究を通して医療への応用，臨床へと展開し，その実用化に向けて進んでいるところである。

絹糸虫は幅広い多種多様の機能を有する昆虫である。その昆虫の生命を有効に人間生活に役立たせたいのである。

（付記：本稿の一部概要は02昆虫産業創出ワークショップ in 福島において発表した）

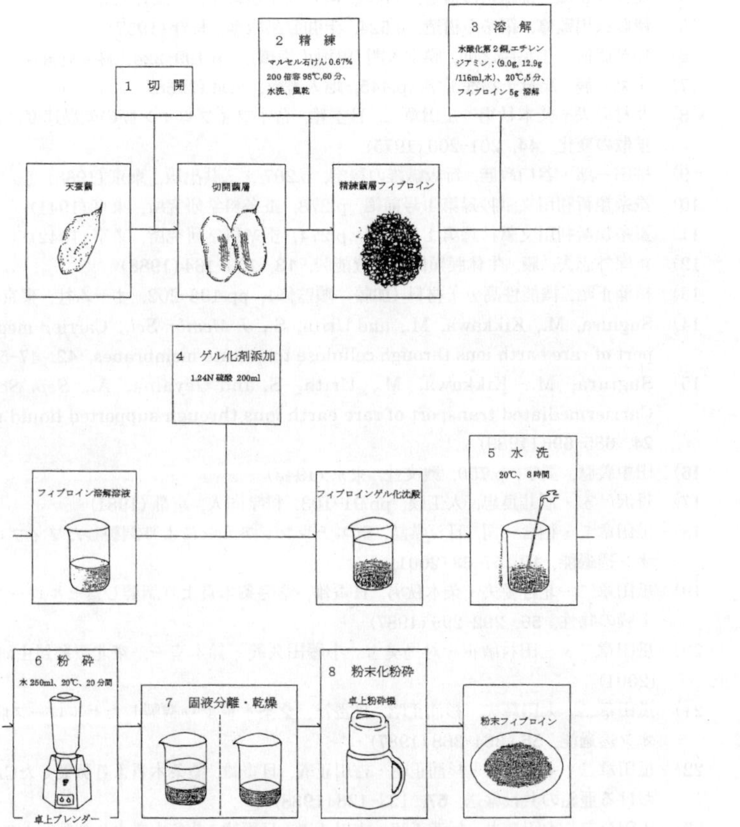

図10　野蚕絹フィブロイン粉末化の調製方法

文　献

1）福島県，天蚕絹糸フィブロイン膜の製造法，特許第2824630号（1998）
2）福島県，天蚕絹糸フィブロインを配合した化粧水の製造法，特許第3364710号（1998）
3）福島県，野蚕及び家蚕の絹フィブロイン粉末の製造法，特開2004-315682（2003）

4) 北條舒正編, 続絹糸の構造, p.650, 信州大学繊維学部, 長野 (1980)
5) 伊藤武男監修, 絹糸の構造, p.524, 千曲会出版部, 長野 (1957)
6) 加茂直樹・小畠陽之助, 膜学入門 (中垣正幸編), pp.199–224, 喜多見書房, 東京 (1985)
7) 金丸　競, 高分子物性工学, p.445, 地人書館, 東京 (1968)
8) 北村愛夫・柴本秋男・瓜田章二, 日蚕雑, 含水フィブロイン膜の乾燥速度にともなう水分拡散の変化, **44**, 201–206 (1975)
9) 桜田一郎・谷口政勝, 新版繊維の科学, p.207 , 三共出版, 東京 (1968)
10) 蚕糸類新利用文献抄録第 1 号前編, p.278, 蚕糸科学研究所, 東京 (1941)
11) 蚕糸類新利用文献抄録第 1 号後編, p.274, 蚕糸科学研究所, 東京 (1942)
12) 新保外志夫, 膜, 生体膜類似透過機能膜, **13**, 153–164 (1988)
13) 杉浦正昭, 機能性高分子材料 (加藤　順監修), pp.196–202, オーム社, 東京 (1984)
14) Sugiura, M., Kikkawa, M., and Urita, S., *J. Membr. Sci.*, Carrier–mediated transport of rare earth ions through cellulose triacetate membranes, **42**, 47–55 (1989)
15) Sugiura, M., Kikkawa, M., Urita, S. and Ueyama, A., *Sep. Sci. Technol.*, Carriermediated transport of rare earth ions through supported liquid membranes, **24**, 685–696 (1989)
16) 田中義麿, 蚕学, p.750, 興文社, 東京 (1943)
17) 丹沢　宏・酒井良忠, 人工膜, pp.91–103, 科学同人, 京都 (1981)
18) 瓜田章二・柏倉一司, 日シ学誌, 銅エチレンジアミンにより調製したフィブロイン膜のイオン透過能, **10**, 57–63 (2001)
19) 瓜田章二・北村愛夫・柴本秋男, 日蚕雑, 桑廃条木質より調製したセルロース・アセテート膜の物性, **56**, 292–299 (1987)
20) 瓜田章二・三田村敏正・対馬美雪・小藤田久義・鈴木幸一, 東北蚕糸昆虫研報, **26**, 16 (2001)
21) 瓜田章二・太田輝夫・杉浦正昭, 日蚕雑, 桑条木質より調製したセルロース膜におけるイオン透過能, **56**, 364–368 (1987)
22) 瓜田章二・太田輝夫・杉浦正昭・吉川正義, 日蚕雑, 桑条木質より調製したCA可塑剤膜における亜鉛の共役輸送, **57**, 123–128 (1988)
23) 瓜田章二・太田輝夫・杉浦正昭・吉川正義, 日蚕雑, 桑条木質より調製したCA可塑剤膜におけるアミノ酸の共役輸送, **58**, 124–130 (1989)
24) 瓜田章二・杉浦正昭・酒井哲也, 日蚕雑, 桑条木質より調製したCA可塑剤膜における重金属イオンの対向輸送, **59**, 304–310 (1990)

6　絹タンパクのプラスチック等への加工

長島孝行*

6.1　はじめに

これまでシルクを生成するカイコとハチミツを生成するミツバチを除く殆どの昆虫は「おじゃまムシ」と呼ばれ，人間社会からは嫌われてきた傾向がある。ところが21世紀になるとバイオミメティックス（生物模倣科学）が注目され，工学部を中心とした科学者達から生物の構造や機能に大きな関心が持たれ，メジャーな研究対象とされるようになってきた。35億年という長い進化の歴史の中で，生物の機能は研ぎ澄まされたものであり，ボトムアップ方式のものづくりには重要なヒントが隠されていると認識されたからでもある。昆虫は，体重にして人類の15倍もいる最も身近なバイオマテリアルである。これを予感しムシのような小さな動物の構造や機能を利用する科学技術を，筆者は「インセクトテクノロジー」と提唱したのが今から10年も前のことである。

ここではページの制限もあり，昆虫が作るシルクからプラスチックを作る技術の現状について簡単に述べる。

6.2　資源としてのシルク

そもそもシルクはカイコだけが作るわけではない。しかもそれらのシルクは様々な組織で生成され，ムシ達はシルクを様々な用途で利用している。ガの仲間は勿論，チョウ・コウチュウ・シロアリモドキ・ハエ・コオロギなどをはじめ，クモやダニなどの節足動物もシルクを分泌する。種類数でみるとその数は10万種を超えるものと推定される。また，カイコのシルクは唾液腺が変化した組織（絹糸腺）から作られるが，昆虫によっては消化管，生殖腺，さらには皮膚腺などを絹糸腺として進化させ，それらから生成される。

シルクは，これらの絹糸腺を構成する細胞から作られる。もう少し詳しく説明すると，シルクは細胞の中の粗面小胞体，リボソーム，ゴルジ体の複合経路を経て作られる。従ってシルクはタンパク質ということになる。絹糸腺の中ではシルクは液状であり，これが吐糸管を出た直後に非常に強い糸となる。また，シルクの主成分はフィブロインとセリシンという二種類のタンパク質から構成され，太さわずか0.02mmほどの糸の断面を見ると，7割以上を占めるフィブロインの周囲を4層のセリシンが囲み，5層構造になっている。4層のセリシンはそれぞれ溶解する温度条件が異なり，フィブロインの保護，潤滑剤，シルク作りの際の繊維固定，繭の構造材という役割を担っている。このようなことから世界的に有名な半導体研究で知られるノースカロライナ大

---

* Takayuki Nagashima　東京農業大学　農学部　農学科　助教授

学の志村博士は絹糸腺を「ハイテク・シルク工場」と呼んでおり，光ファイバーの製造法と多くの共通点を見出している。しかも，水素・炭素・窒素・酸素といった，軽元素のみを使って，常温，常圧で作っている点は現代の科学技術では真似できる技ではない。商品としてのシルク糸は，上で述べた約30%を占めるセリシンをほとんど取り除き，柔らかいフィブロインのみにしたものである。

6.3 シルクの構造と機能，そして新しいものづくりへ

「シルクはタンパク質」であることを原点に，近年急速に機能特性が明らかにされてきた。シルクタンパク質の代表的な機能特性としては，無味無臭で生体親和性が極めて高く，吸着性に優れ，制菌作用と紫外線遮蔽機能がある（図1）。中でもヤママユガ科昆虫の作る繭糸には特に紫外線遮蔽効果が高いことが明らかにされてきた。

また，現在これらシルクの機能特性やナノ構造も急速に解明されつつあり，ナノ構造やシルクの機能特性を生かしたより新しいものづくりがそこに見えてくる。そのひとつがここで述べるシルクプラスチックである。

従来のプラスチックの原料は言うまでもなく，石油に他ならない。この化石燃料は再生することがないため「再生不能資源」と呼ばれている。20世紀後半は正にこの石油万能時代であって，ありとあらゆるものが石油から生まれてきた。ガソリンにはじまり化学薬品，化学農薬，化学肥料そして化粧品までもが石油という一つの原料から作られてきている（図2）。

繊維も同様で，1937年のカロザース（アメリカ）によりナイロンが発明され，またそれ以降ポリエステル，アクリル，ビニロンなどが次々と開発され，化学複合繊維が主流をなしてきた。

ところが，21世紀に入ると先進国には，再生可能資源の利用，グリーンケミストリー，ミレニアムサスティナビリティなどのことばが飛び交い「高性能かつクリーン」という魔法のような科学技術がエマージェンシーテクノロジーと呼ばれ，社会から研究が求められるようになってき

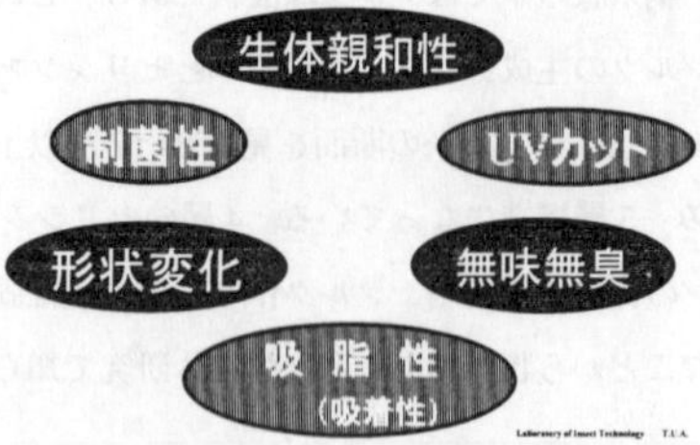

図1 シルクタンパク質の特性とモノ作り

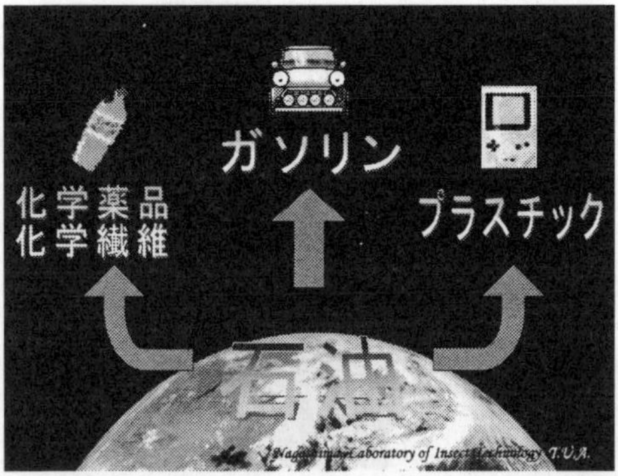

図2　20世紀後半のモノ作り

た。この背景には石油の限界が見えてきたからである。石油の埋蔵量は年々減少し，試算の結果は，石油は早ければ50年を待たずに枯渇すると報告している研究者もいる。今や先進国になりつつある13億の人口を持つ巨大国家である中国，10億のインドなどの経済動向によっては，さらに石油枯渇の限界は早まるであろう。いずれにしても22世紀には石油を全く使えない社会に人間社会が適応していかなければならない状況は避けられそうもない。

6.4　プラスチックを超えたシルクプラスチック

今やプラスチックも非石油由来の製品を考えていかなければならないときにきている。もちろんこれまで作ってきたプラスチックを再びプラスチックにリユースする科学技術は最重要である。この新しい取り組みの中で生分解性プラスチックの研究が盛んに行われるようになった(生分解性とは，微生物などによって一年以内に分解され，最終的には二酸化炭素と水にまで完全に分解されることで，環境に蓄積されることがない，という性質をいう)。ここで，このエコマテリアルのヒントになるのが生体材料や天然高分子である。これまでに生分解性プラスチックは微生物産生系，化学合成系，天然物利用系が既に知られ，それぞれしのぎをけずっているのが現状である。特に天然物利用系は日本が最も得意とする領域で，デンプン，キチン・キトサン，セルロースなどが主流になりつつある。中でも神戸大の全セルロースプラスチックはユニークであり，期待度も高い。筆者は，ここにシルクが入り込めると考える。

その理由として，まずシルクの成型加工が簡単であるからである。シルクを溶解するだけでフィルム状，板状などいろいろな形に成型できる。それに加えセルロースやタンニン酸などをわずかに混ぜることにより，歯車型に成型するなど極めて複雑な加工が容易にできる(図3，図4，

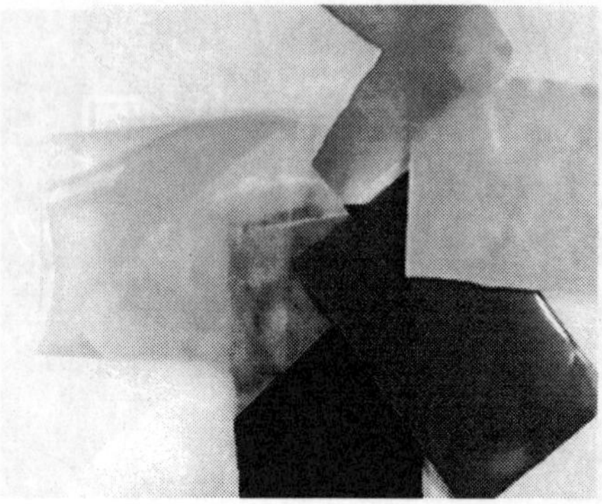

図３　廃棄シルク製品からのプラスチック

図４　廃棄シルク製品からのプラスチック

図5)。しかもシルクの場合には，そこにシルクタンパク質の機能性という高い付加価値がつけられるのが大きな特徴である。シルクは高い生体親和性を持つことでアレルギーなどの心配が一切なく，子供の遊具にも安心して使える。また，シートとして使えば有害な紫外線を遮蔽してくれるのである。しかも，現在では複数の作成方法が確立されており，さっと水に溶ける水溶性のものから非水溶性のものまで作られるようになってきている。タンパク質で作られたプラスチック，それが面白いのではないだろうか。

1970年代に比べ，わが国のシルクの生産量は99.2%減，生糸生産量では98.6%減と異常なスピードで落ち込んでいるものの，絹製品の輸入は逆に多くなり，シルク製品としてのネクタイやスカーフなどは未だに多く利用されている。そのような製品も，使用後は残念ながら燃えるゴミとして捨てられているのが現状である。しかし，シルクの特性を考えると，シルク製品はできるだけリユースした方が良いに決まっている。繊維として使えなくなってしまったものに対しては，

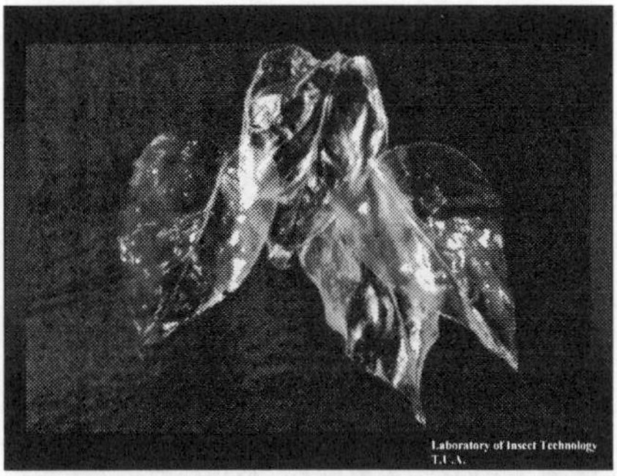

図5　廃棄シルク製品からのプラスチック

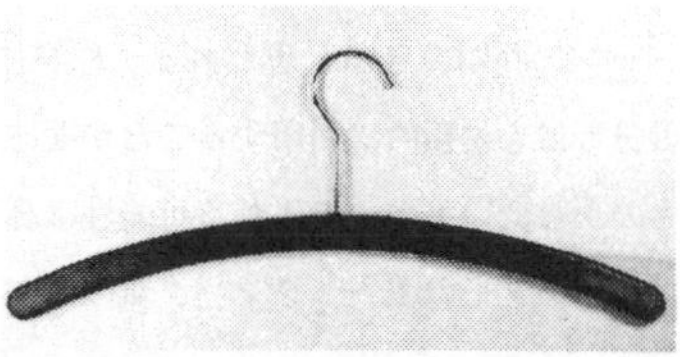

シルクプラスチック製のハンガー

図6　廃棄シルク製品からのプラスチック

図7　廃棄シルク製品からのプラスチック

プラスチックのような非繊維加工も重要な利用法と思われる。図6は本来ゴミになるべき着物の古着（繊維が壊れ，糸としてのリユースができなくなったもの）を原料にして作ったハンガーである。曾お婆さんの古着が次世代のハンガーになり，そこにひ孫の着物がかけられる。これは現代社会においてはなんともいえない光景ではないだろうか？　図4はゴミのシルクで作ったゴルフのピンである。京都や群馬などの絹製品生産の多い地域では，あまった屑糸や販売した絹製品を回収し，これまでのプラスチック製のピンからシルクピンへ置き換え，地元のゴルフ場で利用してもらいたい。普段リサイクルに全く関心のないお父さんも自分の使用していたネクタイから作られたピンを使うことで，リサイクルに関する理解を深めるきっかけになるのではないだろうか（実際に使用したが，一日の使用では全く問題のない強度を示し，生分解性であるためそのままにして行っても大きな心配はない)。この他にも，水に入れると大きく膨らむスポンジや，発泡体も作ることができる。その他のプロダクトイメージでは，自動車の内装材，魚の切り身などを乗せるトレー，卵などのパック，玩具，女性用下着の一部，薬のカプセルなどあらゆる生活のシーンに利用できると思われる。原料に安全なシルク(無垢のシルク)を使うことで衣，食などの分野にも積極的に利用することが期待される。配合する素材やその比によって生分解性の高いものから低いものまで作れる可能性は高いが，現状では強度の問題が解決できていない。これにはバインダーの工夫，タンパク質の方向性などを考慮することにより解決できるのではないかと考えている。

また，成型加工は基本的に脱色するべきでないと考えている。なぜなら，脱色にまたクリーンでない薬品を使用することになるからである。したがって将来的にはクリーンな染色，例えば草木染のような技術がこれから再び必要になってくるものと思われる。

このような考えを別の世界に示したのが2001年冬物東京コレクションへの参加であった。2001年3月にファッションデザイナーのツムラコウスケさんとコラボレートし，シルクとワイルドシルクで東京コレクションに参加した。シルクを溶かしフィルム状にしたドレスを発表した。ここで伝えたかったのは「シルクは機能性に満ち溢れ，しかもリサイクルが簡単にでき，あらゆる形状にも加工でき，しかも生分解性で自然に戻せるという，正に21世紀が求めている『古くて新しい』素材である」ということを，若い世代，シルクをコンサバと考えてきたファッション界への提案でもあった。言うまでもなくこれは大成功に終わった（図8）。

このようなシルクにみられるリサイクルシステムを生態系循環型リサイクルシステムとして著

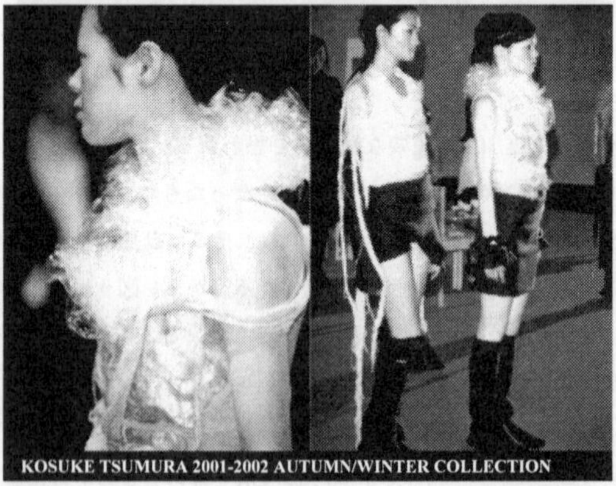

図8　SILKY WAY　東京コレクション　ツムラコウスケ＋長島孝行

者は提案する（図９）。

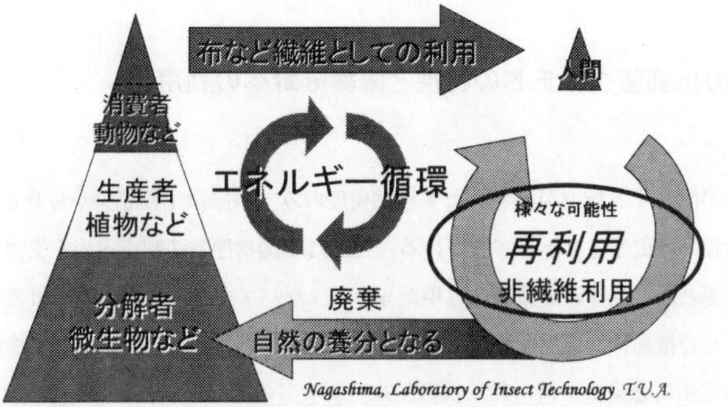

図９　生態系循環型リサイクルシステム
かつての持続可能システムが産業革命以降の人間社会の拡大によって，現代型持続不可能システムに陥った。一方，シルクの非繊維利用の研究が進み，屑繭，屑糸，さらにはリユース不能になったシルク製品のリサイクルが可能となりつつある。一旦人間社会に布や繊維として取り込まれたシルクは，布の形で利用されたあと，非繊維に姿を変えて何度も利用される。使い尽くして不要になったものは廃棄され，自然界に戻される。廃棄物は分解され，栄養素となって土に返る。それが生産者などに吸収され，蚕や野蚕に摂取され，さらにまた様々なシルクが地球上で再生産されるのである。このようにエネルギーは循環し，シルクの非繊維利用は新しい生態系循環型リサイクルシステムを構築するのである。

第3章　昆虫の特異機能の解析とその利用

1　昆虫の抗細菌ペプチドの特性と医薬分野への利用

山川　稔*

1.1　はじめに

昆虫は抗体が関与する獲得免疫をもたず自然免疫のみで病原微生物感染から身を守り，4億年という地球の長い歴史を生き延びてきている。昆虫は全動物種の7割を占める生物であり，その繁栄を支える源となる生体防御機構は近年ショウジョウバエを中心に精力的に研究され，その成果はヒトを含む脊椎動物の自然免疫の研究に強い影響を与えている。特にグラム陰性及び陽性細菌やカビ等が昆虫に感染した時に働く抗微生物ペプチドの遺伝子活性化のメカニズムの研究は，細胞に存在するToll受容体や細胞内シグナル伝達，さらにその上流のペプチドグリカン等の細胞壁構成成分の受容体等の解析を通して多大な成果が得られつつある[1]。脊椎動物にもTollのホモグロ（Toll-Like-Receptor，TLR）が現在までに多数見つかっており，その機能解析から自然免疫において重要な役割を果たしていることが明らかになってきている[2]。

一方，近年医薬分野においては抗生物質の過剰使用による薬剤耐性病原細菌の増加が深刻な社会問題を引き起こしており，未だ有効な対抗手段が見つからず暗中模索の状態が続いている。このような医薬分野における問題の解決策の一つとして，昆虫の自然免疫の中で重要な役割を果たしている抗細菌ペプチドを利用する試みが近年活発となっている。

この項では昆虫の抗細菌ペプチドの特性を説明し，その優れた性質を医薬分野にどのように利用できるのかという具体例をこれまでの筆者らの研究を一例として解説し，その将来を展望することとする。

1.2　抗細菌ペプチドの特性

昆虫の抗細菌ペプチドは多くの種類が報告されているが[3]，その多くは細菌感染時に脂肪体や血球等の特定組織で遺伝子が活性化し，その結果体液中に分泌されてくる。

昆虫の抗細菌ペプチドは塩基性アミノ酸と疎水性アミノ酸を多く含む両親媒性であり，立体構造的に親水面と疎水面の両面をもつことがその特徴である[4]。アルギニン，ヒスチジン，リシン

---

*　Minoru Yamakawa　㈱農業生物資源研究所　生体防御研究グループ　先天性免疫研究チーム
チーム長；筑波大学　大学院生命環境科学研究科　客員教授

等の塩基性アミノ酸はプラスの電荷をもつため，これらのアミノ酸残基を多く含む昆虫の抗細菌ペプチドはプラス電荷を帯びている。一方，細菌の細胞膜は表層にホスファチジルグリセロールやカルジオリピンといったマイナス電荷を帯びた酸性リン脂質を多く含むため細胞膜表面全体はマイナスに荷電している。細菌が昆虫体内に侵入した際には体液中に分泌された種々の抗細菌ペプチドのプラス電荷が細菌の細胞膜表層のマイナス電荷に静電的相互作用により引きつけられ，細菌に結合する。次にこのようにして結合した抗細菌ペプチドの疎水性アミノ酸が細菌の膜の疎水性部分に作用することにより膜透過性の亢進を引き起こし，膜バリアー能が破壊され，その結果細菌は殺されると考えられている[5]。膜バリアー能破壊についてはいくつかのモデルがあるが，現在物理化学的手法でそのメカニズムが鋭意検証されている。このような仕組みで昆虫の抗細菌ペプチドは細菌感染を防いでいるが，ではなぜこれらのペプチドは自分自身の細胞膜を破壊することがないのだろうか。それは昆虫を含めた真核生物の細胞の表層はマイナス電荷を帯びた酸性リン脂質がなく双イオン性リン脂質（ホスファチジルコリンやスフィンゴミエリン等）とコレステロールから成り立っており表面電荷がゼロであるためである。ホスファチジルセリン等の酸性リン脂質は内側の細胞質側にのみ局在している。すなわち抗細菌ペプチドが細胞表面に静電的相互作用により結合できないというのがその理由である。このように真核生物のもつ抗細菌ペプチドは細菌に選択的に働くことが知られている。しかし，抗細菌ペプチドの中にはハチ毒のメリチンで知られているように疎水性アミノ酸をより多く含むため疎水性度が高くなり細菌のみならず真核生物の細胞の膜破壊をも引き起こすものもある。簡単に言えば，抗細菌ペプチドは静電的相互作用による細菌への結合と疎水性という二つの性質を利用した細菌の膜バリアー能破壊により細菌を死に至らしめるということである。

1.3　細菌の抗生物質に対する抵抗性獲得のメカニズム[6]

既存の抗生物質のその作用点は主として細菌の細胞膜壁合成阻害（ペニシリン，バンコマイシンやホスフォマイシンなどのβ-ラクタム剤），タンパク質合成阻害（ストレプトマイシン，クロラムフェニコールなど），核酸合成阻害（ナリジクス酸やニューキノロンなどのキノロン系剤やリファンピシン），補酵素合成阻害（サルファ剤，ST合剤やイソニコチン酸ヒドラシド）などである。細菌はこのような抗生物質の作用を回避し，短時間で抵抗性を獲得してきている。そのメカニズムには外来遺伝子（Rプラスミド）の水平遺伝が原因となる薬剤に対する修飾または分解による活性化や染色体遺伝子の変異による薬剤作用点の量的質的変異及び外膜透過チャンネルの減少や内膜の排出機構などが知られている。薬剤の不活性化には修飾や分解があり，例えばβ・ラクタム剤ではラクタマーゼの生産でβ・ラクタム環が加水分解され不活性化される。またストレプトマイシン，カナマイシンなどのアミノ酸配糖体系薬剤ではアミノ基や水酸基がアセチル化，アデニル化，リン酸化されるために活性を失う。細菌自身の薬剤作用点の量的変化の場合，酵素の働きが薬剤によって阻害されても，酵素が大量に作られるようになれば，細菌の最小阻止濃度(MIC)は上昇し耐性を示すようになる。腸球菌はある種のペニシリン結合タンパク質(PBP)の増加により，β・ラクタム剤耐性になる。作用点の質的変化の場合は，薬剤の細菌に対する結合親和性が低下し，抵抗性を確得する。例えば，メチシリン耐性黄色ブドウ球菌(MRSA)の場合，感受性株がもっていないPBP2'と呼ばれる余分のPBPをもっている。このPBP2'が正常のPBPを阻害するのに十分な濃度のβ・ラクタム剤の存在下で，正常なPBPに代わって細胞壁合成を行うために抵抗性となる。外膜透過チャンネルの減少とは，グラム陰性細菌の外膜に存在するチャンネル形成タンパク質ポーリン（Porin）が減少することを意味している。通常，薬剤はチャンネルから細菌内に侵入して殺菌効果を示す。このタンパク質が変異によって失われると，薬剤の透過性が減少して細菌は耐性を獲得する。内膜の排出機構とは，グラム陰性，陽性細菌が薬剤を細菌体外へ排出する膜タンパク質の存在を示している。具体的にはテトラサイクリン排出，クロラムフェニコール排出，多剤排出などの排出タンパク質が報告されている。

1.4　抗細菌ペプチドの改変とその利用

昆虫のもつ抗細菌ペプチドの細菌の膜への直接作用という性質は非常にユニークであり，これまで開発されたどの抗生物質にもない特色である。また細菌の構成成分である細胞膜への作用というメカニズムは膜構造そのものを物理的に破壊するため耐性細菌が出現する可能性は低いと考えられる。従って，この優れた性質を生かすことができれば，近年猛威をふるっている薬剤耐性病原細菌の問題を解決できる新しい抗生物質の開発に結びつく可能性があると思われる。

筆者らは，昆虫の抗細菌ペプチドの優れた性質に着目し，応用利用を目差してペプチド改変を行い，その抗細菌活性や生体内での効果について調べてきている[7]。改変を行う際の基本的戦略として，できるだけ分子量を小さくして抗原性を少なくすることと，活性の増強と抗細菌スペクトルの拡大をまず最初の目標とした。

以下にその具体的例を説明する。まず，どの昆虫を出発材料として用いるかが検討され，幼虫が家畜の糞を餌として育つタイワンカブトムシに着目し，予備実験を行った。三齢幼虫に大腸菌を接種した後体液を集め，未精製のままMRSA臨床株に対する増殖阻止効果を調べてみたところ，活性は弱いながらも明らかな阻止効果がみられたため，本格的な精製に着手した。その結果，43個のアミノ酸から成るディフェンシンが精製されてきた。一方，カブトムシからも同様に精製が試みられ，ディフェンシンが得られた。両者は6ヶ所でアミノ酸配列が異なっていた。これらのディフェンシンは黄色ブドウ球菌，MRSAはじめグラム陽性細菌に主として抗細菌活性を示した。これは昆虫由来のディフェンシンにみられる共通した特徴である。次に行ったことは活性中心を深索することであったが，いろいろな文献を検索した結果，立体構造上のαへリックスやβシート等に活性が存在するという報告はあったものの，一つに絞り込むのに十分な裏付けデータは見い出せなかった。そのため，Ｎ末端側から大まかに18個のアミノ酸配列をもつ断片を全アミノ酸配列をカバーするようにペプチド合成装置を用いて順次合成した。これらのペプチドを精製した後，黄色ブドウ球菌に対する抗細菌活性を調べた結果，ほぼ真中をカバーする断片に活性が存在した。このような予備実験から，ディフェンシンを断片化してもある程度活性を保持していることが明らかになったので本格的な改変に着手することとなった。その改変の第一段階として，抗原性をできるだけ減らすために，分子量を最小限度にすることを目標とした。一般的に分子量1,000以上のタンパク質は抗原として認識されるので，まずその分子量に近い12個のアミノ酸配列をもつペプチドをＮ末側からすべての配列をカバーするよう合成した。またＣ末端にアミド基をもつペプチドを同様に合成し，合わせて64種の12マーペプチドの黄色ブドウ球菌に対する抗細菌活性を調べた。その結果，アミド基を持たないものはどれも強い活性を示さなかったが，アミド基を持つもののなかにＮ末端から19～30番の断片（19L-30R-NH_2と命名）が一つだけ強い活性を示したことから，この部分を活性中心と推測した。19L-30R-NH_2をさらに縮めたものを合成し活性を調べたところ，AHCLAIGRR-NH_2という９個のアミノ酸から成る22～30番目の断片（22A-30R-NH_2）に活性があることが明らかとなった。８個に縮めた断片には活性が無いことから，この断片をリードペプチドとしてさらなる改変を行った。この段階でC末端側のRRとアミド基が活性発現に必須であることが判明した。このリードペプチドを基にアミノ酸残基のプラス電荷と疎水性度を考慮しつつ数種類のペプチドをデザインした。その中でALYLAIRR-NH_2の配列を持つ９マーペプチドが黄色ブドウ球菌，MRSA，大腸菌，緑膿菌に対して最も低いMIC値を示したのでこれを基に改変を進めた。その結果，これらの細菌以外に真菌であるハクセン菌（ミズムシの原因菌）に対する抗カビ活性を示す３種のペプチドが合成された[8]（表１）。ここで注目して欲しいのは天然型のディフェンシンはグラム陰性細菌に対してはほとんど活性を示すことはなかったが，改変が進むにつれて大腸菌や緑膿菌といったグラム陰性細菌や真菌にまで作用するようになったことである。この結果はグラム陽性細菌のみに限定された抗細菌スペクトルを任っていた配列が取り除かれスペクトルの拡大につながったことを示唆している。これらの９マーペプチドに共通な一次配列はXLXLXIGRR-NH_2であることから，この骨格部分を残してXに位置するアミノ酸残基を置換することにより活性の高いペプチドを合成できる可能性が示唆された。これらのペプチドの生理作用を調べるために，まずリードペプチドである19L-30R-NH_2がどのような二次構造をとるのかを調べてみた[9]。細菌の細胞膜構成成分を含む人工膜（リポソーム）に対するペプチドの影響をCDスペクトルで解析したところ，このペプチドはリポソーム存在下で明瞭なα-へリックス構造を示し，弱い両親媒性構造をとることを

表１　合成ペプチドの抗微生物活性

	最小阻止濃度（μg/ml）			
	RLRLRIGRR-NH_2	RLLLRIGRR-NH_2	RLYLRIGRR-NH_2	ALYLAIRRR-NH_2
細菌				
黄色ブドウ球菌（*S. aureus*）	1(2)	1(4)	2(8)	3(10)
大腸菌（*E. coli*）	2(20)	2(30)	5(50)	10(40)
メチシリン耐性黄色ブドウ球菌（MRSA）	15(30)	15(30)	30(50)	40(100)
緑膿菌（*P. aeruginosa*）	5(50)	6(100)	10(100)	15(50)
真菌				
白癬菌（*T. mentagophytes*）	50	15	25	60

最小阻止濃度は三つの実験結果の平均を示す。細菌の場合はNB培地あるいは120mM NaClを含むNB培地（括弧内の値）で培養した。

示すデータが得られた。次にこのペプチドが持つ抗細菌作用を細菌と同じ膜成分で構成されているリポソームを用いて調べてみた[9]。その結果，グラム陽性細菌タイプの膜組織をもつリポソームに19L-30R-NH_2ペプチドを100μg/mlの濃度で作用させると内容物がほぼ100％漏出したことから細菌の膜バリアー能を破壊し細菌を殺すことが示唆された。グラム陰性細菌タイプの場合，同じ濃度で50％の漏出を引き起こした。これらの結果は，種々の細菌に対する抗細菌活性試験の結果をよく反映しており，グラム陽性細菌のような酸性リン脂質含量の多い細胞膜に対して，より親和性が高いディフェンシンの性質をよく受け継いでいることを示している。

これらのペプチドを実際に臨床薬として用いるためにはホスト側に副作用を引き起こさないということが大前提である。そのためディフェンシンを基にした９マーペプチドが生体内に投与されたときに抗原となるかどうかを検討した。９マーペプチドを単独で，あるいはキャリアータンパク質を結合させたペプチドを反復投与したマウスはいずれの場合も抗体を産生することはなかった。このことは９マーペプチドは抗原性が低いか，もしくは抗原として認識されにくい構造をとっている可能性が高いということを示唆している。この結果は，抗原性というペプチド抗生物質の最も大きな問題をクリアーできることを意味し，今後の新しい治療薬開発の上で重要な足がかりが得られた。

次にディフェンシンを基にして合成した９マーペプチドが赤血球の溶血を引き起こすのかどうかを次に調べてみることにした。その結果，ウサギ赤血球を100μg/mlの濃度でペプチドを作用させてみたが，溶血することはなく調べた範囲の濃度では脊椎動物の細胞膜には作用しないことが明らかとなった（図１）[8]。さらに臨床応用における改変ペプチドの副作用として血球細胞の増殖阻害の可能性が考えられたので，マウスのマクロファージ培養細胞を用いてその増殖を調べてみた[9]。その結果，22A-30R-NH_2のアナログであるAWLLAIRRR-NH_2のみが強い阻害活性を示した。これと他の４種のペプチドの違いはＮ末端側２番目のトリプトファンだけなので，これが細胞毒性を引き起こす可能性が考えられ，この種の改変ペプチドは取り除くことにした。さらに同じく繊維芽細胞の増殖に及ぼす影響を調べたところいずれの9マーペプチドも増殖を阻害することはなかった[9]。

このような9マーペプチドをマウスを用いた *in vivo* 実験で果たしてMRSA感染症に対して効果があるかどうかを調べてみた。その結果，9マーペプチドは明らかにMRSAの感染を阻止できることが明らかとなった（図2）[10]。一方，9マーペプチドは病原性大腸菌感染マウスの治療にも効果があることが死亡率調査や病理学的検査により明らかにされた[11]。

次のステップとして感染細菌の増殖阻害以外の改変ペプチドの生理作用を調べてみた。細菌が血管内に侵入した場合は敗血症という重い病気を引き起こすことが知られている。それは細菌のリポポリサッカライド（LPS）のような細胞壁構成成分が炎症性サイトカインであるTNF-α遺伝子を活性化し，必要以上にTNF-αを産生し，その結果エンドトキシンショック等の重病に陥ることが原因である。マウスマクロファージの培養細胞を用い，グラム陰性細菌のLPSや陽性細菌のリポテイコ酸（LTA）によるTNF-α遺伝子の活性化に与える影響を調べた結果，9マーペプチドはTNF-α遺伝子発現を有意に抑制することが明らかとなった[8, 12]（図3）。また9マーペプチドはNF-κBが細胞質から核へ移行するのを阻止することがわかり，そのことがTNF-α遺伝子発現を抑制することにつながっているものと思われる。その結果は9マーペプチドが単に細菌感染を抑えることにとどまらず，敗血症の治療薬としての可能性も示唆している。

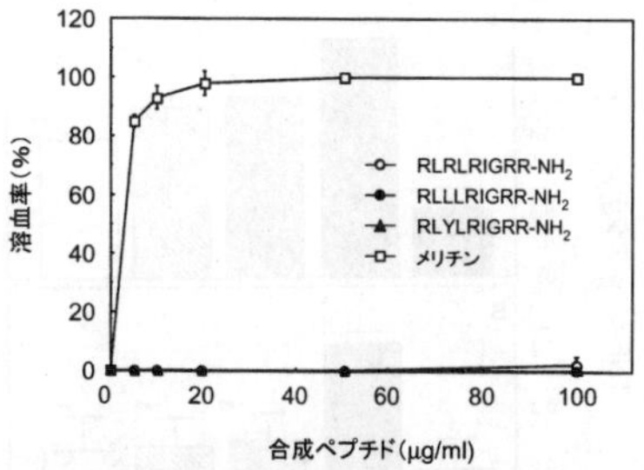

図1 ウサギ赤血球に対する合成ペプチドの溶血活性

ウサギ赤血球を種々の濃度の合成ペプチドと培養し，その溶血活性を調べた。
メリチンはポジティブコントロールとして用いた。

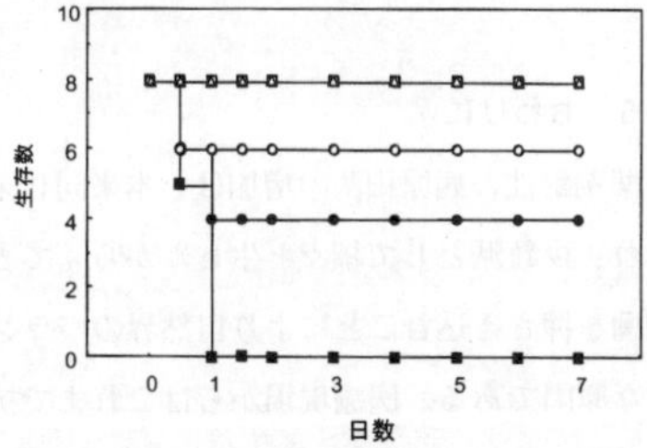

図2 合成9マーペプチドによるMRSA感染マウスの生存に与える影響

マウスに10^8個のMRSAを腹腔内注射後，ALYLAIRKR-NH_2を500ないし1000μg/マウス注射し，その生存率を調べた。（□）MRSA及びペプチドを注射していないコントロール。（▲）ペプチド（500μg/マウス）のみを注射。（△）ペプチド（1000μg/マウス）のみを注射。（●）MRSA感染後に500μg/マウスのペプチドを注射。（○）MRSA感染後に1000μg/マウスのペプチドを注射。（■）生理食塩水をMRSA感染後に注射。

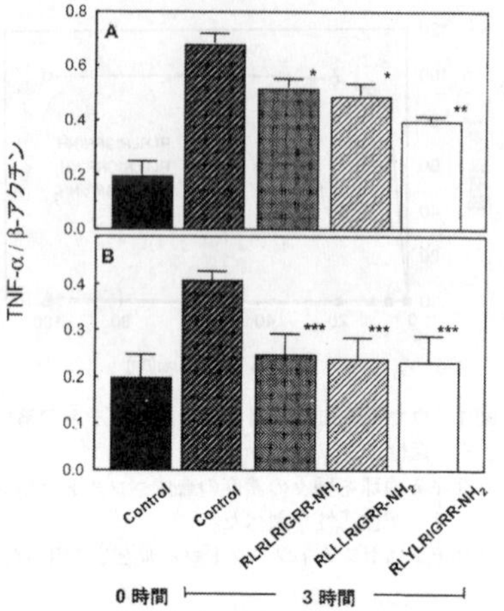

図3　マウスマクロファージ培養細胞（JA-4)における LPS 及び LTA で刺激した TNF-α 遺伝子発現に及ぼす合成9マーペプチドの影響

LPSあるいはLTAで刺激3時間後に，全RNAを抽出しRT-PCRを行う。サンプルは電気泳動後，エチジウムブロマイドで染色した。TNF-αmRNAのレベルはβ-アクチンmRNAに対して補正した。(A) JA-4細胞を合成ペプチド200μg/ml存在下で培養した後，LPS 100ng/mlを加えた。(B) JA-4細胞を合成ペプチド300μg/ml存在下で培養した後，LTA 1μg/mlを加えた。
* $P < 0.05$，** $P < 0.01$，*** $P < 0.005$.

1.5　おわりに

薬剤耐性の病原細菌の増加は，本来同じ栄養源を奪い合う薬剤感受性細菌の圧倒的な勢いに押され，少数派として細々と生きながらえてきた耐性細菌を人間が抗生物質を過剰使用し，感受性細菌を押さえ込むことにより自然界のバランスを崩した結果，多数派として勢いづかせたことが主な原因である。医療現場からはこれまで抗生物質で簡単に治療が出来た細菌感染症が治りにくくなっていることが新聞などで報道されている。昆虫の抗細菌ペプチドの改変は，薬剤耐性病原細菌を殺すということを指標として行われ，副作用をできるだけ低くすることを目標に*in vitro*および*in vivo*でその効果が調べられてきた。改変ペプチドの腹腔内注射によりMRSAに感染したマウスの生存率が上がり，臓器などの組織の病理学的知見からも明らかな治癒効果が認められている。しかしこれまでの結果は10^6～10^8個の細菌注射に対しマウス一頭当たり500～1,000μgの高濃度の改変ペプチドが必要であり，これが今後の改善すべき問題点である。9マーペプチドのアミノ酸配列置換による活性増強はそのあまりにも短い配列ゆえに，それ程大きな期待は描けないためもっと別の観点からのアプローチが必要となると思われる。例えばこれまですべて天然に存在するL型アミノ酸残基を用いて化学合成していたものを，非天然型のD型アミノ酸残基に置き換えて合成すれば体内で内在性のプロテアーゼ等の酵素による分解が防げるためペプチドの寿命が長くなり少ない量で長く効果が続くことが期待される。しかしそれと同時に体内への残留性も問題となるため慎重に副作用を調べる必要がある。もう一つの可能性として，改変ペプチドを静脈より直接血管へ導入することにより少量で効率的に細菌感染を抑制できる可能性がある。

この場合も，やはり安全性の観点からの充分な実験データが必要になることは言うまでもない。一方，効果の異なる既存の抗生物質との併用による相乗効果が証明できれば，ペプチドの投与量を減らすことができ，細菌感染治療に大きな貢献が期待できるので，この可能性も追求する必要があろう。それから外用薬としての改変ペプチドの利用も考えられる。筆者らは，カイコの繭を化学処理して得られた外傷被覆膜としてのフィブロインフィルムに改変ペプチドを含有させたところ，薬剤耐性細菌の増殖を完全に阻止できることを明らかにしてきている[13]。また，単に改変ペプチドは細菌を殺すのみならずトリパノソーマのような原虫も効率良く殺すことがわかってきたので，ねむり病等の熱帯地域で発生し人畜に大きな被害を及ぼしているトリパノソーマが原因の感染症治療に役立つ可能性がでてきた。薬剤耐性細菌による感染症やトリパノソーマに起源する感染症は，いずれもいまだ有効な対抗手段がないだけに，昆虫由来の抗細菌ペプチドの改変による新薬開発は大きな可能性を秘めていることは疑いのない事実である。

文　　献

1）J. A. Hoffman, *Nature*, **426**, 33 (2003)
2）S. Akira *et al.*, *Nature Immunol.*, **2**, 675 (2001)
3）古川誠一ほか, 化学と生物, **42**, 15 (2004)
4）P. Bulet *et al.*, *Dev. Comp. Immunol.*, **23**, 329 (1999)
5）勾坂晶ほか, *BIO INDUSTRY*, **21**, 36 (2004)
6）宮ノ下明大ほか, *BIO INDUSTRY*, **13**, 28 (1996)
7）西堂(坂中)寿子ほか, *BIO INDUSTRY*, **16**, 29 (1999)
8）H. Saido-Sakanaka *et al.*, *Peptide*, **25**, 19 (2004)
9）H. Saido-Sakanaka *et al.*, *Biochem. J.*, **338**, 29 (1999)
10）H. Saido-Sakanaka *et al.*, *Dev. Como. Immunol.*, **29**, 469 (2005)
11）M. Yamada *et al.*, *J. Verter. Med. Sci.*, **66**, 137 (2004)
12）M. Motobu et al., *J. Verter. Med. Sci.*, **66**, 319 (2004)
13）H. Saido-Sakanaka *et al.*, *J. Insect Biotechnol. Sericol.*, **74**, 15 (2005)

2　昆虫の外分泌タンパク質の特性とその利用

渡辺裕文*

2.1　はじめに

「内分泌」と言う言葉は生物学で一般的に用いられ，ホルモンや神経伝達物質など生体内の情報伝達に関わる物質の生産・細胞外への放出作用の総称として用いられる用語である。これに対し「外分泌」とはフェロモン，生体防御物質，毒物質など生体が外界に対して物質を生産・放出する機能の総称である。動物の消化管内は，生体内と異なり外界と直接・間接に接しており，消化酵素の分泌も外分泌として捉えられている。外分泌物質にはタンパク・ペプチドおよび非タンパク・非ペプチドの双方が存在する。たとえば抗菌ペプチド，絹タンパク，ロウ物質なども外分泌物質の典型的な例であるが，本節では消化および栄養機能に関わらない外分泌物質を他章に譲り，昆虫の栄養摂取に関連した糖質関連酵素や消化酵素，その中でも，個体間の分業と機能分化により極めて効率的な資源利用と偏栄養への適応を成し遂げた社会性昆虫類のもつ酵素の利用を中心に論ずる。

2.2　注目される社会性昆虫の外分泌機能

昆虫類の中で社会性を高度に発達させていることで知られる主なグループはアリ類・ハチ類で構成される膜翅目昆虫，シロアリ類として知られる等翅目昆虫，同翅目昆虫のアブラムシ類などを含む。これらの社会性昆虫類では毒液の生産から個体間の栄養再配分まで社会機能の維持のために様々な外分泌機能が発達している。アブラムシ類が吸汁する植物師管液は窒素源(アミノ酸)の量・種類が非常に乏しく，ワーカーがブフネラと呼ばれる共生細菌を共生のために特殊化した菌細胞内にもち，師管液中のアミノ酸からアブラムシにとっての必須アミノ酸への変換などを共生細菌に行わせていることが証明されている[1]。一方，ズズメバチ類では幼虫の外分泌機能がアミノ酸構成比の調整に用いられる。スズメバチ類は一般に肉食性であり，働き蜂は他の昆虫等を襲い餌としているが，その細くくびれたウエストのために自分では獲物を飲み込むことができず，食いちぎった肉片を幼虫に与える[2]。幼虫は与えられた肉片を消化し，自己の成長に利用するほか，一部の栄養分を特定混合比のアミノ酸混合液として唾液腺より外分泌しワーカー(働き蜂)に与えている。このアミノ酸混合物はVAAMと命名されワーカーの活動に最適化していることが知られ，人間に対してもアスリートなどの補給栄養として同じ量比のアミノ酸を含むサプリメントドリンクが用いられ成果をあげたことでも知られている[3]。しかし，これはスズメバチの外分泌物質そのものの利用例にはあたらない。同様な特殊栄養の分泌としてはミツバチのワーカー

*　Hirofumi Watanabe　㈱農業生物資源研究所　昆虫適応遺伝研究グループ主任研究官

下咽頭腺によるロイヤルゼリーの外分泌があげられる。ミツバチは摂取するすべての栄養源が蜜と花粉であり，それらは昆虫の様な動物の栄養素として最適化されてはいない。外勤ワーカー(巣の外にでて働く個体)によって摂取された栄養の一部は次世代生殖虫の発達に最適化された栄養比と各種ビタミン･アミノ酸を含むロイヤルゼリーとして内勤ワーカーの下咽頭腺より分泌され一部の雌幼虫に与えられる[4]。ロイヤルゼリーそのものは，天然物の混合体であり，そのままの形で応用技術に結びつけることは難しそうであるが，VAAMとならんでほ乳類に対する抗疲労効果が実証されているロイヤルラクチン[4]の様に，構成する各々のタンパクやペプチドの機能とその遺伝子を解明してゆけば応用利用の可能性が開かれる可能性はあるだろう。

2.3　新規遺伝子の探索に有利な栄養関連酵素

昆虫の外分泌タンパクの新たな産業での活用をはかる方法としては，これまでの様にミツバチやカイコの様に昆虫そのものを増殖してそれらの外分泌機能とそこで生産される物質を利用する方法に加えて，近年の生物工学技術の発達を背景として，外分泌機能をつかさどる遺伝子をクローニングしそれらを飼育や培養体系の確立された生物にトランスフォーメーションして利用する方法（リコンビナント生産）が考えられるようになった。前者の場合，“家畜”として短期間のうちに大量の増殖が可能となっている昆虫種は，釣り餌などに使われるハチミツガなどを含めても非常に限られており，きわめて有効な外分泌機能をもつ昆虫が必ずしも家畜化可能であるとは限らない。むしろ飼育･培養の可否が制限要因となってしまう可能性が大きい。一方，外分泌機能を遺伝子として取り出す場合，対象となる外分泌物質がタンパク･ペプチドであるか否かで大きく可能性がことなる。ハチミツやロイヤルゼリーの様な混合物，フェロモンやワックスなど非タンパク性の物質の場合，遺伝子がコードしているのは成分となるペプチド･タンパクおよび非タンパク性物質の生合成に関わる酵素群だけであり，生産対象となる外分泌物質はそれらの酵素群が適切な量比･タイミング･環境で発現される場を再構築しない限りリコンビナント生産は不可能であろう。一方，酵素や抗菌ペプチド，ハチミツやロイヤルゼリーなど外分泌混合物の構成ペプチド･タンパクの様に対象となる外分泌物質が遺伝子に直接コードされている場合，現時点でもリコンビナント生産が原理的には可能である。このような利用法を考える場合，消化酵素や糖質転換酵素などは対象昆虫の目で見てわかる「食性」から目的にかなう酵素を持っている可能性がある種を探し出すことが可能であり，他の外分泌タンパクに対してスクリーニング上の大きなアドバンテージをもっている。

2.4　社会性膜翅目の糖質関連酵素

セイヨウミツバチは，最近ドラフトゲノム解読が終了し，加えて外分泌に関わる酵素群が遺伝子レベルで明らかにされてきている。この中でも久保健雄東京大学大学院理学研究科教授らは，加齢によって巣内の内勤から巣外での採蜜をおこなう外勤へと転じた働き蜂の下咽頭腺がロイヤルゼリー構成タンパクの分泌からハチミツ生成に関わる糖質転換酵素群の生産へ機能を転換させることを明らかにしている。ミツバチにより採集される花蜜の主成分は蔗糖であるが，ハチミツ中の一定割合の蔗糖は，老齢働き蜂の下咽頭腺が生産するα-グルコシダーゼの働きにより果糖とブドウ糖に分解される。生成されたブドウ糖の一部は同様に生産されるグルコースオキシダーゼの働きによりグルコン酸へと転換され，これがハチミツのpHを弱酸性とする保存料として働くため高い糖濃度とあいまってハチミツの優れた保存性を作り出している。また，北海道大学大学院農学研究科の森春英助手・木村淳夫教授らによればミツバチα-グルコシダーゼ（HBG）にはⅠからⅢまでの3種があり[5]，その中でもHGB-Ⅲが下咽頭腺で生産されハチミツの生産に関わる酵素である。加えてHBG-ⅢはHBG-1, HBG-Ⅱ（および蔗糖を基質とする他の一般的なα-グルコシダーゼ）と比べて非常に大きいK_mおよびK_{cat}値を示し，本酵素がハチミツ中の超高濃度の蔗糖の分解に対して高度の適応をしていると農芸化学会2005年度大会（札幌）で彼らは報告している。HGB-Ⅲ cDNAはそのままの配列で酵母*Pichia pastoris*で大量発現が可能であり，今後，高濃度蔗糖からの果糖・ブドウ糖の生産などへの活用が期待される。ハチミツに含まれるα-グルコシダーゼやグルコースオキシダーゼ等の糖質転換酵素類は生産過程のハチミツという非常に糖およびそれぞれの酵素反応産物濃度が高い（最終的には水分含量20%以下[6]）環境で基質阻害や生成物阻害を受けずに反応を進めていると想像される。このように，ミツバチ[7]など訪花性ハチ類の外分泌腺やハチミツにはそれぞれの種の食性・習性に対応した様々な特異的糖質転換酵素類が含まれている。玉川大学農学部の小野正人教授らは，マルハナバチ類のα-グルコシダーゼがセイヨウミツバチとは異なり蔗糖からグルコース転移反応によりブドウ糖・果糖を経ずに直接様々なオリゴ糖を生成することを発見している[8]。クロマルハナバチではHG-Ⅰ～Ⅲに分類される3種のα-グルコシダーゼが蔗糖の果糖・ブドウ糖への分解に加えHGB-Ⅰがマルトリオース，HGB-Ⅱがイソマルトースおよびパンノース（HGB-Ⅱ）を糖転移反応により生産することが森・木村らによって報告された（農芸化学会2005年度大会）。

現在，食品産業では，蔗糖，澱粉，乳糖，キシラン，キチン等を各種糖質転換酵素によって加工した様々なオリゴ糖が使用されており市場規模はおおよそ130億円弱である。それぞれのオリゴ糖メーカーは多くの場合生産物ではなく生産過程で使用する酵素に対して特許を確保して様々な機能性オリゴ糖を生産している。ミツバチ類やマルハナバチ類にみられるように多様な訪花性昆虫類からは今後様々な酵素遺伝子が発見される可能性がある。加えて，それらの昆虫類がもちうる酵素遺伝子についても昆虫の餌や生産物の研究から事前にある程度の予測が可能である。今後，市場を拡大する可能性のあるオリゴ糖分野での研究素材として，ハチ類を始めとする昆虫の糖質転換酵素は注目される。

2.5　食材性昆虫類の木質分解酵素

シロアリ類を始めとする食材性昆虫類からは1998年以降，シロアリ自身がもつセルラーゼとその遺伝子，共生する原生生物に由来するセルラーゼとその遺伝子が次々と単離されている[11]。代表的な食材性昆虫としてはシロアリ類の他にシロアリ類と最も近い共通祖先をもつ食材性ゴキブリ類，食材性カミキリムシ類幼虫などがあげられる。これらは皆，大顎，小顎，前胃などの摩砕器官で木材を微細に粉砕した後，消化管というタンク内でセルロースを消化するという特徴をもっている[9]。シロアリ類は2,600種弱が記載されているが，これら食材性昆虫類のおおよそ3/4が原生生物をもたない高等シロアリ類であり，食材性ゴキブリ類やカミキリムシ類同様，自身のセルラーゼを備えている。また，共生原生生物を消化管内に有する下等シロアリ類も共生原生生物のセルラーゼとは別に自身のセルラーゼをもっており，量的に十分ではないと考えられるが，単独で結晶性セルロースを部分的に分解しグルコースを生成する[11]。これら食材性昆虫類の分解過程は，酵素反応の前に物理的破砕をおこなう酵素的(硫酸などを用いない)工業的バイオマス糖化システムに類似している。これまでのところセルラーゼ研究ではトリコデルマを始めとする真菌類，クロストリディウム菌などの土壌性細菌類，ルミノコッカス菌などのルーメン細菌と言った微生物がセルラーゼ研究の中心であり続けているが，食材性昆虫類起源のセルラーゼはバイオマス糖化の素材として好適な特性を備えていることが期待できる。天然セルロースは不溶性であり，基質が水溶性であるアミロースに対する酵素反応の様にひとつの酵素でデキストリンまで分解が進むことは通常ない。多くのセルロース分解菌で性質の異なる多数のセルラーゼを同時に分泌していることが知られる。一本のセルロース鎖を途中からでもランダムに分解しうる酵素

図1　エンド型セルラーゼとエクソ型セルラーゼ（模式図）
エンド型セルラーゼ（左）は活性中心が解放しており，セルロース鎖の途中に対して酵素反応が可能であるが，エクソ型酵素は活性中心に架橋がかかっているため，セルロース鎖の端からしか酵素反応が起こらない。

をエンド型，鎖の端からしか分解できない酵素をエクソ型と呼んでいるが（図1），菌類などはエンド型，エクソ型を含めた非常に多数のセルラーゼコンポーネント（個々の酵素）をゲノム上にコードしており，それらを必要に応じてバランスよく生産し，コンポーネント間の相乗効果を利用して効率的にセルロースを分解していると考えられる[10]。個々のコンポーネントの発現量は，基質および生産物の存在により様々なポジティブフィードバックおよびネガティブフィードバックを受けるためバイオマス上でそのまま培養したのでは酵素生産量が安定しないため，他の培地で菌を培養し粗酵素液を生産してそれをバイオマス（トウモロコシ残渣）に添加し反応させる形で利用されている（米国 Department of Energy（DOE）National Biofuels Program，http://www.ott.doe.gov/biofuels/参照）。一方，細菌類のセルロース消化系は，Sレイヤーと呼ばれる細菌表面相に接続したスキャフォールディンと呼ばれるタンパク質に多くのセルラーゼコンポーネントやセルロース・バインディング・モジュールが種ごとに異なる厳密な特異性をもって結合してできた巨大細胞表面構造物「セルロソーム」[12]に研究にエネルギーが注がれている。ひとつのセルロソームを構成するコンポーネントの遺伝子はクラスターを形成してゲノム上にコードされていることがわかってきている[13]。セルロソームは相乗効果を示す多くの酵素を束ねたうえ，それらを基質とともに細胞表面にとどめる非常に有効なセルロース分解手段であることがこのセルロソームを構成するすべての遺伝子を機能するかたちで他の発酵微生物などに組み入れることは現段階では難しいと考えられる。一方，一部の下等シロアリでは，後腸の原生生物による唾液腺で作られるシロアリ自身のセルラーゼ（エンド型）の取り込みが確認され，原生生物自身のエクソ型セルラーゼと組み合わせてセルロースを分解していると予測されているが[14]，一般に食材性昆虫類からは摩砕器官を組み合わせた食材性昆虫のセルロース消化系からはセルロソームの様な構造物やエンド型・エクソ型酵素の組み合わせによる複雑な協調作用系は発見されていない[11]。カミキリムシ類やシロアリ類から発見されたセルラーゼはすべてエンド型であり，内源性のβ-グルコシダーゼとともにセルロース分解の主要な役割を担っていると考えられる。また，これらの食材性昆虫セルラーゼからは，セルロソームを構成しない多くの微生物由来セルラーゼで見つかっているセルロース・バインディング・モジュールが見つからない（図2）[15]。この理由として，食材性昆虫が微生物と異なり，酵素や基質が希釈してしまう心配のない消化管というタンク内で分解を行うことに関係しているだろうと筆者は想像する。微生物セルラーゼではセルロース・バインディング・モジュールをもたないセルラーゼが一般に結晶性セルロースに対する活性を示さないことが知られるが[10]，著者らは，ヤマトシロアリの唾液腺由来セルラーゼが単独で結晶性セルロースに対して活性を示すことを確認している[16]。しかし食材性昆虫類の消化メカニズムや消化管での木材分解効率については未だ不明な部分が多い。

現在のところ実証段階まで行き着いている酵素によるバイオマス糖化技術は前述のトリコデル

マ菌セルラーゼによるトウモロコシ残渣の糖化プロジェクトのみであるが，食材性昆虫はより分解の難しい木材を微生物と比してきわめて単純な系で分解・消化・同化して増殖しており，中長期的には食材性昆虫の機能を模したバイオマス転換系の構築は有望な技術となろう。

これまで述べてきたように微生物のセルロース分解系と仕組みのことなる分解系を構築している食材性昆虫のセルラーゼおよびその遺伝子は将来バイオマス糖化技術を大きく進化させる可能性もあるが，直近の未来に対しては，著者は昆虫由来セルラーゼのリコンビナント生産によるバイオマス糖化技術以外での活用を目指している。意外であるがセルラーゼの市場は現在，洗剤添加剤(～300億円)が最大であり，バイオマス転換分野では前に述べたように北米で政府から開発委託を受けた巨大企業がトリコデルマ菌のセルラーゼを実証生産しているに過ぎず，現存市場としてはゼロである。現在，セルラーゼは洗剤添加剤用途に加え繊維加工・脱インキ・飼料添加剤・食品加工などの分野で使用されている。これらの用途の場合，結晶性セルロース分解活性の様なセルラーゼとしての完全な機能は求められておらず，むしろ完全に破壊しないことの方が重要となる。これ以外にもセルロース系の素材に関連して，意外な場面でのセルラーゼの活用がこれからも起こりうるだろう。多くの場合生産される各々の酵素には特許の網がかけられており，酵素に対する特許をもたない他社が同等・新規の用途を開拓する場合，新たな酵素源と生産法を開発する必要に迫られる場面も予想される。こうした需要に昆虫由来の新規酵素は答えてゆけるだろう。

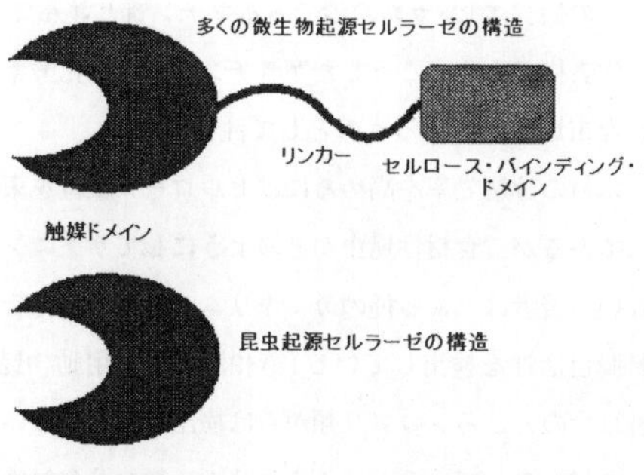

図2　微生物起源セルラーゼと昆虫起源セルラーゼの構造比較（模式図）
これまで発見された昆虫起源セルラーゼは活性ドメインのみから構成されている。

2.6　甲虫類の多様な食性と消化酵素

昆虫のうち単一の目で最大の食物多様性を示すものに鞘翅目があげられる。鞘翅目昆虫は37万種ほどが知られ，記載のある全動物のおおむね1/4を占める。カミキリムシ幼虫などが食材性昆虫としても知られる甲虫類であるが，その食性は，肉食・植食・花粉食・花蜜食・セルロース食は言うに及ばず，糞食・菌食からケラチン食にまで幅広く，それらは消化酵素の多様性に反映されていることが予測される。たとえばコブスジコガネ類を中心としたケラチン食昆虫は羽毛や毛など高度にケラチン化されたタンパク(構造中の硫黄架橋のために通常のタンパク分解酵素でほとんど分解されない)からなる食物を極めて効率的に分解していると考えられる[17]。カキやホタテの殻，エビ·カニの殻であるキチン質と並んでケラチン質は処理の難しい生物系産業廃棄物の代表格であり，こうしたケラチン食昆虫消化酵素遺伝子のリコンビナント利用技術の開発は新たな市場を開拓するものとして注目される。

木材の分解効率を高めるにはセルロース繊維を束ねているリグニンマトリックスの分解が不可欠であるが，食材性昆虫がどのようにしてリグニンを分解しているのかは未だにはっきりしていない。著者は，ある種のカミキリムシ幼虫の消化管抽出物からリグニン分解活性の存在を示す染料脱色活性を検出している（第49回日本応用動物昆虫学会大会）。一方，このような染料脱色活性は今のところシロアリ類からは検出できていない。シロアリ類は木材腐朽菌が比較的強く作用した材を食しているが，カミキリムシ類など食材性甲虫類には全く腐朽が進んでいない材や生木を食する種もあり，食性の差が消化酵素の多様性に反映されている可能性がある。食材昆虫特にシロアリ類のリグニン消化については，担子菌を巣内で養殖しリグニンを分解するキノコシロアリ類について研究されてきているが，カミキリムシ類などの消化管内でのリグニン分解については未知素材を発見できる可能性もあり今後の研究の発展が期待できる。

2.7 昆虫由来酵素の生産

動物の遺伝子を大腸菌など原核生物に形質転換しリコンビナント生産を行う場合，原核生物と高等動物間でのコドン利用の差，糖鎖の付加，発現環境の差による高次構造の差異などが多くの場合持ち上がってくる。著者も大腸菌を使った昆虫セルラーゼの発現を手がけているが，通常のプロモーターを利用した発現時には微弱な活性が確認できる場合がほとんどであるが，強力なプロモーターを利用した大量発現では，酵素活性のないタンパク質が大量に生産される現象や，その逆にほとんど発現しない現象に遭遇している。細菌類などは比較的大きなタンパクの場合，複数のペプチドに分けられて発現している場合が多く分子量が比較的大きいタンパクをひとつの遺伝子でコードしている真核生物の遺伝子を発現させた場合，コードされるアミノ酸配列をもつタンパクが発現されているにも関わらず正しい立体構造がとられず生産タンパクの活性が得られない場合がある。また，発現しない，または，微弱である場合，アミノ酸を指定しているコドンの差が問題となる場合がある。ひとつのアミノ酸を指定するDNA上のコドンは通常複数あるが，どのコドンが頻繁に使われているかは生物種によって大きく異なる。このため形質転換しようとする遺伝子が対象生物であまり使われていないコドンを利用している場合，そのコドンが指定するトランスファーRNAの発現量が極めて少ないために発現効率が極端に低下する。これらの様な現象を回避するために，真核生物で発現タンパクの立体構造の構築を助けているとされる分子シャペロンと呼ばれるタンパクをコードするプラスミドや真核生物タイプのトランスファーRNAをコードするプラスミドを目的遺伝子と同時にホスト微生物に形質転換をする方法がとられることもある。ただ，こうした方法では高い効率で安定的な目的タンパクの生産を図ることが難しい場面も予想される。コドンが問題な場合，遺伝子合成技術の発達した昨今ではホスト微生物にコドン利用を合わせ遺伝子全体を合成してしまうような解決法も考えられる。一方，立体構造やアミノ酸翻訳後の糖鎖付加・修飾などの問題の場合，異種生物・特に原核生物という生産の場を用いる限り問題が解決されない場合も考えられる。この様な場合，同じ昆虫であるカイコをホスト生物とするバキュロバイラスによる昆虫工場システム（農業生物資源研究所）も解決の一助となるだろう。大腸菌などの一般的なベクターを使った場合，培地1Lあたり目的タンパクを数十μg単位で生産できれば実験室レベルでは成功といったところであるが，昆虫工場システムではカイコの体液1mLあたりでミリグラム単位以上のタンパクを生産できる場合もあり[18]，生産効率やコストの面でもアドバンテージを確保できる可能性がある。

一方，昆虫由来の外分泌タンパクにはそのままでは微生物やバキュロシステムを含め異種生物による大量発現が難しいものも多く（シロアリ内源性セルラーゼもそのひとつである），加えて大量発現の可否も現段階では遺伝子情報から正確に予測することはできない。しかしながら，遺伝子に改変を加えることにより，これらの発現性を大きく向上できる可能性がある。著者らの研究グループは，シロアリ類内源性セルラーゼ（ヤマトシロアリ唾液腺セルラーゼ（RsEG）およびタカサゴシロアリ中腸セルラーゼ（NtEG））の大腸菌およびパン酵母での発現を試みたが，RsEGの場合は目的タンパクがほとんど生産されず，NtEGの場合は大量発現したタンパクはほとんど封入体化してしまい活性酵素を得ることはできなかった。これらの問題は，分子シャペロン類の共発現によっても改善されることはなく，天然型アミノ酸配列での大量発現は現段階では実現していない。このためシロアリ内源性セルラーゼの大腸菌等による大量発現を実現するため著者らは大量発現に適した組換えシロアリセルラーゼをDNAシャフリング技術のひとつであるファミリーシャフリング技術（図3）をもちいた。具体的にはRsEG, NtEG cDNAに他の2種のシロアリ由来のセルラーゼcDNAを加え，これら4種のcDNAをランダムに相同組み替えてこれらのキメラセルラーゼcDNAライブラリーを作成し，これらのクローンから大腸菌で活性のあるセルラーゼを大腸菌可溶性分画に大量発現するものを選抜した。選抜されたセルラーゼ全長のアミノ酸数に変化はなかったが，4種のcDNAがランダムに組み換えられた結果，親cDNAに対しアミノ酸上で8～20%の変異が導入されていた（農芸化学会2005年度大会）。得られた改変cDNA上の利用コドン率は天然型cDNAと大きな差はなく，アミノ酸座位によっては原核生物型から真核生物型に置換されたものもあった。このため，改変cDNAによる大量発現が可能になった理由は利用コドンの問題ではないと推測している。現在，選抜された個々のcDNAとそれらが作る組換えタンパクのアミノ酸配列の解析を進めており，アミノ酸配列と発現性との関係を今後解明する予定である。なおDNAシャフリング技術は中国Maxigen社が特許を保持しており，研

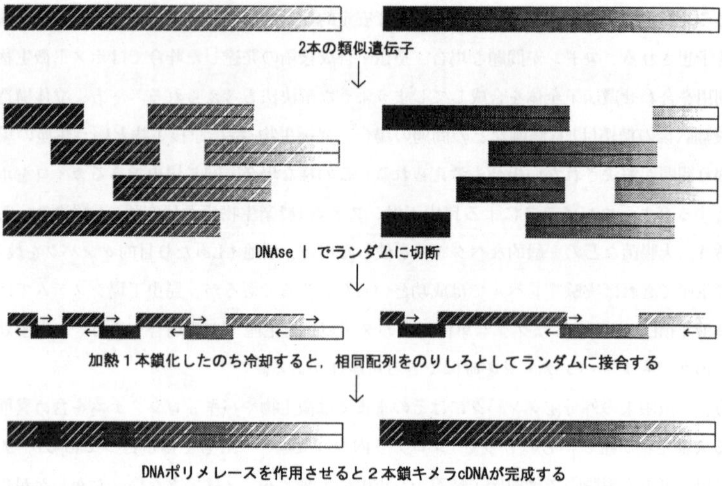

図３　ファミリーシャフリング（概念図）

２本の類似遺伝子（青および赤）をDNAse Ⅰによりランダムに切断し，加熱し一本鎖化したのち再び冷却すると２本の遺伝子が相同配列をのりしろとして組み合わされる。これにDNAポリメレースを作用させると完全な２本鎖となったキメラcDNAが得られる。処理を繰り返すことにより天文学的に多様なキメラcDNA集団を得ることができる。３本以上の類似遺伝子を組み合わせることも可能である。

究目的の利用を除いて，他社による産業利用のための同技術の実施を同社は許諾していない。このため同技術を用いて得られた改変ライブラリーより選抜されたクローンをそのまま製品生産に用いることはできないが，同技術はアミノ酸配列上の変異と発現性の相関を解明する上では非常に有力なツールであり，得られた研究成果を応用して異種発現性の高い変異cDNAを直接構築することが可能である。

2.8　今後の昆虫外分泌タンパク研究

昆虫類はケラチンからセルロースに至るまで多様な物質を食物として同化する能力を身につけ高等動物の中でもっとも繁栄してきた生物群であり，食物資源，化石エネルギー資源の枯渇を目前に控え，動物界最大の現存量をもつこれら昆虫類の応用利用は植物バイオマスの活用とならび重要な研究課題である。様々な貧栄養・偏栄養環境の中で昆虫類の生存・繁殖を可能としているのが，多様な外部・内部共生微生物との共生関係と，昆虫自らが生産する外分泌タンパクである。昆虫類は微生物と比べて維持・繁殖が難しいなど歴史的には構成タンパクの応用研究が遅れた生物群であったが，様々な遺伝子工学手法が普及した現在では昆虫の外分泌タンパクの応用利用を阻むものは昆虫に対する無理解のみとなっている。今後様々な昆虫共生微生物の機能解明と同時に偏栄養･貧栄養に特化した昆虫の外分泌タンパクに注目され産業利用の可能性が明らかになってゆくことが期待される。

（本稿は月刊バイオインダストリー第21巻３号（2004年３月刊）に掲載された記事を最新の知見を基に加筆・修正したものである。）

文　献

1）石川統, 生命史, **32**, 12-13（2001）http://www.brh.co.jp/experience/seimeisi/32/ss_6.html

2）小野正人, スズメバチの科学, 海遊舎, pp174（1997）

3）阿部岳, BIO INDUSTRY, **12**, 7, 29-35（1995）

4）Kamakura M., Mitani N., Fukuda T., Fukushima M., *J. Nutr Sci Vitaminol* (Tokyo). 2001 Dec, **47** (6), 394-401.

5）Kubota M., Tsuji M., Nishimoto M., Wongchawalit J., Okuyama M., Mori H., Matsui H., Surarit R., Svasti J., Kimura A. and Chiba S., *Biosci. Biotechnol. Biochem*. **68**, 2346-2352

6）佐々木正巳, 養蜂の科学, pp 159, サイエンスハウス（1994）

7）Ohashi K., Natori S., Kubo T., *Eur J Biochem*. 1999 Oct 1, **265** (1), 127-33

8）Ono M., N. Suzuki, M. Sasaki and M. Matsuka., Food-processing strategy of bumblebees (Hymenoptera: Apidae). Les Insects Socieaux (Eds. A. Lenoir *et al.*) Univ. Paris Nord, Paris. P.487 (1994)

9）渡辺裕文, 徳田岳, 化学と生物 **39**, 618-623 (2001)

10）Teeri, T. T., *Tibtech* **15**, 160-167 (1997)

11）渡辺裕文, *J. Appl. Glycosci*. **48**, 343-351 (2001)

12）Bayer E. A., Chanzy H., Lamed R. and Shoham Y., *Curr. Opin. Struct. Biol*. **8**, 548-557 (1998)

13）Nolling J., *et al., J. Bacteriol*., **183**, 4823-4838 (2001)

14）Li L., Frohlich J., Pfeiffer P. and Konig H., *Eukaryotic Cell* **2**, 1091-1098 (2003)

15）Watanabe H. and Tokuda G., *Cell. Mol. Life Sci*. **58**, 1167-1178 (2001)

16）Watanabe H., Nakamura M., Tokuda G., Yamaoka I., Scrivener A. M. and Noda H., *Insect Biochem. Mol. Biol*. **27**, 305-313 (1997)

17）荒谷邦雄, クワガタムシなど食材性甲虫類の栄養利用の不思議, 革新的技術創出基礎調査公開シンポジウム「昆虫等の栄養利用に関する特異的メカニズム」講演要旨 p.24-40. 平成14年11月30日, 社団法人農林水産技術情報協会

18）宮澤光博, 井上元, BIOINDUSTRY, **18**, 8-13 (2001)

3　ネムリユスリカの極限的な乾燥耐性のメカニズム解析とその利用

奥田　隆[*1]，渡邊匡彦[*2]，黄川田隆洋[*3]

3.1　はじめに

ネムリユスリカ（英名：Sleeping Chironomid，学名：*Polypedilum vanderplanki*）の幼虫は，体内の水分をほぼ完全に失っても死なない。死なないというのは正しくないかもしれない。完全に脱水して小さな石粒のようになった幼虫は，生命活動の兆候が全く認められず生きているとは言えないからである。カラカラに乾いた幼虫を水に浸すと1時間ほどで蘇生する（図1-A）。この極限的な乾燥耐性は幼虫期のみで見られ，卵，蛹，成虫にはその能力はない。幼虫期であれば，乾燥－蘇生のプロセスは可逆的で，まさにネムリユスリカ幼虫は生と死の間を行ったり来たりす

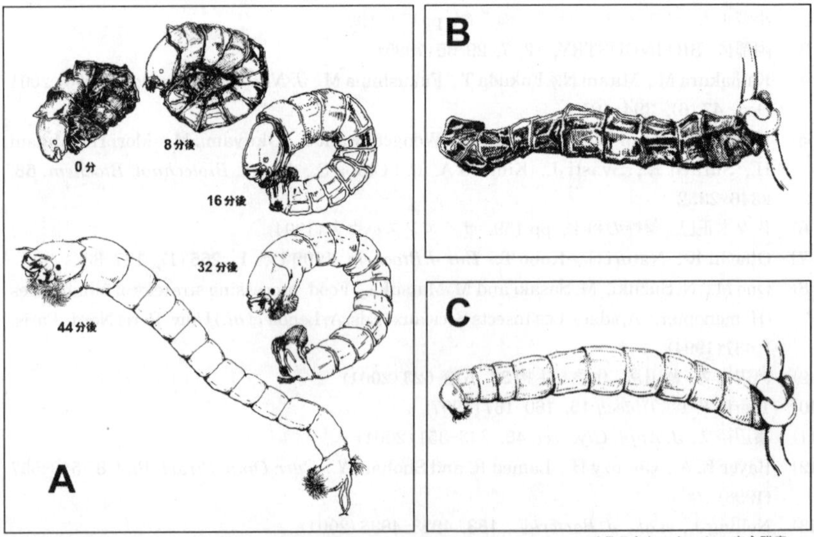

図1　水に戻して蘇生する乾燥ネムリユスリカ幼虫
A：蘇生中の幼虫（数字は水に戻してからの時間）
B：頭部除去後48時間かけてゆっくり乾燥した幼虫
C：水に戻して蘇生した頭部除去乾燥幼虫

＊1　Takashi Okuda　㈱農業生物資源研究所　生体機能研究グループ　主任研究官
＊2　Masahiko Watanabe　㈱農業生物資源研究所　生体機能研究グループ　主任研究官
＊3　Takahiko Kikawada　㈱農業生物資源研究所　生体機能研究グループ　研究員

ることができる。また，乾燥幼虫はマイナス270℃や100℃などの極限温度環境に対しても耐性を持ち，さらに100％エタノールの中に１週間置いても水に戻せば蘇生できる[1)]。ネムリユスリカの極限環境に対する耐性の現象については，すでに50年前に報告があるものの，その分子メカニズムについては全くわかっていない。この現象を様々な角度から解析することによって得られた情報は，多細胞生物の乾燥耐性の潜在能力を知るうえで興味深いと同時に，多岐にわたる産業分野での応用技術に貢献するであろう。

3.2　ネムリユスリカの極限的な乾燥耐性（クリプトビオシス）

ネムリユスリカの高い乾燥耐性能力は偶然彼らが獲得したものではない。生息場所は熱帯アフリカ半乾燥地帯の岩盤の窪みなどにできた小さな水たまりである。日中の水温は40℃を超える。その小さな水たまりは１週間も雨が降らないとカラカラに干上がってしまう。岩盤の表面温度は60℃以上に達する。我々が調査した生息地は，８ヶ月におよぶ長い乾季の間，一滴も雨が降らない地域にある。ネムリユスリカの棲む小さな水たまりは，彼らを捕食する天敵（ヤゴなど）には生きていけない環境である。水たまりの底にたまった土やデトリタス中の有機物やバクテリアを餌としながらネムリユスリカ幼虫はひっそりと生きている。

身体からほぼ完全に脱水しても，水に戻すと蘇生できる生き物たちは，ネムリユスリカ以外にも存在する。120年前のコケの標本を水に戻したら，コケに付着していたワムシ（輪形動物門）やクマムシ（緩歩動物門）などの微小な生物が動き出したという話は，すでにレーベンフックの時代の18世紀初頭から知られており，その後に提唱される自然発生説の根拠となっている。1959年，ケンブリッジ大学のKeilinは，このミクロの生物たちの無代謝状態での活動休止現象をクリプトビオシス（Cryptobiosis）と呼び，低代謝状態の休眠（Dormancy，広義の休眠）と区別して定義した[2)]。ネムリユスリカはクリプトビオシスする動物の中で最も高等で大型である。

3.3　クリプトビオシスとトレハロース

人間は体重のわずか10～12％の脱水が起こると，血液の粘性が高まり，心臓の負担が増大して生命維持は困難に陥る。細胞レベルでは，我々の細胞は意外と乾燥に強く50％の脱水までは耐える。しかしそれ以上の脱水はタンパク質などの生体成分や細胞膜の不可逆的な構造破壊をもたらし，細胞に致命傷を与える。クリプトビオシス状態の個体は，ほぼ完全に脱水してもタンパク質などに変性は生じない。それは彼らが，水に代わって生体成分や細胞膜などを保護する物質，適合溶質を蓄積しているからである。甲殻類のブラインシュリンプ乾燥卵は，乾燥重量当たり14％のトレハロースと６％のグリセロールを，クリプトビオシス線虫も同様にトレハロースとグリセロールを合わせて約20％蓄積するが，種によってその含量比は異なる。クマムシでは，2.5～

3％のトレハロースのみを合成･蓄積する。クリプトビオシスの植物版であり復活植物と呼ばれるイワヒバもトレハロースを高濃度で蓄積している。乾燥に強い高等植物は主にスクロースを適合溶質としている。トレハロースが生体成分を保護する物理化学的な機能については，現在2つの仮説が存在する[3]。ひとつは水置換説で，完全脱水状態においてトレハロースは細胞膜やタンパク質の表面に直接水素結合し，結果的に結合水の代理をするというもの。もうひとつは，ガラス状態説で，トレハロースの水溶液が，脱水に伴い，流動性を失いガラス化し，細胞膜やタンパク質は，一種のミクロカプセルの中に閉じ込められる形になり，それらの高次構造はそのまま保護されるというものである。一度クリプトビオシスに入った個体は，無代謝状態にあるので，水を与えない限り永久的に眠り続けることになる。ちなみにネムリユスリカのクリプトビオシス期間の最長記録は17年である。このような長期に渡る生体成分や細胞膜の乾燥下での安定的な保存にはトレハロースのガラス化，さらにはそのガラス状態の安定化のメカニズムが重要な要因であると思われる。

3.4　ネムリユスリカのクリプトビオシス誘導要因

ネムリユスリカ幼虫をガラスプレパラート上の1滴の水の中に入れ，急激に乾燥させると，幼虫は水に戻しても蘇生しない。一方，幼虫を48時間以上かけてゆっくり乾燥させるとすべての幼虫が蘇生した。後者のゆっくり乾燥させた幼虫の体内には，乾燥重量の20％に相当する大量のトレハロースが蓄積されていた（図2）。一方，前者の急速に乾燥させた幼虫からはわずかなトレハロースしか検出されなかった。幼虫がクリプトビオシスを成功させるための生理的な準備作業，すなわち生体成分保護物質であるトレハロースの十分な蓄積を終えるのに少なくとも48時間を必要とすることがわかった。

クマムシが乾燥し始めると，タン（Tun，樽）と呼ばれる形に収縮する。その格好はまるで丸まったアルマジロのようで，クチクラ層の薄い節間膜が内側に陥没し，明らかに体内水分の損失を抑えている。実際，麻酔して収縮できなくなったクマムシは，ふつうのクマムシの約1,000倍の水分を急速に失う。その結果，完全に乾燥するまでにトレハロースの十分な蓄積が果たせず，麻酔したクマムシはすべて致死する。線虫も乾燥が進むと塊のように集まり，塊の中央部にあるものは周辺部のものよりゆっくりと乾燥し，乾燥に対して生き残る割合も高くなる。このように多くのクリプトビオシスをする生物は，乾燥の際，適応溶質の蓄積等の準備を完全脱水するまでに完了できるように，できるだけ乾燥速度を遅延させる工夫をしている[4]。

ネムリユスリカはクマムシのようなタン状態にはならないし，線虫のように集団で乾燥することもない。しかし野外では，ネムリユスリカ幼虫は水たまりの底に溜まったデトリタス等を材料に管状の巣（巣管）を作ってその中に潜んでいる。幼虫は，巣の中で身体を揺すり（ユスリカの

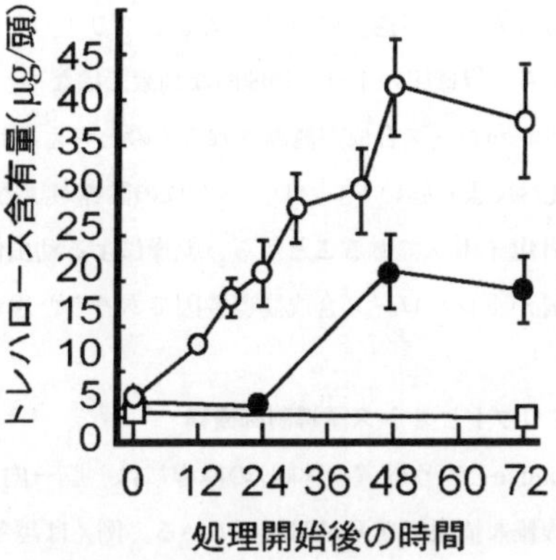

図2　ネムリユスリカ除脳幼虫の乾燥中のトレハロースの変化

—○— 無傷の幼虫を乾燥
—●— 頭部を除去した幼虫を乾燥
—□— 頭部を除去した幼虫を水中に放置

名前の由来)，巣管内に水流を起こし餌である有機物を巣の入り口で濾過摂食する。巣管の中で幼虫を乾燥させると，急速乾燥にもかかわらず約6割の個体がクリプトビオシスに入ることができる。巣管に保水作用があり，巣管内の幼虫は，乾燥速度が遅延し，その間に十分量のトレハロースを合成・蓄積している事がわかった（投稿中)。

3.5　ネムリユスリカのトレハロース合成誘導要因

ネムリユスリカ幼虫を48時間あるいは1週間かけてゆっくり乾燥させるとすべての幼虫がトレハロースを十分量合成・蓄積し，水にもどすと蘇生するが，1週間かけてゆっくり乾燥させた場合でも，48時間の場合と同様トレハロースの爆発的な合成・蓄積は，幼虫が完全に乾燥する約1日半前から開始される。乾燥過程での幼虫の生体重とトレハロースの蓄積量の変化を測定すると，幼虫の身体の含水量が75%以下に下がった時点からトレハロースの急速な蓄積が始まることがわかった[5]。このことから，脱水に伴う生体内の塩イオン濃度の上昇あるいはその結果生ずる浸透圧の上昇によって，トレハロース合成のスイッチが入るものと推察された。そこで，乾燥処理をしなくても，例えば塩イオンを外から投入し，生体内塩イオン濃度あるいは浸透圧を上昇させることによって，トレハロース合成誘導が可能であろうと考えた。実際，浸透圧の異なった溶液を，塩化ナトリウム，DMSO，グリセロールで作り，ネムリユスリカ幼虫をそれぞれの溶液中で24時間泳がせ，トレハロース合成誘導の有無を調べたところ，塩化ナトリウムでのみトレハロースの蓄積が起こった。特に1％塩化ナトリウム溶液は，乾燥処理と同様な規模でのトレハロース合成・蓄積を誘導した。高浸透圧のDMSOおよびグリセロール溶液はトレハロース合成を刺激しなかったことから，浸透圧のような物理的な刺激ではなく，塩イオン濃度の変化による化学的な刺激によってトレハロース合成が誘導されるものと考えられた[5]。ナトリウムイオンの方がカリウムイオンに比べてより強いトレハロース合成の誘導が認められた。ナトリウムはネムリユスリカの主な細胞外塩イオンであることから，乾燥による幼虫体液(血液)の濃縮に伴う細胞外塩イオン濃度の上昇がトレハロース合成誘導要因であろうと思われる。

3.6 ネムリユスリカのクリプトビオシス誘導制御機構

通常，昆虫の休眠(Diapauseという狭義の休眠)の誘導には，脳ー内分泌器官ーホルモン，すなわち中枢神経を介した複雑な情報伝達系が関わっている。例えば越冬休眠を行う昆虫の場合，すでに秋頃に日長の変化を複眼や単眼を介して(あるいは脳が直接)脳で処理後，神経分泌ペプチドを介して内分泌器官にホルモン分泌の指令を伝達する。そのホルモンによってあるいはホルモンが分泌されなかったことによって冬の到来の情報が各組織に伝えられ，休眠準備を開始する。ネムリユスリカのクリプトビオシスの場合はどうであろうか。カエルは雨が来ることを大気の湿度の変化で予想できるようだが，水の中にいるネムリユスリカ幼虫が，雨が降らないことを予知できるとはとても考えにくい。そこで，ネムリユスリカのクリプトビオシスは中枢を介さないで誘導が起こると仮説を立て，次のような実験を行った。脳を含む頭部と胸部の間を糸で縛り，頭部を除去する(開放血管系を持ち，エラおよび皮膚呼吸をするので，頭部を失っても幼虫は，1ヶ月ほど生きている)。そして断頭した幼虫を乾燥条件に入れ，乾燥させる(図1–B)。脳がなくてもトレハロースを十分量合成・蓄積し，再び水に戻すと，9割以上の幼虫が蘇生した　(図1–C)[6]。このことは，中枢神経を持たない植物や単細胞生物のように，ユスリカ幼虫の個々の細胞および組織が乾燥ストレスに応答し，トレハロースの合成･蓄積等の準備を行なっていることを示唆している(図2)。ストレス応答カスケードはバクテリアから人間に至るまでよく保存されている。従ってこのネムリユスリカのクリプトビオシス誘導の因子，上流部のイオンセンサーや下流部のトレハロース合成酵素や関連因子が解明されれば，たとえば，それらをネムリユスリカ以外の生物に導入することによって，乾燥耐性あるいはクリプトビオシスの能力を付加することが可能かもしれない。

3.7 日本産ユスリカはなぜクリプトビオシスができない？

日本にも*Polypedilum*属のユスリカ種が多くいる。彼らは，形態的にはネムリユスリカと似ているが，クリプトビオシスを必要としない生息環境にいるのだから当然クリプトビオシスはできない。日本産ユスリカにどんな因子が欠けていてクリプトビオシスできないのか，ヤモンユスリカ（*Polypedilum nubifer*）を用いて探ることにした。まずトレハロースの前駆体であるグリコーゲンの含量で両者に違いが認められた。乾燥前のネムリユスリカ幼虫は日本産ユスリカに比べて約 3 倍多くのグリコーゲンを蓄積していた。ネムリユスリカ幼虫は，いつ水たまりが干上がってもいいように，すみやかにかつ大量にトレハロース合成ができる体制を常備しているように思われた（未発表データ）。質的な違いも見られ，ヤモンユスリカ幼虫は，乾燥条件に置いても，1％食塩水中で泳がせてもトレハロースの爆発的な合成誘導が起こらなかった。トレハロースは昆虫類の血糖であるから，当然ヤモンユスリカもトレハロース合成酵素は備えている。ヤモンユスリカには塩イオンセンサーが欠損しているのかもしれない。今後も両ユスリカ種を比較することにより，クリプトビオシス誘導に必要な因子の探索を続けると共に，ネムリユスリカで単離した乾燥耐性関連遺伝子をヤモンユスリカに付加して乾燥耐性を高める試みも進めていく予定である。

3.8　ネムリユスリカの産業利用について

ネムリユスリカを使っての産業利用について，すでに実現しつつある事業から将来的に期待される可能性についてまで以下に箇条書きで簡単に紹介してみた。

3.8.1　理科教育の教材

子供たちの理科離れが懸念される中，ネムリユスリカは生命の不思議さを伝える生きた教材として期待される。乾燥幼虫は 1 時間以内に蘇生できるので，理科の実験や授業で実演できる。生態系の撹乱に配慮し，不妊化した乾燥幼虫の提供が可能である（特許出願中）。

3.8.2　乾燥保存が可能な観賞魚用の生餌

観賞魚用の餌として乾燥アカムシなどが市販されている。保存に伴う脂質の酸化などの品質的な問題や，魚種によっては生餌しか食べないものもある。長期間，常温乾燥保存が可能なネムリユスリカはこれらの問題を克服してくれる。大量増殖および乾燥システムを構築中である。

3.8.3　常温乾燥保存が可能な培養細胞

ネムリユスリカのクリプトビオシス誘導に中枢神経が関与しないことが判明した。つまり，各組織細胞が独立して乾燥ストレスに応答して乾燥準備を行う。これまでに，部分的ながら組織の乾燥保存に成功した（特許出願中）。現在，ネムリユスリカ胚子由来細胞株を用いた研究が進行中で，将来的に乾燥保存可能な細胞株の構築をめざしている。

3.8.4　水浄化システムの生物資材

多くのユスリカ種は有機物を餌とし，富栄養化した湖沼の浄化に貢献している。この生物の自然浄化能力を活かした安全な水浄化システムの一員としてネムリユスリカを活用することを提案する。大量飼育系と組み合わせた浄化システムの可能性を今後検討していきたい。

3.8.5 宇宙生物学の実験材料

ネムリユスリカはクリプトビオシスできる動物の中で最も高等な多細胞生物である。乾燥状態の幼虫は極限温度や真空，高い放射線にも耐えうることから，国際宇宙ステーションでの生物実験の材料として注目されている。

3.8.6 臓器の常温乾燥保存技術

米国のCroweらの研究グループはヒト血小板の常温乾燥保存に成功し，2006年秋以降から臨床試験を開始するという。ヒト血小板を短時間加温処理することにより，エンドサイトーシスによるトレハロースの細胞内への取り込み過程を促進させることができたからである[7)]。赤血球でも1週間の乾燥保存が可能という。しかし，有核細胞では未だ成功していない。やはり米国のLevineらのグループは大腸菌由来のトレハロース合成酵素遺伝子を人間の培養細胞に導入，発現させ，トレハロースを合成させた後，蘇生可能な状態で細胞を3日間乾燥保存する事に成功した[8)]。これは，トレハロースを利用することによって，人間の細胞が完全に脱水しても水に戻すと蘇生可能であることを証明したことになる。さらに米国のTonerらのグループは，細胞に穴をあける機能を持ったタンパク質遺伝子（α-hemolysin）を導入してトレハロースを細胞に取り込ませ乾燥耐性を高める技術を開発した[9)]。これらのことから今後の常温乾燥保存技術開発の際の重要課題は，「トレハロースをいかに細胞内あるいは核内にうまく取り込ませるか」である。トレハロース代謝あるいは輸送に関わる乾燥耐性関連遺伝子がネムリユスリカから単離されつつある。これらの因子が将来的にヒトなど脊椎動物の細胞や臓器の常温乾燥保存法の開発に貢献するものと期待される。

3.8.7 食肉などの常温乾燥保存技術

ネムリユスリカ幼虫は乾燥時にトレハロースを大量に蓄積する。トレハロースには乾燥時にタンパク質や細胞膜の構造を保護する作用がある。例えば，乾燥ワカメや乾燥シイタケを水に戻したときに生々しい食感を保てるのは，彼らが自らトレハロースを合成蓄積しているからである。トレハロースを利用した新たな食品保存法の開発が今後期待できる。細胞や臓器の常温乾燥保存法と同様，いかに細胞内にトレハロースを取り込ませて乾燥させるかが問題となる。ネムリユスリカ幼虫から摘出した組織を培地に移してゆっくり乾燥し，18ヶ月間乾燥状態に置いた後，蒸留水を加えると，特定の組織が蘇生する事を確認した[10)]。すべての幼虫組織がトレハロースの合成能を持つわけではないようだ。脂肪体という脊椎動物の肝臓に相当する組織が大量にグリコーゲンを蓄積しており，とりわけトレハロースの合成活性が高い。現在，摘出した脂肪体でのみ常温乾燥保存が可能である。しかし*in vivo*では，トレハロースを自身では合成できない組織，例えば筋肉組織も乾燥後，水に戻すと無事蘇生するわけだから，脂肪体が作ったトレハロースをうまく細胞内に取り込む機構（例えば糖輸送体を介した）が働いているに違いない。これらの機構がすべて解明された暁には，生鮮食品の蘇生可能な（鮮度や味が損なわれない）状態での常温乾燥保存技術が確立されるにちがいない。

3.9 おわりに

現在，食肉など生鮮食品の保存には冷凍および冷蔵保存が主流である。この保存方法は簡便だが保存期間に限度があり（特に冷蔵の場合），しかも環境に有害な冷媒や大量の電力（エネルギー）を必要とする。振り返ると冷凍冷蔵はごく最近になって先進国で採用されるようになった保存方法だと気がつく。多くのアフリカの人々は今も電気，冷蔵庫のない生活を送っている。彼らの生活を覗くと，彼らが食料を保存するのに「天日干し」を大いに活用していることがわかる。干し魚や豆類に加えて，乾燥トマトや乾燥オクラなどの我々があまり目にしたことのない食材までがオープンマーケットで売られていて驚く。さらにびっくりさせられたのが，それらの食材を使った料理がシンプルな味付けながらとてもおいしかったことだ。乾燥にうまく順応したネムリユスリカを代表とするアフリカの昆虫の生存戦略やアフリカの人々の生活の知恵などには，我々が真に豊かな生活を送るための多くのヒントが隠されているのではないだろうか。

文　献

1） Hinton, H. E., *Nature* **188**, 336 (1960)
2） Keilin, D., *Proc. Roy. Soc. Lond. B* **150**, 149–191 (1959)
3） 櫻井実, 井上義夫, 表面, **34**, 25–31 (1996)
4） Crowe, J. H. and Cooper, A. F., *Sci. Am.* **225**, 30–36 (1971)
5） Watanabe, M. *et al.*, *J. Exp. Biol.* **205**, 2799–2802 (2002)
6） Watanabe, M. *et al.*, *J. Exp. Biol.* **206**, 2281–2286 (2003)
7） Walkers, W. F. *et al.*, *Com. Biochem. Physiol.* **131**A, 535–543 (2002)
8） Guo, N. *et al.*, *Nat. Biotechnol.* **18**, 168–171 (2000)
9） Eroglu, A. *et al.*, *Nature Biotechnol.* **18**, 163–167 (2000)
10） Watanabe, M. *et al.*, *J. Insect Physiol.* in press (2005)

4　吸血昆虫の唾液腺生理活性物質による坑止血機構の解析と利用

伊澤晴彦*1，岩永史朗*2

4.1　はじめに

動物から吸血する節足動物には，昆虫類とダニ類を中心として非常に多くの種類が知られている。その中には，カやアブ，ブユなどのように雌成虫だけが吸血するものや，サシガメ，トコジラミ，ダニ類のように成長の各時期で吸血し一生血液だけで生きているものなどがある。いずれにしても吸血は種の生存・繁殖に欠かせないものである。

吸血に伴って吸血源（宿主）動物体内で起こる一連の生体反応を図1に示した。昆虫が吸血する際，血管を構成する平滑筋と内皮細胞を傷つける。破壊された血管構成細胞からはATPやADP，コラーゲンなどが漏出し，これらによって血小板が活性化され，血管修復のため凝集する（血小板凝集）。また，活性化された血小板からはプロスタグランジンが放出され血管を収縮することで止血を助ける（血管収縮）。一方，損傷部位から出された組織因子が外因系凝固（extrinsic pathway）を始動させ，さらに昆虫の口器などの陰性荷電の異物面の血管内への進入が引き金となって，内因系凝固（intrinsic pathway）の活性化が起き，血栓形成が起こる（血液凝固，後述）。さらに吸血が繰り返し起こると，注入された唾液腺成分に対する抗体ができ，吸血のたびに抗原抗体反応を起こし，その結果，肥満細胞の脱顆粒によりトロンボキサンA_2，セロトニン，ヒス

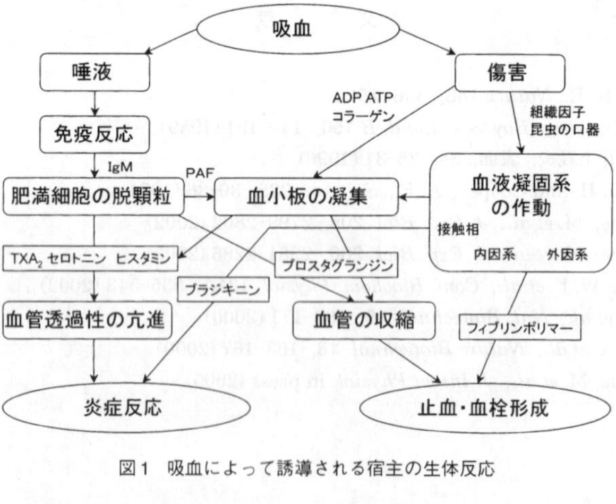

図1　吸血によって誘導される宿主の生体反応

＊1　Haruhiko Isawa　国立感染症研究所　昆虫医科学部　研究員
＊2　Siroh Iwanaga　神戸大学　農学部　生物機能化学科　助手

タミンなど各種サイトカインが放出されることになる。これらの肥満細胞の因子は血管の透過性を高め，浮腫や痛み，痒みなどの炎症反応を誘導する。

こうした吸血にともなう血栓形成や炎症反応などは，吸血の継続を妨害することになるため，吸血昆虫は十分な吸血ができなくなるはずである。それらに対抗するために，吸血昆虫は唾液中に，宿主の生体反応を抑え血液や血管を直接制御する生理活性分子を持っている。吸血昆虫は吸血時にこれらの生理活性分子を宿主動物体内へと注入し，吸血行動を容易にしていると考えられる。

これら生理活性分子の同定･作用機序解明は，吸血という特異な食餌法の生理的意義の理解および生物の多様性を示すという点で学術的意義が大きい。加えて，生理活性分子はユニークな薬理活性を持つことから，医薬素材として有望な遺伝資源であり，新規医薬開発に貢献すると期待される。以上のことから，吸血昆虫の唾液由来生理活性分子は多くの研究者の興味を惹いたが，吸血昆虫の唾液腺は小さく，含まれる生理活性分子は極微量であることから，活性を指標とした生理活性分子の単離･同定は困難を極め，多くの生理活性分子が未開拓のままであった。しかし，近年の遺伝子工学技術の進歩に伴って，これら生理活性分子の同定と遺伝子クローニング，組換え蛋白質等を用いた作用機序の解析が盛んに行われるようになり，多くのユニークな生理活性が明らかにされつつある。

4.2　動物の血液凝固機序

上で述べたように，動物の止血機序は，血管収縮，血小板凝集，血液凝固といった３つの主要な生体反応から成る。このうち血液凝固は，多くの凝固因子が絡んだ複雑なカスケード反応である（図２）。これらの凝固因子の多くは，セリン型プロテアーゼで，通常不活性型のプロテアーゼ前駆体として血中に含まれている。いったん血液凝固反応が開始されると，上位のプロテアーゼによる下位のプロテアーゼ前駆体の限定分解が連鎖反応的に次々と起こり，最終的に血栓のもととなるフィブリンが作られる。血液が凝固する過程については，その開始機序の違いから，内因系凝固と外因系凝固の２つの経路に分けられる。内因系凝固反応は，血液が異物面に接触することにより惹起される接触相（カリクレイン－キニン系）が活性化されることにより開始する。これにより生成された活性化第Ⅺ因子は，カルシウム存在下で第Ⅸ因子を活性化させる。続いて活性化第Ⅸ因子はカルシウム存在下で，補因子の第Ⅷ因子とともにリン脂質膜上で複合体を形成する。こうしてリン脂質膜表面で形成された酵素複合体は，同じくリン脂質膜表面に吸着されている第Ⅹ因子を活性化する。同様に活性化第Ⅹ因子は，補因子の第Ⅴ因子，リン脂質，カルシウムとともに複合体を形成し，プロトロンビンを限定分解してトロンビンとする。そして最終的に，このトロンビンがフィブリノゲンを分解することにより，血栓成分のフィブリンが作られる。リ

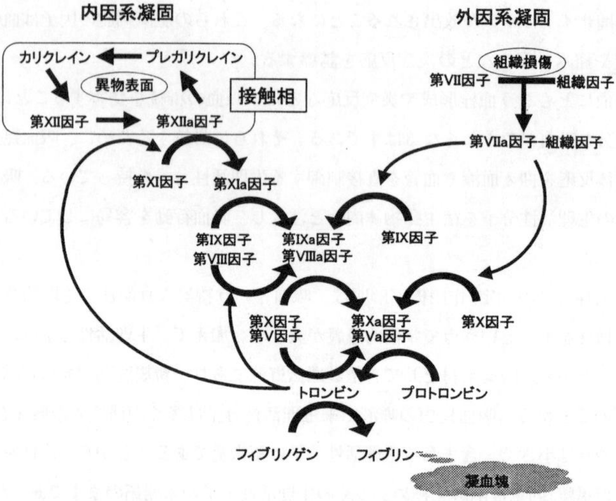

図2　血液凝固カスケード

ン脂質膜への凝固因子の結合は，血流中の凝固因子を局所的に濃縮して凝固反応を促進するとともに，血栓形成を創傷部位のみに限定するという生理的に非常に重要な意味をもっている。一方，血管内皮細胞などの組織が損傷を受けると，外因系凝固反応が惹起される。組織の損傷が起こると，組織因子と呼ばれる膜結合型の糖蛋白質が第Ⅶ因子と酵素複合体を形成し，これが第Ⅸ因子および第Ⅹ因子を活性化する。以降の反応は，内因系凝固と同じ経路を辿ることになる。

4.3　多種多様な唾液腺の抗止血活性物質

宿主動物の止血機序に対抗する唾液腺の抗止血活性物質（血管拡張活性物質，抗血小板凝集活性物質，抗血液凝固活性物質）は，吸血昆虫種によって様々である（表1）。その分子構造はもとより，標的となる生体分子･阻害作用機序は非常に多様性に富んでいる。以下にユニークな作用機構が明らかにされた生理活性分子に関して紹介する。

4.3.1　ダニの抗トロンビン活性物質

ダニの唾液中に含まれる成分のうち，血液凝固反応を阻害する生理活性分子は古くより研究されてきた。なかでもカズキダニの一種（*Ornithodoros moubata*）より発見された血液凝固第Ⅹ因子阻害分子である tick anticoagulant peptide（TAP）は，最もよく性状解析が行われ，TAPを用いた抗血栓薬剤の開発も試みられている[1, 2]。

家畜のピロプラズマ病を媒介することで知られるフタトゲチマダニ（*Haemaphysalis*

表１　吸血昆虫・ダニの唾液腺に含まれる抗止血活性分子

	種名	抗血液凝固活性	抗血小板凝集活性	血管拡張活性
ハエ目				
カ：	*Aedes aegypti*	抗-Xa因子	アピラーゼ	シアロキニンⅠ，Ⅱ
	Anopheles stephensi	抗-トロンビン，ハマダリン	アピラーゼ	
	Anopheles albimanus	アノフェリン	アノフェリン，アピラーゼ	ペルオキシダーゼ
	Culex quinquefasciatus	抗-Xa因子		
ブユ：	*Simulium vittatum*	抗-Xa因子，抗-トロンビン	アピラーゼ	SV紅斑蛋白質
サシチョウバエ：	*Phlebotomus papatasi*		新規アピラーゼ	AMP，アデノシン
	Lutzomyia longipalpis		アピラーゼ	マキサディラン
ツェツェバエ：	*Glossina morsitans*	抗-トロンビン	ADP加水分解活性物質	
ヌカカ：	*Culicoides varipennis*	抗-Xa因子	アピラーゼ	22kDa蛋白質
カメムシ目				
サシガメ：	*Rhodnius prolixus*	プロリキシン-S	NO，アピラーゼ，RPPAI	NO
	Triatoma infestans	抗-Ⅴ因子	アピラーゼ	内皮依存性血管拡張物質
	Triatoma pallidipennis	トリアビン	パリディピン	
トコジラミ：	*Cimex lectularius*	抗-Ⅹ因子分解酵素	新規アピラーゼ	NO
ノミ目				
ノミ：	*Xenopsylla cheopis*		アピラーゼ	
	Ctenocephalides felis		アピラーゼ	
ダニ目				
マダニ：	*Haemaphysalis longicornis*	マダニン，ハエマフィザリン	マダニン	
	Boophilus microplus	抗-トロンビン		PGE_2
	Ixodes scapularis	イグゾラリス	アピラーゼ	PGI_2
	Ixodes dammini		PGI_2，アピラーゼ	PGI_2，PGE_2
ヒメダニ：	*Ornithodoros moubata*	TAP，オルニソドリン	アピラーゼ，モウバチン	
	Argas persicus	抗-Xa因子		

longicornis）の唾液からは，血液凝固を強く阻害する分子量約７kDaの蛋白質が見つかっている[3)]。マダニン（madanin）と名付けられたこの分子は，トロンビンと特異的に結合することで，内因系及び外因系血液凝固反応の共通経路を阻害して，血液凝固阻害を引き起こすことが明らかにされた。一般的に血液凝固阻害活性を示す分子は標的となる凝固因子の触媒活性を直接阻害することによって凝固阻害を引き起こす。しかし，マダニンはトロンビンの触媒活性そのものは阻害しない。トロンビンによるフィブリノゲンの切断はまず，トロンビン分子上のフィブリノゲン結合部位（anion binding exosite Ⅰ）にフィブリノゲンが結合し，その後起こることが知られている。このことから，マダニンはトロンビンのanion binding exosite Ⅰに結合して，フィブリノゲンとトロンビン間の相互作用を阻害し，その結果として血液凝固阻害を示すと推定される。

一方，外因系血液凝固反応の初期段階において産生された少量のトロンビンは(接触相をバイパスして)補酵素である第Ⅴ因子，第Ⅷ因子をフィードバック的に活性化して内因系血液凝固を作動させることが知られている。これにより，トロンビン自身の産生が加速され，凝固反応は著しく進行する。また，血小板膜上に存在するトロンビン特異的レセプターを介して，血小板を活性化し，血小板の凝集･細胞内顆粒放出を引き起こす。マダニンはトロンビンによる第Ⅴ因子および第Ⅷ因子の活性化を阻害し，更に血小板凝集反応も阻害することが明らかとなっている。また，第Ⅴ因子，第Ⅷ因子，血小板上のトロンビンレセプターはいずれもanion binding exosite Ⅰを介してトロンビンと相互作用する。これらの事実もマダニンがトロンビンのanion binding exosite Ⅰと相互作用することを強く示唆している。

以上のようにマダニンは，血液凝固反応で重要な鍵を握る酵素であるトロンビンの機能を多面的に阻害して，効果的に抗止血活性を示すと考えられる。

4.3.2 サシガメの多機能な抗止血活性物質

ベネズエラサシガメ（*Rhodnius prolixus*）は，シャガス病（アメリカ型トリパノソーマ症）の媒介者として知られるカメムシ目(半翅目)の昆虫である。この昆虫の唾液に含まれる生理活性物質プロリキシン–S（prolixin–S）は，分子内部にヘミンを持つ分子量約20kDaのヘム蛋白質である。プロリキシン–Sは構造的にはリポカリンファミリー蛋白質に属し，標的となる血液凝固第Ⅸ因子に結合することで，強力な血液凝固阻害活性を示す[4]。第Ⅸ因子は内因系と外因系両経路の合流点に位置し，血液凝固反応の活性化･加速化に深く関与する因子である。また血友病やエコノミークラス症候群などの疾患との関わり合いも深い。この第Ⅸ因子などのビタミンK依存性凝固因子は，分子のＮ末端側にカルシウムに高親和性のGlaドメインと呼ばれる構造を持ち，この部分を介してリン脂質膜上に結合し，第Ⅺ因子と相互作用する。プロリキシン–Sは，このGlaドメインに特異的に結合することで，Ⅸ因子が関わるほとんどすべての反応を効率的に阻害することができる。

一方で，プロリキシン–Sが分子内部のヘムを介して一酸化窒素（NO）を配位し，NOのキャリアー蛋白質としても機能することが分かっている[5]。NOは，グアニル酸シクラーゼ活性化を介したシグナル伝達系に関わる重要な生理活性物質である。NOは血管平滑筋に作用して血管拡張（血管弛緩）をもたらし，また血小板に作用してその活性化を阻害する。プロリキシン–Sは唾液腺内ではNOを結合してNOの貯蔵機能を果たし，宿主動物体内ではNOを放出しNOの供与体として機能することが示唆されている。これは，生理条件下で可逆的にNOを結合するという他のヘム蛋白質にはみられない特性である。つまりベネズエラサシガメは，プロリキシン–Sというキャリアー蛋白質を使って，NOを宿主血管内に積極的に送り込むことにより，血小板凝集を抑えつつ血管拡張を促して血液がより多く流れるようにして吸血していると考えられる[6]。

4.3.3　カとダニの接触相（カリクレイン－キニン系）阻害活性物質

血管内への異物の侵入や周辺細胞組織の破壊が起こると，接触相が活性化される。接触相は内因系凝固の開始に関与する生体反応であり，発痛物質ブラジキニンの産生に関わることからカリクレイン－キニン系とも呼ばれる。まず，第Ⅻ因子が，陰性荷電を帯びた異物表面や血管内皮表面に結合することで自己活性化される。高分子キニノゲンと複合体を形成しているプレカリクレインも血管内皮細胞表面に結合し，そこである種の活性化物質の作用で活性型のカリクレインに変換される。続いて，活性化された第Ⅻ因子はプレカリクレインを活性化し，逆にカリクレインは第Ⅻ因子を活性化するという相互活性化が起こり，反応が増幅されてゆく。こうして産生された活性化第Ⅻ因子は，第Ⅺ因子を活性化し，これにより内因系凝固反応が進むことになる。一方，カリクレインは，高分子キニノゲンを限定分解することで，分子内部からブラジキニンを遊離させる。ブラジキニンは，現在知られている最も強力な発痛物質であり，急性炎症の主要因となる生理活性ペプチドである。ブラジキニンは血管内皮細胞の収縮を強く誘導することで血管透過性を亢進させ，血液成分の組織への漏出を促す。その結果として，発熱・発赤・腫脹を誘導するとともに，特異的受容体を介して痛み（疼痛）を引き起こす。

この接触相を阻害する生理活性分子として，マラリア媒介蚊であるステフェンスハマダラカ（*Anopheles stephensi*）からハマダリン（hamadarin）が，一方，フタトゲチマダニからはハエマフィザリン（haemaphysalin）がそれぞれ見つかっている。これらは当初，内因系凝固を阻害する活性分子として同定された。その後の解析により内因系凝固阻害活性は，接触相の阻害が主要因であることが分かった。ハマダリンは，蚊類の唾液腺に多く見られるD7ファミリー蛋白質と相同性のある分子量約16kDaの蛋白質である[7]。一方，ハエマフィザリンは分子内にKunitz型プロテアーゼインヒビター構造を2つ持つ分子量約16kDaの蛋白質である[8]。これらは互いにアミノ酸配列の相同性は認められないが，双方とも第Ⅻ因子と高分子キニノゲンに結合して接触相の作動を阻止するという共通の作用機構を持ち，ブラジキニンの産生を強く抑える活性を示す。これら活性分子は唾液腺に蓄えられ，吸血時に唾液と共に宿主に注入される。そして，口針の血管内への刺入，ならびにそれに伴う周辺細胞組織の破壊により接触相の活性化が起こるのを未然に阻止する。これにより，内因系凝固の開始を阻止することで血栓形成を防いで吸血を容易にし，ブラジキニンの産生を阻止することで急性炎症の発生を抑える機能を担っていると考えられる。

4.4　有用遺伝資源としての吸血昆虫生理活性分子

これら唾液腺生理活性物質の利用という応用的観点からみると，まずヒトや動物の血液や血管の生理機能や制御機構を調べる手段物質（ツール）として有用であろう。また，関連する疾患に関わる臨床検査薬や簡易診断キットにも応用できる可能性もある。さらには，唾液腺生理活性物質の持つ血液･循環器系に対するユニークな活性からヒントを得て，これを医薬の素材分子として利用することも考えられる。その際，これらを素材分子とした創薬のための基礎的知見として，生理活性分子と標的分子間の相互作用やこれらの複合体の立体構造解析等による構造活性相関研究が必要である。活性分子の作用点や作用機構の特異性をうまく抽出し利用することで，これまでにない新規な薬理活性を有し，より効果的で副作用の少ない次世代新薬の創出に繋がることも期待される。いまだ実用化に至った例はないが，ダニ由来の抗血液凝固物質であるTAPは臨床応用に向けた取り組みがすでに行われており，次世代の抗血栓薬として期待されている。また昆虫ではないが，吸血ヒル(*Hirudo medicinalis*)の唾液に含まれる抗トロンビン活性ペプチドであるヒルジン(hirudin)は，人工的に改変したアナログ分子とともに抗血栓薬としての臨床的な検討が進んでいる[9]。本稿で取り上げたマダニンやプロリキシン−Sは，ヒトの循環器系に係わる様々な疾患(静脈血栓，脳梗塞，心筋梗塞，播種性血管内血液凝固症候群(DIC)，エコノミークラス症候群など)の予防や治療のための医薬リード物質として応用可能と考えられる。一方，ハエマフィザリンやハマダリンの機能を応用すれば，新規な抗炎症薬や敗血症治療薬の開発，あるいは異物面効果の低い(血栓ができにくい)人工臓器や人工血管，血管内留置カテーテルの開発に役立つかもしれない。このように，唾液腺生理活性分子は，臨床上重要な病気の治療薬をはじめとして，幅広い応用と適用の可能性も秘めているのである。

吸血動物によって媒介される病原体の種類は多く，ウイルス／クラミジア／リケッチア／細菌／スピロヘータ／原虫／線虫にわたる。わずかな例外を除けば，多くの病原体は体内での増殖を経て，唾液腺に特異的に集積し，そこで待機して，吸血によって宿主体内に注入される機会を待つ。この間当然のこととして，唾液成分と共存し，また宿主体内には同時に注入される。唾液腺の活性分子が媒介される病原体に何らかの作用をし，ネガティヴあるいはポジティヴな影響を与えている可能性がある。それらを明らかにすることで，吸血生物による病原体の媒介機構の解明，および効果的なワクチン開発に向けた研究にも貢献する可能性があるだろう。実際に，ハマダラカの唾液腺分子がマラリア原虫伝搬阻止の標的抗原の候補になることが示されている[10]。また，リーシュマニア症の媒介昆虫であるサシチョウバエの唾液腺成分をリーシュマニアワクチンとして利用する興味深い試みもなされている[11]。

4.5 おわりに

吸血昆虫の持つ唾液腺生理活性物質は，いずれもヒトの止血機構にうまく適応した分子であり，それらを制御することで吸血を可能にし，また持続的な吸血を保障している。吸血生物の持つこのような吸血行動を助ける機能は，長い進化の過程で独自に獲得されたものであり，生物の巧妙な適応戦略の例として非常に興味深い事実である。これら唾液腺活性分子の機能についての理解を今後更に深めることで，その吸血生理における意義が明らかになるであろう。ヒトの血液凝固機構は，線溶系との間でバランスをとり，固まりすぎず溶血傾向になりすぎない微妙な調節が可能なシステムを作り上げている。この機構によって，出血や感染その他の外的な傷害や病的な要因を回避することができるように進化してきたものと考えられるが，昆虫も吸血するためには宿主動物側の進化の結果に適応しながら，新しい適応分子を創り出す必要があったのだろう。昆虫はこういった複雑な機構の多くの因子の特性を良く認識し，その最も効果的な因子を阻害して，自らに都合良い状況をつくり吸血しているのである。

謝辞

本稿で紹介した内容は，三重大学医学部鎮西康雄博士ならびに油田正夫博士との共同研究の成果である。本研究の一部は，ヒューマンサイエンス振興財団「創薬等ヒューマンサイエンス総合研究事業」および文部科学省「科学研究費補助金」の支援のもとで行われた。

文　献

1） C. E. Hagemeyer *et al. Thromb Haemost*. **92**, 47 (2004)
2） H. F. Kotze *et al. Thromb. Haemost*. **77**, 1137 (1997)
3） S. Iwanaga *et al. Eur. J. Biochem*. **270**, 1926 (2003)
4） H. Isawa *et al. J. Biol. Chem*. **275**, 6636 (2000)
5） Y. Kaneko *et al. Biochem. Biophy. Acta*. **1431**, 492 (1999)
6） Y. Kaneko *et al. Biosci. Biotech. Biochem*. **63**, 1488 (1999)
7） H. Isawa *et al. J. Biol. Chem*. **277**, 27651 (2002)
8） N. Kato *et al. Thromb. Haemost*. **93**, 359 (2005)
9） T. E. Warkentin. *Best Pract. Res. Clin. Haematol*. **17**, 105 (2004)
10） H. Brennan *et al. Proc. Natl. Acad. Sci. USA* **97**, 13859 (2000)
11） J. G. Valenzuela *et al. J. Exp. Med*. **194**, 331 (2001)

5　昆虫ウイルスRNAによる任意のN末アミノ酸を有するタンパク質の翻訳

中島信彦*

5.1　はじめに

生物が持つtRNAにはポリペプチド鎖の伸長反応に使用される伸長（elongator）tRNAと開始反応専用に使用される開始（initiator）tRNAの2種類がある。開始tRNAはAUGコドンに対するアンチコドン配列をもつ1種類に限られており，その他の伸長反応用tRNAは40Sリボソームと翻訳開始複合体を形成することができない。そのため，通常のmRNAから合成されたポリペプチド鎖のアミノ末端（N末）は必ずメチオニンとなる。このN末メチオニンは生体内ではメチオニンアミノペプチダーゼで除かれたり，シグナルペプチド除去の際に除かれたりして成熟タンパク質には含まれていない場合も多い。近年，無細胞系のタンパク質合成効率が向上し，試験管内の反応で目的のタンパク質を合成する方法が身近となった。この場合には組換えDNA技術によって，翻訳させたいコード配列の先頭にAUG開始コドンを入れる必要がある。この操作によって生じるN末のメチオニンが合成タンパク質に本来とは異なる性質をもたらすことも知られており[1~3]，合成タンパク質のN末にメチオニン以外のアミノ酸を持つものを得るための様々な工夫が行われてきた。化学反応によってN末メチオニンを除去する[4]，開始tRNAのアンチコドンを変異させる[5]，2番目のアミノ酸の種類により切断活性に影響を受けるメチオニンアミノペプチダーゼを変異させて第2アミノ酸の許容種を拡大させる[6]，部位特異的プロテアーゼで先頭のペプチド配列を除去する[7~9]などの方法が知られているが，タンパク質合成後に数段階の追加操作を要したり，N末とするアミノ酸の種類に制限があるなど一長一短がある。1998年以降，昆虫をはじめとする無脊椎動物に感染するRNAウイルスの一群（*Dicistroviridae*，ジシストロウイルス科）のゲノム配列が次々と報告され，これらのウイルスが外被タンパク質の合成に際して開始tRNAを使用しないことが判明した[10, 11]。ここではその翻訳開始機構と，それを試験管内タンパク質合成に利用する試みについて解説する。

5.2　昆虫ウイルスIRESによる翻訳開始の機構

これまでに12種類のジシストロウイルスが報告されている（表1）。これらのウイルスは約9,000塩基のプラス鎖RNAをゲノムとしており，ゲノム上に2個のオープンリーディングフレーム（ORF）を持っている。ORF1には複製酵素類，ORF2には外被タンパク質をコードする。真核生物の通常のmRNAでは，その5'末端のキャップ構造が翻訳開始因子（eIF）の1種に認識さ

＊　Nobuhiko Nakashima　㈱農業生物資源研究所　昆虫共生媒介機構研究チーム
主任研究官

表１　これまでに報告されているジシストロウイルス類の名称とIGR-IRES領域

ウイルス名（宿主）	略称	塩基配列データベースの Accession No.	IGR-IRESコア領域の塩基番号
Acute bee paralysis virus（ミツバチ）	ABPV	AF150629	6340-6538
Aphid lethal paralysis virus（アブラムシ）	ALPV	AF536531	6639-6822
Black queen-cell virus（ミツバチ）	BQCV	AF183905	5647-5836
Cricket paralysis virus（コオロギ）	CrPV	AF218039	6029-6216
Drosophila C virus（ショウジョウバエ）	DCV	AF014388	6078-6266
Himetobi P virus（ウンカ）	HiPV	AB017037	6286-6472
Kashmir bee virus（ミツバチ）	KBV	AY275710	6428-6629
Plautia stali intestine virus（カメムシ）	PSIV	AB006531	6005-6192
Rhopalosiphum padi virus（アブラムシ）	RhPV	AF022937	6935-7109
Solenopsis invicta virus 1（ヒアリ）	SiNV-1	AY634314	4223-4422
Taura syndrome virus（エビ）	TSV	AF277675	6761-6952
Triatoma virus（サシガメ）	TrV	AF178440	5925-6111

れ，そこに40Sサブユニット・開始tRNA・eIF2で構成される翻訳開始複合体が結合して開始コドンまでのスキャニングが起きる。そのためにキャップ依存性の翻訳開始が行われるのが普通である。しかし，ジシストロウイルスの場合では両ORFともにコード領域上流に内部のリボソーム進入部位（internal ribosome entry site，IRES）を持つ。IRESを介した翻訳開始では，mRNA先頭のキャップ構造には依存せずにコード領域上流の非翻訳領域のRNA配列あるいは高次構造を介して40SサブユニットがmRNAに結合する。IRESについては種々のウイルスや細胞質mRNAでもその存在が知られている[12]。しかし，開始tRNAを使用せずに翻訳開始を行えるのはジシストロウイルスの外被タンパク質遺伝子のIRESのみである。このIRESはウイルスゲノム上ではORF1とORF2の遺伝子間領域（intergenic region，IGR）にあることから，ORF1の翻訳のためにウイルスゲノム5'末端側にも存在するIRESとは区別してIGR-IRESまたはIG-IRESと呼ばれている。IGR-IRESを介した翻訳はこれまでに昆虫，ウサギ，ヒト，酵母，コムギ，エビのリボソームで確認されているが，大腸菌のS30抽出液ではIGR-IRESを介した翻訳はできない。この

ことから，IGR-IRESは真核生物のリボソームを用いた翻訳には有効であるが，細菌類のリボソームには認識されないと考えられる。

図１はジシストロウイルスのIGR-IRESの二次構造モデルと各ウイルスのIGR-IRESの塩基配列を示す。このIRESは約200塩基のRNAで構成され，その中に３つのシュードノット(pseudoknot，PK）構造を持つ[13]。この中で最も下流にあるPKⅠは翻訳される最初のコドンの直前に形成され，この構造が翻訳開始点を決める働きをする。一般のmRNAの場合にたとえると，開始tRNAとAUGコドンとで形成される塩基対合の役割をこのPKⅠが担うことになる。上流のPKⅡとPKⅢも翻訳開始を起こすためには必須で，IGR-IRES全体の構造を規定する役割を持ち，特にPKⅢはIRESと40Sリボソームが結合するために重要な役割を担っている。これまでに行われた実験から，PKⅡとPKⅢで構成されるIGR-IRES前半部分が40Sリボソームとの結合に主要な役割を果たし，PKⅠで構成されるIGR-IRES後半部分がリボソームのE-P部位に配置されて60Sリボソームのエントリーが起き，タンパク質の合成が行われると考えられている[14, 15]。IGR-IRESを介した翻訳開始は，翻訳開始因子類が存在しない状態でも起きる[16, 17]ことから，IGR-IRES自身がRNA製の翻訳開始因子とも解釈され，実際にクライオ電子顕微鏡によってCrPVのIRESが精製リボソームのE-P部位に結合している像が観察されている[18]。

これまでに報告されているジシストロウイルスの殆どは昆虫(ショウジョウバエ，コオロギ，アブラムシ，カメムシ，サシガメ，ウンカ，ミツバチ，ヒアリ)から分離されているが，エビからも一種類（TSV）報告されている（表１）。TSVのIGR-IRESはPSIVのものに比較して，PKⅠ近傍に余分なステムーループ構造がある(図１)。このステムーループ内の塩基置換実験によってこの構造が翻訳開始に必要であることが確認されており[19, 20]，ABPV，KBV，SiNV-1にも同じような構造が存在する。これまでにIGR-IRESを介したタンパク質合成が実際に確認されているのはPSIV，RhPV，CrPV，HiPV，TSVの５種類のみであるが，表１と図１に示したいずれのIGR-IRES領域についてもRNAの二次構造はきわめて類似しているため，同様の機構でタンパク質合成開始が可能と考えられる。いずれのウイルスのIGR-IRESも約200塩基前後と短いため，数本の合成オリゴDNAとPCR反応を組み合わせることでIGR-IRES全体の塩基配列を得ることも可能である。尚，このような翻訳開始が真核生物の遺伝子で行われているかどうかを調べるために，図１上部に示した二次構造を形成可能な塩基配列をヒト，マウス，ショウジョウバエ，線虫(*C. elegans*)，シロイヌナズナ，イネ，酵母（*S. cerevisiae*）のゲノムまたはcDNA配列データベースを対象に検索したが，有効な塩基配列は検出されなかった[19]。IGR-IRESを介した翻訳開始はジシストロウイルス特異的な現象と考えられる。

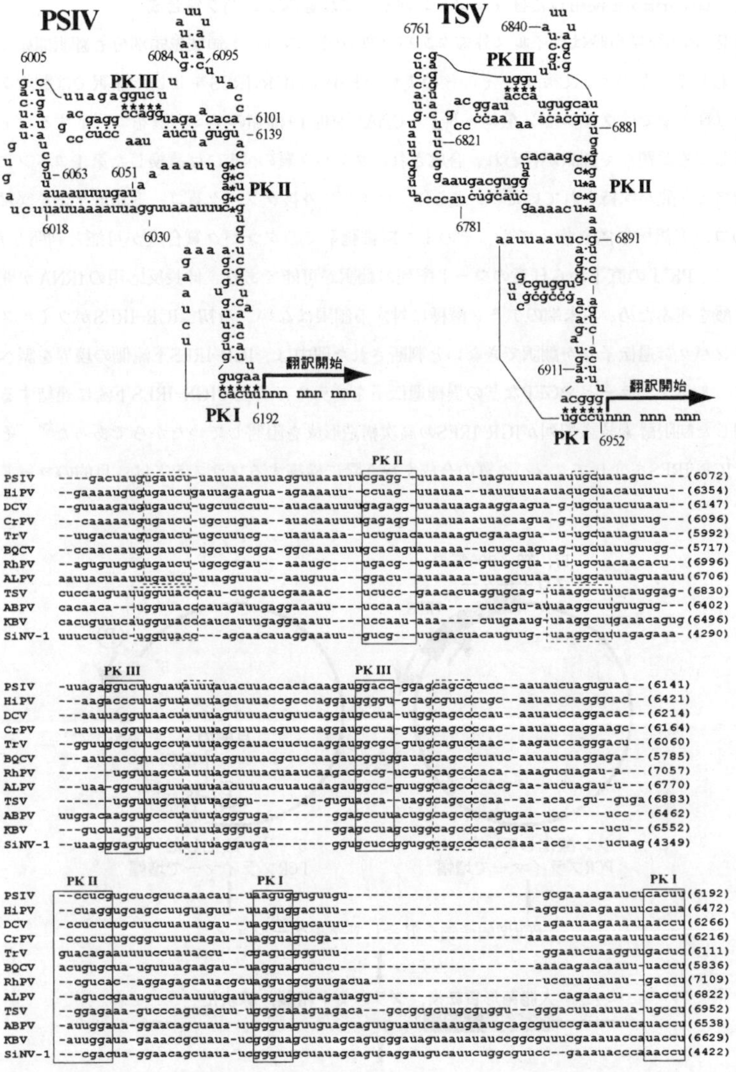

図1　IGR-IRESの二次構造図（上）とジシストロウイルス類のIGR-IRES領域の塩基配列（下）
二次構造図で塩基対合を形成する塩基はドット（・），シュードノット（PK I，PK II，PK III）を形成する塩基対合はアスタリスク（＊）で示した。塩基配列図で点線で囲った塩基は各ウイルスで一次配列がよく保存されている箇所，実線で囲った塩基はシュードノットを形成する箇所。数字はウイルスゲノム配列上の塩基番号を示す。

5.3 IGR-IRESを使用した様々なコドンからの試験管内タンパク質合成

IGR-IRES発見当時はウイルス外被タンパク質遺伝子のコード領域先頭部分も翻訳開始に必要と思われていた[21, 22]。しかし，その後の実験でPSIVのIGR-IRESを介した翻訳では翻訳第1コドン（野生型ではグルタミンをコードするCAA）を他19種類のアミノ酸をコードするコドンに置換しても問題なく翻訳が行われ，合成されたタンパク質のN末には置換した第1コドンに対応したアミノ酸が保持されていた[23]。さらに，ウイルス外被タンパク質コード領域全体を異種遺伝子のコード領域に置き換えても，そのまま無細胞系でのタンパク質合成が可能と判明した[23]。従って，PKⅠの直下から任意のコード配列の翻訳が可能であり，伸長反応用のtRNAが開始アミノ酸を運ぶため，N末端のアミノ酸種に対する制限はない。当初，IGR-IRESがウイルスの外被タンパク質遺伝子しか翻訳できないと判断された理由は，IGR-IRES下流側の境界を調べるために，ルシフェラーゼやGFPなどの異種遺伝子をプラスミド上でIGR-IRES下流に連結する際に使用した制限酵素認識配列がIGR-IRESの高次構造形成を阻害していたからであった[23]。そのため，IGR-IRESを介してタンパク質の合成を行う際に構築するプラスミドは，目的のコード配列

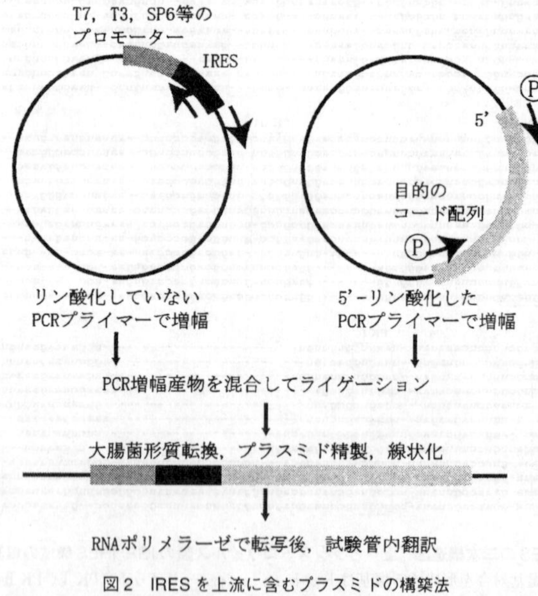

図2 IRESを上流に含むプラスミドの構築法
IRES直下に制限酵素認識配列を挿入するとRNAに転写された際にIRESの高次構造形成が阻害されるため，良好な翻訳が行われない。PKI直下にリン酸化プライマーで増幅したコード配列を挿入する。

をリン酸化したプライマーでPCR増幅し，PKⅠ直下に制限酵素を使用せずに組み込む必要がある（図2）。

PSIVのIGR-IRESの場合，外被タンパク質ールシフェラーゼ融合タンパク質遺伝子を翻訳させた場合とPKⅠ直下にAUGコドンを除いたルシフェラーゼ遺伝子を翻訳させた場合の効率を比較すると，外被タンパク質コード領域を除くことによって合成量が約10分の1に低下する[23]。各ジシストロウイルスのIGR-IRES下流に存在する外被タンパク質コード領域先頭部分の塩基配列を調べると，他の領域に比較してGC含量が低い傾向にある。IGR-IRESを介した翻訳開始では，

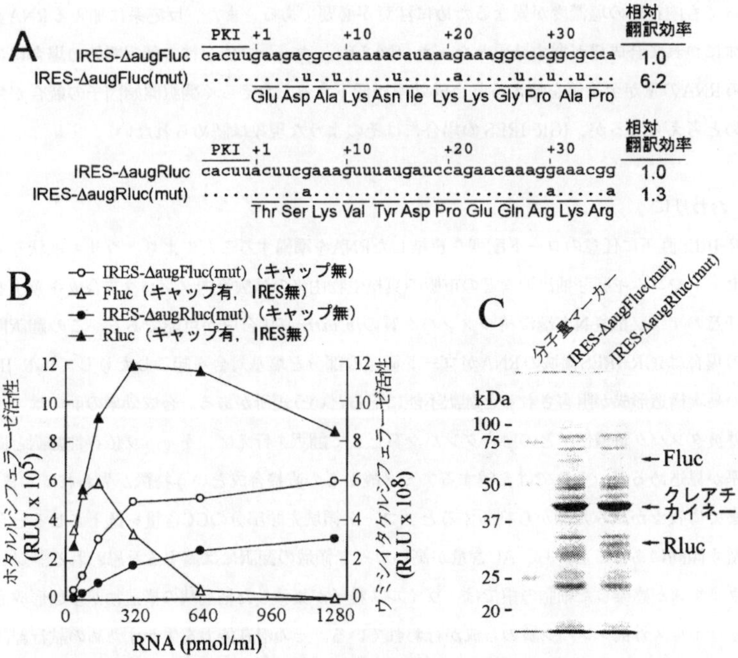

図3

A：PSIVのIGR-IRESの下流に開始AUGを除いたホタル，ウミシイタケルシフェラーゼ（Fluc，Rluc）遺伝子を連結した場合とそれらのコード領域先頭部分のGC含量をsilent mutationによって低下させた場合の翻訳効率を比較した。Flucは6.2倍，Rlucは1.3倍改善された。

B：Aで変異を加えたRNAをコムギ胚芽抽出液（東洋紡，Proteios）で翻訳し，通常のキャップ依存性翻訳の場合とmRNA量の違いによる影響を調べた。Flucの場合はmRNA濃度を高めるとキャップ依存性翻訳と同等であったが，Rlucの場合はキャップ依存性翻訳の4分の1程度であった。

C：コード領域先頭部分のGC含量を低下させたIRES-ΔaugFluc，IRES-ΔaugRlucをコムギ胚芽抽出液で翻訳させて酵素活性を測定したところ，Fluc，Rlucはそれぞれ78μg/ml，88μg/ml合成され，SDS-PAGE後のクマーシー染色で検出可能であった。（文献24から引用）

コード領域上流のRNAが正しい高次構造を形成する必要があり，実際にIGR-IRES直下に連結する異種遺伝子のコード領域先頭部分のGC含量を低下させると翻訳効率が向上する傾向にある。AUG開始コドンを欠落させたルシフェラーゼ遺伝子の場合は，アミノ酸置換を伴わなずにGC含量を低下させる変異を先頭約40塩基に導入することにより，翻訳効率が約6倍改善され（図3A），コムギ胚芽抽出液（Proteios，Toyobo）で翻訳させた場合には78μg/mlの合成が確認されている(図3C)。また，IGR-IRESを介した翻訳条件の検討を行ったところ，110～150mM程度のカリウム塩と，2.0～2.5mMのマグネシウムイオン濃度を要した。これらの至適塩濃度は翻訳させるコード領域の塩基配列によって上下約20%程度変動する[24]が，使用する抽出液の種類によっても内在性の塩濃度が異なるために注意が必要である。また，反応系に加えるRNA量を増やすにつれて合成量が増す結果となった（図3B)。キャップ依存性の翻訳開始の場合には添加するRNAの量が至適値を超えると合成効率が低下する。おそらく翻訳開始因子の競合が生じるためと考えられるが，IGR-IRESの場合にはそのような現象は認められない。

5.4　おわりに

IGR-IRES直下に任意のコード配列を連結したRNAを準備することにより，ウサギ網状赤血球ライセートやコムギ胚芽抽出液などの市販の真核生物由来の試験管内タンパク質合成キットを用いて任意のアミノ酸をN末端に持つタンパク質の*in vitro*直接合成が可能である。この翻訳開始機構の場合はIGR-IRES領域のRNAがコード領域の部分と塩基対合を起こしたりしてIGR-IRES部分の高次構造形成が阻害されると翻訳不能に陥るという短所がある。合成効率の面では，ウイルス外被タンパク質遺伝子との融合タンパク質として翻訳を行えば，キャップ依存性翻訳と同等の効率が見込めるが，それでは希望するアミノ酸からの直接合成という特徴が失われてしまう。これまでに我々が試みた例から判断すると，コード領域先頭部分のGC含量を低下させると合成量が増す傾向にあることから，AU含量が高いコード領域の翻訳には適すると思われる。ジシストロウイルスが感染した細胞の中では，ウイルス粒子が集積した結晶状の構造物が多数形成されるほどウイルス外被タンパク質の合成が行われている。その潜在能力を生かすための試行錯誤がさらに必要である。

紹介した内容の一部は，新技術･新分野創出のための基礎研究推進事業による研究助成により得た。

文　　献

1）S. Endo *et al.*, *Biochemistry* **40**, 914 (2001)
2）F. Märki *et al.*, *J. Biochem.* **113**, 734 (1993)
3）S. Mine *et al.*, *Protein Engng.* **10**, 1333 (1997)
4）O. Nishimura *et al.*, *Chem. Commun.* 1135 (1998)
5）C. Mayer *et al.*, *Biochemistry* **42**, 4787 (2003)
6）Y. Liao *et al.*, *Protein Sci.* **13**, 1802 (2004)
7）D. W. Wood *et al.*, *Nat. Biotech.* **17**, 889 (1999)
8）P. de Felipe *et al.*, *J. Biol. Chem.* **278**, 11441 (2003)
9）A. M. Catanzariti *et al.*, *Protein Sci.* **13**, 1331 (2004)
10）J. Sasaki *et al.*, *Proc. Natl. Acad. Sci. USA* **97**, 1512 (2000)
11）J. E. Wilson *et al.*, *Cell* **102**, 511 (2000)
12）C. U. T. Hellen *et al.*, *Genes Dev.* **15**, 1593 (2001)
13）Y. Kanamori *et al.*, *RNA* **7**, 266 (2001)
14）E. Jan *et al.*, *J. Mol. Biol.* **324**, 889 (2002)
15）T. Nishiyama *et al.*, *Nucleic Acids Res.* **31**, 2434 (2003)
16）T. V. Pestova *et al.*, *Genes Dev.* **17**, 181 (2003)
17）E. Jan *et al.*, *Proc. Natl. Acad. Sci. USA* **100**, 15410 (2003)
18）C. M. T. Spahn *et al.*, *Cell* **118**, 465 (2004)
19）Y. Hatakeyama *et al.*, *RNA* **10**, 779 (2004)
20）R. C. Cevallos *et al.*, *J. Virol.* **79**, 677 (2005)
21）J. Sasaki *et al.*, *J. Virol.* **73**, 1219 (1999)
22）L. L. Domier *et al.*, *Virology* **268**, 264 (2000)
23）N. Shibuya *et al.*, *J. Virol.* **77**, 12002 (2003)
24）N. Shibuya *et al.*, *J. Biochem.* **136**, 601 (2004)

第4章　害虫制御技術等農業現場への応用

1　ゲノム創薬による殺虫剤開発

加藤康仁*

1.1　はじめに

ヒトゲノム解読が終了してドラフトシーケンスが発表されてから，ヒトゲノム情報を利用した創薬「ゲノム創薬」が，各種創薬関連技術の発展と共に盛んになってきている。ゲノム創薬による医薬品開発の成功例としては，グリベック（ノバルティスファーマ）が有名であるが，その他にも新規分子標的を発見したとの報告が多く見られる。ヒトゲノム情報の解読は創薬におけるパラダイムシフトを起こしたばかりではなく，大手企業の合併による超大型製薬企業の誕生といった社会現象をも生み出してきた。

一方，新規殺虫剤開発の研究開発場面でも医薬品の場合と似たようなことが進行している。それは，解読されたあるいは独自で解読した，昆虫のゲノム情報を利用し，それに発展の目覚しい創薬関連技術を組み合わせて新規の殺虫剤を見つけようという，いわゆる「ゲノム創農薬」への取り組みである。

「ゲノム創農薬」というと「従来手法による創農薬」と相反するものと思われる方もいるかもしれないが，決してそうではない。「ゲノム創農薬」とは，昆虫を含むゲノム情報を新規農薬探索・開発の利用できる場面に積極的に利用し，社会に受け入れられる，あるいは社会にメリットをもたらす農薬を，より合理的に開発することである。本章では，ゲノム情報をどのように創農薬に利用することができるかについて紹介したい。

1.2　農薬市場を取り巻く環境と殺虫剤開発

農薬市場を取り巻く環境は厳しい。世界的に見れば，人口の増加・発展途上国の生活レベルの向上から，食料が不足し農薬使用量の増加が見込まれるものの，国内市場は減反政策・海外野菜の輸入増加等により農薬使用量は減少傾向である。しかしながら，新規農薬，特に新規作用性を有する農薬に対する期待は非常に大きなものがある。それは，人畜・環境に対する高度安全性の要求があるからであり，殺虫剤に関して言えば既存薬剤に対する抵抗性を発達させた害虫の出現等の問題があるからである。

---

*　Yasuhito Kato　日本化薬㈱　精密化学品開発研究所

また，IPM（総合的害虫管理）が今後益々推進されると思われるが，この中で重要な資材の一つと捉えられているのがIPM適合型の殺虫剤，つまり天敵等有用昆虫に影響を与えることなく狙った害虫のみを防除し，人の健康や環境に対して影響を与えない殺虫剤である。ゲノム情報をうまく利用すれば，そんな殺虫剤を狙って創製することも可能になってくる。

1.3　現在の殺虫剤開発の問題点

新規殺虫剤の創製は，リード化合物の発見から始まる。多くの知見・情報・経験から候補化合物をデザイン・合成し，評価し殺虫活性を有する化合物を得て，リード化合物に設定する。次いでそのリード化合物を基に化合物展開し，殺虫活性・安全性等を考慮して最適化合物（開発化合物）を得る。さらに，フィールド試験・長期の安全性試験等を行って，上市に繋がる。

今まで多くの農薬研究者の努力により，数多くの殺虫剤が開発されてきた。しかしながら新規殺虫剤の開発を行う上で問題も出てきた。それは新規殺虫剤を創製・開発できる確率が低くなってきたことである。その主要な原因の一つが，新しい作用性を持った有望なリード化合物の発見が少なくなってきたことであり，いかに殺虫剤に適したリード化合物を効率的に得るかが，殺虫剤開発の大きな課題となっている。また，従来からある問題点として，リード化合物の選抜から上市まで長期間を要する点がある。いかに短期間で上市に結び付けるかというのも大きな課題である。

1.4　昆虫ゲノム情報を利用した殺虫剤開発

昆虫を含むゲノム情報が充実しつつあり，創薬関連技術が発展したことにより，最先端のツールとしてこれらを殺虫剤開発に利用できるようになった。ここでは，殺虫剤の開発に至る各工程における昆虫ゲノム情報の利用法について概説する。

1.4.1　リード化合物の発見

新規殺虫剤開発の最初のステップであるリード化合物の設定は，それ以降の研究の成功を左右する非常に重要なステップである。他の農薬会社の特許情報を利用したり，生体内化合物，活性を有する天然有機化合物を設定したりもするが，ここではスクリーニングによるリード化合物の発見について述べる。（図1）

(1)　*in vivo*スクリーニングと*in vitro*スクリーニングの特長

スクリーニングによるリード化合物の選抜方法は大まかに2つに分けることができる。一つは昆虫生体を使用したいわゆる“ぶっかけ試験”を主体とする*in vivo*スクリーニングであり，もう一つが殺虫ターゲット分子を予め酵素，受容体，イオンチャンネル等に選定した*in vitro*スクリーニングである。それぞれの特徴について表1にまとめた。

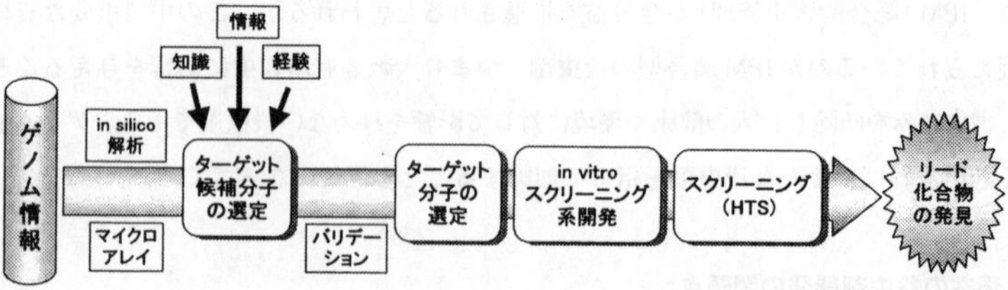

図１　ゲノム情報を利用した創農薬　ーリード化合物の発見ー

表１　*in vivo*および*in vitro*スクリーニングの特長

in vivo スクリーニングの特長	*in vitro* スクリーニングの特長
・昆虫生体に影響を与える化合物を選抜することができる。	・*in vivo*の系で活性が無くても，*in vitro*で活性を発現する化合物を選抜することができる。
・ターゲット分子を特定することなく，化合物を選抜することができる。	・特定の作用性を有する化合物のみを選抜することができる。
・比較的簡便で，安価である。	・高価な装置，試薬を必要とする場合がある。
・スクリーニングに供する化合物数は*in vitro*スクリーニングより少なくなる。	・数多くの化合物をスクリーニングに供することが可能。
・スクリーニングに必要なサンプル量は*in vitro*スクリーニングより多くなる。	・極少量のサンプルでスクリーニングすることが可能。

(2)　*in vitro*スクリーニング系の開発にゲノム情報を利用するメリット

この二つのスクリーニング系の中で，*in vitro*スクリーニングの場合は，昆虫ゲノム情報を利用することによって，その可能性が大きく広がる。昆虫ゲノム情報を創農薬に利用する最大のメリットはこの部分にある。

*in vitro*スクリーニング系の開発は殺虫ターゲットとする分子の選定から始まる。逆に言えば，「創りたい殺虫剤コンセプト」に従って自由に設定することができる。選定する基準はそのコンセプトにより異なるが，一般的には，

①　既存剤のターゲット分子とは異なり新規であること，

②　殺虫効果が期待できること，

③　人畜・環境・天敵昆虫に対して毒性がないと期待されること，

等が考えられる。

(3)　殺虫ターゲット候補分子の探索

(3)-1　マイクロアレイの利用

マイクロアレイとは，遺伝子発現の解析を行うもので，例えば，生育時期特異的·組織特異的に遺伝子発現がどう変化するかとか，何か薬剤を投与した時に遺伝子発現がどう変化するか等を

調査することができる。医薬品探索の場合もマイクロアレイの利用が盛んで，疾患関連遺伝子の探索等に利用されている。

昆虫においても，ショウジョウバエのマイクロアレイが市販（Affimetrix社）されており，利用可能である。また，農業生物資源研究所を中心としてカイコ，トビイロウンカのマイクロアレイ作製・利用が行われており，要防除害虫の多い鱗翅目昆虫，半翅目昆虫のモデル生物・代表生物としてその成果に期待できる。カイコマイクロアレイを用いた網羅的遺伝子発現解析の代表例として，大手らの報告[1] がある。

筆者の経験によれば，現在のマイクロアレイ技術のレベルは遺伝子発現量2倍の差を十分に検出できるレベルにあり，今後は，どんな成果を求めて実験系を組み，いかに忠実なRNAサンプルを得るかというレベルで研究を進められるようになっている。例えば，マイクロアレイを使用して，昆虫特異的機能に関係する遺伝子群を明らかにすることが可能である。昆虫の脱皮・変態はエクダイソンと幼若ホルモンの2種類のホルモンにより制御されているが，これらのホルモンがリセプターに結合してから脱皮・変態現象が起こるまでに多くの遺伝子産物が関与しているはずである。マイクロアレイを使えばこれらを網羅的に解析できる。現在，クロマフェノジド等のエクダイソンアゴニスト，ピリプロキシフェン等の幼若ホルモンアゴニスト，クロルフルアズロン等のキチン生合成阻害剤が殺虫剤として上市されているが，その他にも重要な遺伝子があるはずであり，その中から新たな昆虫生育制御剤用ターゲット分子が見つかってくる可能性がある。

ただ，マイクロアレイを使用する上で注意点もある。

①　神経系等遺伝子発現量が関与しないターゲット分子は見つからない。

②　mRNAの発現量の差がどの程度生体に影響を与えているかは遺伝子により異なりはっきりしない。

③　mRNA発現量が極端に少ない遺伝子は選抜できない。

④　マイクロアレイに載っていない遺伝子に関する情報は得られない。これらのことを考慮に入れながら，マイクロアレイ実験を行う必要がある。

(3)-2　ゲノム情報の利用 ― *in silico* 解析 ―

ゲノム情報を解析し，新規殺虫ターゲット候補分子を選抜することも可能である。例えば，

①　解明が進んでいる昆虫生理生化学の知見を利用する。

②　昆虫よりゲノム研究が進んでいるヒト，線虫，酵母等の情報を利用する。

③　殺虫スペクトラムを広げる目的で既存剤のターゲット分子情報を他の昆虫に応用する。

④　殺虫ターゲット分子になりやすいGPCR，イオンチャネル，核内受容体等を利用する。

等が考えられる。このような観点から検討を行って，目的の殺虫ターゲット候補分子を選抜する。選抜したターゲット候補分子にもよるが，対象とする害虫のゲノム情報があればそれはそのまま

利用可能である。もし対象とする害虫の遺伝子情報がなくても，その他の生物種(昆虫，ヒトを含む)の遺伝子情報から，ホモロジーを利用して目的の遺伝子情報を取得することが可能である。

(4) 殺虫ターゲット候補分子のバリデーション

殺虫ターゲット候補分子を設定した後には，その候補分子が本当に殺虫剤のターゲット分子として適当かどうかのバリデーションが必要である。ここでは，その候補分子の機能がわかっているかどうかよりも，その機能が生体内で発現しなくなったら害虫が死亡するとか，密度抑制を起こす等の作用が出るかの方が重要である。バリデーションの方法としては，RNAi，ノックアウト昆虫の作製等の技術，化合物によるバリデーション等がある。RNAiは簡便な遺伝子機能阻害法として注目され，その技術の進歩にも目覚しいものがあるが，使用する昆虫種によってRNAiが成功しないケースもかなりあると聞く。実はこのバリデーションの部分がゲノム創農薬の一つのネックになっている。特に要防除害虫での簡便なバリデーション法の確立が望まれる。

(5) *in vitro* スクリーニング系の開発とHTS

殺虫ターゲット分子を設定したら，次は *in vitro* スクリーニング系の開発である。ターゲット

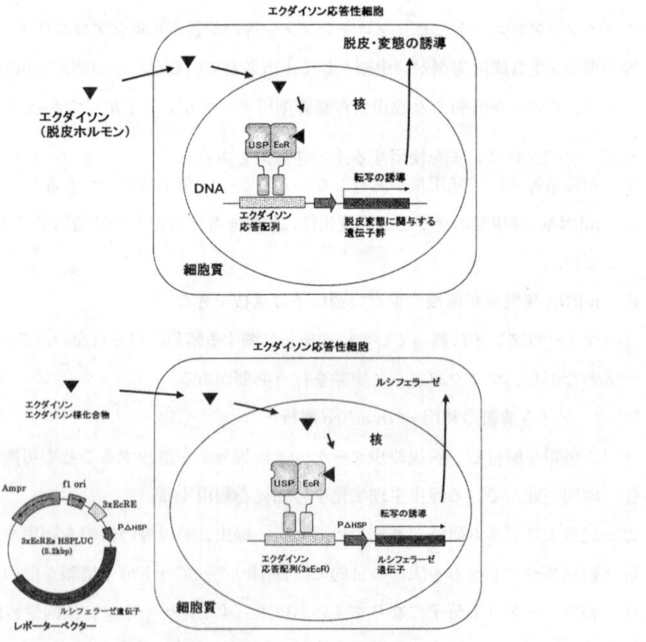

図2　エクダイソンの作用機構（上）とそれを利用した
レポータージーンアッセイの構築（下）

分子が酵素であれば基質または生成物の量を測定する系を構築すれば良く，核内受容体であればその転写活性化システムを利用してスクリーニング系を構築することが可能である。また，ターゲット分子の機能がわからない場合でも，表面プラズモン共鳴を利用すればスクリーニング系を構築できる[2]。また，大量の化合物を短時間にスクリーニングするために，HTS(ハイスループットスクリーニング）にも対応可能な系を構築するのが望ましい。

弊社でも，昆虫生育制御剤クロマフェノジド開発の過程でエクダイソンアゴニスト活性を評価するレポータージーンアッセイを構築した[3]。(図２）この系はエクダイソンの作用機構を応用したもので，エクダイソン応答配列の下流にプロモーターとレポーター遺伝子としてのルシフェラーゼ遺伝子を配置したレポータープラスミドを構築し，このレポータープラスミドをトランスフェクションした昆虫細胞を用いるものである。エクダイソン様化合物を投与すると，これがエクダイソンリセプターに結合し，その結果がルシフェラーゼ遺伝子の転写量の増大，さらにはルシフェラーゼ活性の増大となって現れる。この系はHTSにも対応可能で，実際にHTSを行った結果，活性化合物を得ることに成功している。

1.4.2　リード化合物の最適化

ゲノム情報が有効なのはリード化合物の発見場面ばかりではない。リード化合物の最適化の段階でも効率化をもたらす。概略を図３に示す。

(1)　殺虫ターゲット分子の解明

in vivo スクリーニングによりリード化合物を発見した場合，そのターゲット分子は不明である。後述するように，ターゲット分子の立体構造データは化合物デザイン等に有効であるので，是非ともターゲット分子の情報は欲しいところである。例えば，マイクロアレイを利用すれば，ターゲット分子を特定する何らかの情報を得ることが可能である。少なくともその遺伝子発現プロファイルを調査すれば，既存の薬剤とターゲット分子が同じかどうかは判断できると思われる。また，低分子化合物に結合するタンパク質を特定するのにファージディスプレイ法が有効である

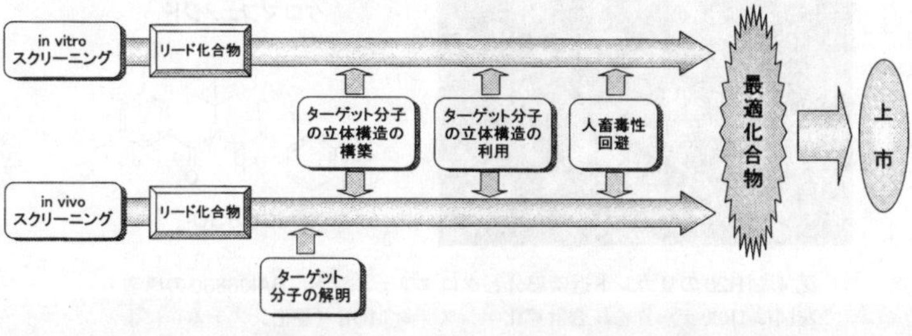

図３　ゲノム情報を利用した創農薬　―リード化合物の最適化―

ことが示されている[4]のでこれを利用する事も考えられる。

(2) ターゲット分子の立体構造データの利用

ターゲット分子のほとんどはタンパク質と考えられ，タンパク質と活性化合物がどのような様式で結合しているかを知ることは，リード化合物の最適化を行う上で非常に重要である。ターゲットタンパク質の立体構造は，目的のタンパク質を発現・精製して高純度のタンパク質を得，それを結晶化し，X線構造解析することにより得ることができる。また，Protein Data Bank[5]に登録されているデータを利用し，立体構造を推定することも可能である。すなわち，同じファミリーに属するタンパク質の立体構造データを基準にして，アミノ酸配列の相同性を利用してホモロジーモデリングを行い，立体構造を推定するのである。立体構造がわかれば，それを分子設計に利用できる（SBDD：Structer-Based Drug Design）し，バーチャルスクリーニングも行うことができる[2]。

ここで，前述のエクダイソンリセプター（EcR）をモデルケースに立体構造データの利用について考えてみたい。2003年，リガンドに結合した状態でのオオタバコガEcRの立体構造がX線結晶構造解析により明らかにされた[6]。この論文では，ステロイド骨格を有するポナステロンAが結合した状態（PDB ID : 1R1K）と，合成エクダイソンアゴニストであるBAI06830が結合した状態（PDB ID : 1R20）の2種類の立体構造が示された。これらのデータが発表される以前に，我々のグループでもヒトのエストロジェンリセプターやプロゲステロンリセプターのデータを利用してホモロジーモデリングを行っているが[7]，今回明らかにされた，X線結晶構造解析データとは異なる部分もあることが明らかとなった。今後はオオタバコガEcRのX線結晶構造解析データを用いることにより，ホモロジーモデリングやバーチャルスクリーニングの精度が上がること

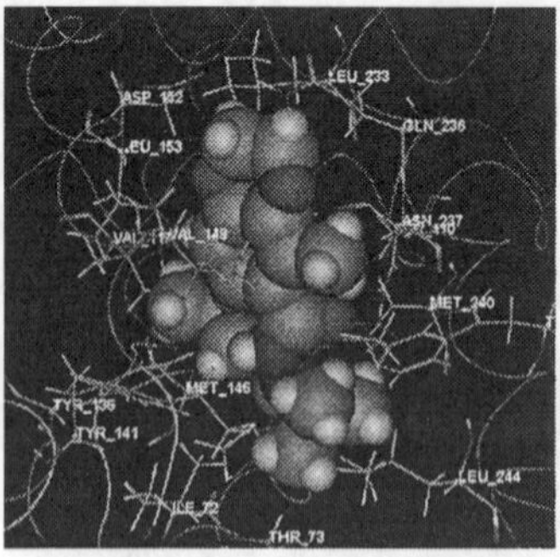

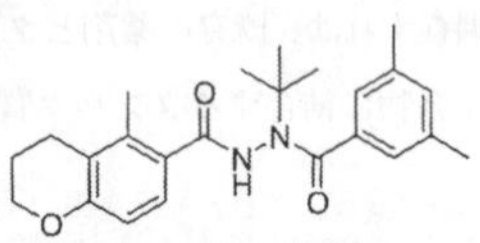

クロマフェノジド

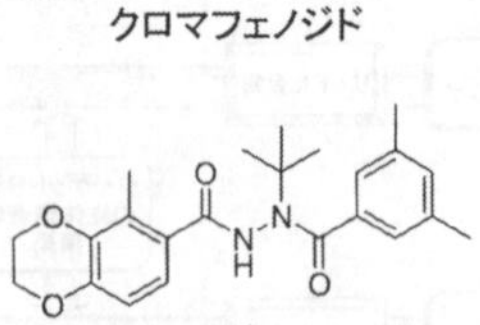

BAI06830

図4　1R20のリガンド近傍部分とクロマフェノジド，BAI06830の構造
左図は1R20データを統合計算化学システムMOE（菱化システム）により表示させたもの

が期待できる。さらに，これらの2種類のX線結晶構造データ，NCBIウェブサイト[8]から検索できる様々な昆虫のエクダイソンリセプターのアミノ酸配列情報を組み合わせれば，新たな殺虫剤がデザインできるものと考えられる。

(3)　人畜への影響（毒性）回避

リード化合物から合成展開して最適化を図る場合，活性の強さだけが問題ではなく，人畜・環境生物に影響が出るかどうかも判断基準の中に含まれる。特にヒトに対する影響評価は難しい面もある。選抜したターゲット分子が昆虫特有機能の関連分子であればヒトに影響がないことが期待されるが，昆虫特有機能の関連分子でなくても生物間の選択性によりヒトに影響がない場合もある。例えば，選抜したターゲット分子のホモログをヒトから取得してスクリーニング系に組み込めば，「昆虫には影響あり，ヒトには影響なし」という化合物を選抜することができる。

1.5　最後に

本章では，進展する昆虫ゲノム情報を殺虫剤開発にどのように利用できるかという点について概説した。殺虫ターゲット分子の選定からスタートする場合と*in vivo*で活性を示す化合物からスタートする場合で，どちらが効率的かは議論の分かれるところであるが，いずれにしても，社会に受け入れられる殺虫剤を合理的に開発する上では，ゲノム情報が有力なツールとなるのは間違いない。今後，ゲノム情報をいかにうまく利用するかが効率的創農薬のひとつの鍵になってくるであろう。

謝辞
本稿を執筆するにあたり，貴重な意見をいただきました独立行政法人農業生物資源研究所の野田博明氏・篠田徹郎氏に深く感謝いたします。

文　献

1）Ote M., *et al.*, *Insect Biochem. Mol. Biol.*, **34**, 775 (2004)
2）清水良，日本農薬学会誌，**29**, 391 (2004)
3）Toya T., *et al.*, *Biochem. Biophys. Res. Commun.*, **292**, 1087 (2002)
4）菅原二三男，日本農薬学会第29回大会講演要旨集，p31 (2004)
5）http://www.rcsb.org/pdb/index.html
6）Isabelle M. L. Billas, *et al.*, *Nature*, **426**, 91 (2003)
7）Tanaka, K., *et al.*, *Annu. Rep. Sankyo Res.Lab.*, **53**, 1 (2001)
8）http://www.ncbi.nlm.nih.gov/

2　天敵昆虫・訪花昆虫の農業への応用

和田哲夫*

2.1　はじめに

天敵昆虫を農業害虫の防除手段として利用することは，紀元前より行われていたとされているが，本稿では20世紀後半より総合害虫防除のなかで果たしてきた生物防除における天敵昆虫，受粉昆虫について詳述する。

2.2　天敵昆虫・受粉昆虫利用の現状

2.2.1　海外の現状

(1)　天敵昆虫(表1)

西北ヨーロッパおよび北米については施設栽培における昆虫を利用する生物防除，生物受粉は1980年代より活発化し，2005年現在，施設栽培での生物防除は通常のシステムとなっている。利用されている作物はトマト，パプリカを中心とする果菜類であり，野外の野菜での生物防除はほとんど行われていない。利用度合いの高い国はオランダ，イギリス，ベルギー，フランス，北欧3国などであるが近年はポーランドなどの東欧での利用も進んでいる。主に利用されている天敵昆虫はハダニ用のカブリダニ，コナジラミ用のツヤコバチ，スリップス用のカブリダニ，ヒメハナカメムシなどである。

表1　世界の施設栽培での天敵昆虫による生物防除面積（Maisonneuve，和田改変2002）

	野菜での面積（Ha）	生物防除の占める割合	花卉類での面積（Ha）
ドイツ	356	29%	158
オーストリア	231	52%	
ベルギー	1174	90%	50
ブルガリア	554		
カナダ	716		140
韓国	10		
デンマーク	110	98%	130
フィンランド	220	95%	15
フランス	1802	＞50%	
イギリス	470		30
ハンガリー	258		5
イタリア	258		30
日本	700	1.5%	0
オランダ	3000	＞60%	575
スウェーデン	110	85%	50

日本での将来的ポテンシャルが大きいことが分かる。

*　Tetsuo Wada　アリスタライフサイエンス㈱　バイオソリューション部　部長

表２　ヨーロッパ・アメリカでのバラでの生物防除

害虫名	天敵名	予防的放飼（１ m^2 当り）	害虫発生初期（１ m^2 当り）
コナジラミ	オンシツツヤコバチ	発生前は使用しない	1.5頭（毎週　４週連続）
	サバクツヤコバチ	同上	1.5頭（毎週　４週連続）
ハダニ	チリカブリダニ	同上	６頭（毎週　４週連続）発生大20頭
	デジェネランスカブリダニ		
スリップス	タイリクヒメハナカメムシ		
	ククメリスカブリダニ	200頭（一回放飼）	発生後は使用しない
	デジェネランスカブリダニ		
ワタアブラムシ	コレマンアブラバチ		１頭（毎週　４週連続）
モモアカアブラムシ	コレマンアブラバチ	同上	同上
その他のアブラムシ	ショクガタマバエ	発生前は使用しない	0.5－１頭（毎週　３回連続）
鱗翅目害虫（コナガ，ヨトウムシ，タバコガなど）	BT剤		

南ヨーロッパでの生物防除は比較的遅れており，その理由として害虫の密度が高いこと，施設が開放的であること，施設内温度の制御が困難なことなどがあげられる。

北米ではカナダの太平洋側と大西洋側の園芸地帯において生物防除が盛んに行われてきているが，近年はアリゾナ，コロラドなどでオランダ式の大型施設における生物利用が進んでいる。また花卉類の害虫の生物防除は米国のカリフォルニア州で進んでいる。ヨーロッパでは近年花卉類での生物防除が浸透してきている。主にガーベラ，菊，ポインセチア，ポット植物などにハダニ，スリップス用の天敵，チリカブリダニ，ヒメハナカメムシなどが利用されている（表２）。

(2)　受粉昆虫（図１）

1980年代後半，ベルギーの会社によりセイヨウマルハナバチ（Bombus terrestris）が主にトマトの受粉用に開発された。それまで北西ヨーロッパではバイブレーターによる振動受粉が行われ，南ヨーロッパでは植物ホルモンにより受粉が行われていた。2005年現在利用されているマルハナバチのコロニー（巣箱）数は80万コロニー以上であり，利用面積はスペインを中心に5万ヘクタール以上と推定される。

現在はドイツ，オランダなどでの野外の果樹，リンゴ，ナシにおいても３コロニーをひとつにした巣箱セットにより受粉作業が軽減されている。セイヨウオオマルハナバチ以外に利用されている種はスペインのカナリア諸島のみで利用されているテレストリス亜種のカナリエンシス（Bombus terrestris canariensis）と米国における西海岸種のBombus impatience，東海岸種のBombus occidentalis，日本でのクロマルハナバチ（Bombus ignitus），トラマルハナバチ（Bombus diversus），オオマルハナバチ（Bombus hypocrita）などがある。カナリア諸島，米国では導入

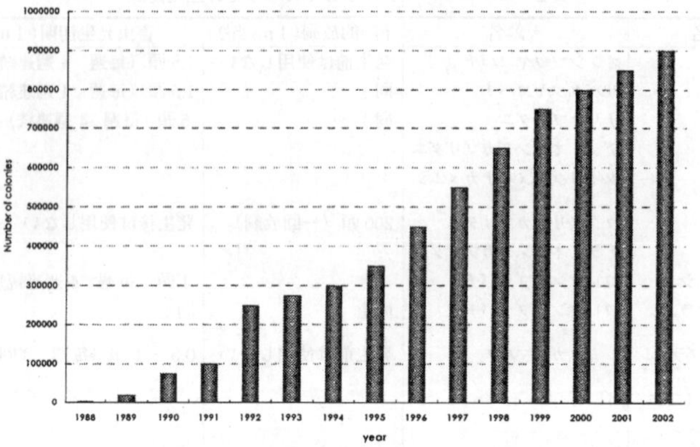

図1　世界のマルハナバチの利用数推移（ファン・ドールン，2002）

時に土着種を利用することが要求されたため土着種の利用が定着したが，日本を含む世界各国では土着種への移行は増殖技術の問題，経済性の点から必ずしも進んでいない状況である。

2.2.2　日本の現状

⑴　天敵昆虫（表3，4，5）

日本においては天敵昆虫は農薬取締法により農薬として登録される必要があるため西欧にくらべ，天敵昆虫の導入は遅れたが，1995年にイチゴのハダニ用にチリカブリダニ（Phytoseiulus persimilis）およびトマトのオンシツコナジラミ用にオンシツツヤコバチ（Encarsia formosa）の2種が登録された。その後登録された天敵昆虫は2005年現在14種にのぼり，西欧と同じレベルの天敵昆虫が利用できるようになり生物防除の普及に貢献している。

2005年現在天敵昆虫を利用している施設栽培の面積は800ヘクタールと推定される。おもな使用作物はイチゴ，ナス，ピーマン，トマトなどであり，近年はブドウ，ナシなどの施設果樹での利用も始まっている。もっとも多く利用されている天敵昆虫はチリカブリダニであり，全国のイ

表3　2003年天敵昆虫使用面積（ha）

	アブラムシ	コナジラミ	ハダニ	ハモグリバエ	アザミウマ
トマト		112		51	
なす	19		5		114
ピーマン	9				92
イチゴ	81		226		41
小計	109	112	231	51	247

表4　天敵昆虫・天敵ダニ製剤登録状況（2005年2月21日現在，JPPAまとめ）

農薬の種類	農薬の名称	対象作物	対象病害虫	初年度登録	取り扱い会社
イサエアヒメコバチ・ハモグリコマユバチ剤	マイネックス	野菜類(施設栽培)	ハモグリバエ類	97. 12. 24	アリスタライフサイエンス㈱
	マイネックス91	野菜類(施設栽培)	ハモグリバエ類	01. 4. 16	アリスタライフサイエンス㈱
イサエアヒメコバチ剤	トモノヒメコバチDI	トマト(施設栽培)	マメハモグリバエ	99. 3. 25	シンジェンタジャパン㈱
		なす(施設栽培)		02. 7. 2	
	ヒメコバチDI	野菜類(施設栽培)	ハモグリバエ類	02. 9. 17	シンジェンタジャパン㈱
	ヒメトップ	野菜類(施設栽培)	ハモグリバエ類	02. 9. 3	㈱キャッツ・アグリシステムズ
ハモグリコマユバチ剤	トモノコマユバチDS	トマト(施設栽培)	マメハモグリバエ	99. 3. 25	シンジェンタジャパン㈱
	コマユバチDS	トマト(施設栽培)	マメハモグリバエ	02. 9 .17	シンジェンタジャパン㈱
		ミニトマト(施設栽培)		03. 3. 5	
オンシツツヤコバチ剤	エンストリップ	野菜類(施設栽培)	コナジラミ類	95. 3. 10	アリスタライフサイエンス㈱
		ポインセチア(施設栽培)		04. 7. 8	
	ツヤコバチEF	トマト(施設栽培)	オンシツコナジラミ	02. 9. 17	シンジェンタジャパン㈱
		ミニトマト(施設栽培)		03. 3. 5	
	ツヤコバチEF30	野菜類(施設栽培)	コナジラミ類	02. 8. 13	シンジェンタジャパン㈱
	ツヤトップ	野菜類(施設栽培)	オンシツコナジラミ	01. 1. 30	㈱キャッツ・アグリシステムズ
サバクツヤコバチ剤	エルカード	野菜類(施設栽培)	コナジラミ類	03. 5. 7	アリスタライフサイエンス㈱
コレマンアブラバチ剤	アフィパール	野菜類(施設栽培)	アブラムシ類	98. 4. 6	アリスタライフサイエンス㈱
	アブラバチAC	野菜類(施設栽培)	アブラムシ類	02. 9. 3	シンジェンタジャパン㈱
	コレトップ	野菜類(施設栽培)	アブラムシ類	02. 9. 3	㈱キャッツ・アグリシステムズ
ショクガタマバエ剤	アフィデント	野菜類(施設栽培)	アブラムシ類	98. 4. 6	アリスタライフサイエンス㈱
ナミテントウ剤	ナミトップ	野菜類(施設栽培)	アブラムシ類	02. 11. 26	㈱キャッツ・アグリシステムズ
	ナミトップ20	野菜類(施設栽培)	アブラムシ類	05. 02. 09	㈱キャッツ・アグリシステムズ
チリカブリダニ剤	スパイデックス	野菜類(施設栽培)	ハダニ類	95. 3. 10	アリスタライフサイエンス㈱
		果樹類(施設栽培)		99. 11. 25	
		いんげんまめ(施設栽培)		00. 8. 15	
		ばら(施設栽培)		02. 10. 16	
		カーネーション(施設栽培)		04. 7. 8	

表4　天敵昆虫・天敵ダニ製剤登録状況（つづき）

農薬の種類	農薬の名称	対象作物	対象病害虫	初年度登録	取り扱い会社
		シクラメン(施設栽培)		02. 10. 16	
	カブリダニPP	野菜類(施設栽培)	ハダニ類	02. 9. 3	シンジェンタジャパン㈱
		ばら(施設栽培)		03. 8. 20	
		おうとう(施設栽培)	ナミハダニ	02. 9. 3	
	チリトップ	野菜類(施設栽培)	ハダニ類	02. 6. 18	㈱キャッツ・アグリシステムズ
ククメリスカブリダニ剤	ククメリス	野菜類(施設栽培)	アザミウマ類	98. 4. 6	アリスタライフサイエンス㈱ 日本化薬㈱
		シクラメン(施設栽培)		02. 10. 16	
		ほうれんそう(施設栽培)	ケナガコナダニ	03. 3. 7	
	メリトップ	野菜類(施設栽培)	アザミウマ類	02. 6. 18	㈱キャッツ・アグリシステムズ
デジェネランスカブリダニ剤	スリパンス	なす(施設栽培)	アザミウマ類	03. 6. 3	アリスタライフサイエンス㈱
		ピーマン(施設栽培)		03. 2. 25	
ミヤコカブリダニ剤	スパイカル	野菜類(施設栽培)	ハダニ類	03. 6. 3	アリスタライフサイエンス㈱
		果樹類		03. 10. 8	
ナミヒメハナカメムシ剤	オリスター	ピーマン(施設栽培)	ミカンキイロアザミウマ	98. 7. 29	住友化学工業㈱
			ミナミキイロアザミウマ	98. 7. 29	
タイリクヒメハナカメムシ剤	オリスターA	野菜類(施設栽培)	アザミウマ類	01. 1. 30	住友化学工業㈱
	トスパック	野菜類(施設栽培)	アザミウマ類	04. 10. 6	八州化学㈱
	サンケイトスパック	野菜類(施設栽培)	アザミウマ類	04. 10. 6	サンケイ化学㈱
	タイリク	野菜類(施設栽培)	アザミウマ類	01. 6. 22	アリスタライフサイエンス㈱
ヤマトクサカゲロウ剤	カゲタロウ	野菜類(施設栽培)	アブラムシ類	01. 3. 14	アリスタライフサイエンス㈱ アグロスター㈱
アリガタシマアザミウマ剤	アリガタ	野菜類(施設栽培)	アザミウマ類	03. 4. 22	アリスタライフサイエンス㈱
				04. 1. 28	琉球産経㈱

チゴの施設で普及が急速に進んでいる。ナスにおけるタイリクヒメハナカメムシ，ククメリスカブリダニを利用した場合の防除コストを高知県土佐あき農協で平成11年のデータと14年から16年にかけてのデータを調査した結果では表6のような数値が示されており，効率的に天敵を利用すると生物防除が化学防除に比べコスト的に有利になることが示されている。また化学殺菌剤の使用も控えられていることがわかる。

表5　海外で利用・試験はされているが日本で登録のない天敵昆虫（和田，2005）

天敵種	害虫名	備考・和名
Aphidius ervi	Macrosiphum euphorbia	アブラバチの一種
Feltiella acarisuga	Spider mite	ヒラタアブの一種
Amblyseius womerslei	Spider mites	ケナガカブリダニ
Macrolophus caliginosus	whitefly	食植性のため輸入禁止
Hypoaspis aculeifer	Bulb mites	土壌害虫用
Anthocoris nemoralis	pear psylla.	日本でも同属を開発中
Aphelinus abdominalis	Macrosiphum euphorbiae, Aulacorthum solani	アブラコバチの一種
Atheta coriaria	thrips	
Episyrphus balteatus	Aphids	ヒラタアブの一種
Hypoaspis miles	Sciarids	キノコバエの防除
Amblyseius fallacis	Spider mites	野外作物でのハダニ防除
Stethorus punctillum	Spider mites	テントウの一種
Typhlodromus pyri	Spider mites	野外果樹用
Typhlodromips swirskii	Mites/thrips	スワルスキーカブリダニ
Eretmocerus mundus	Bemisia algentfolii	日本でも開発中
Adalia bipunctata	aphids	フタモンテントウ

表6　土佐あき農協のナスにおける10アールあたりの防除費用

	平成11年	平成14年～15年の平均値
殺虫剤	144,000	52,000
天敵昆虫	0	70,000
殺菌剤	80,000	50,000
合計（単位　円）	224,000	172,000

(2)　受粉昆虫（図2）

日本においては上述したセイヨウオオマルハナバチが1992年よりトマトの施設で利用されるようになった。その利便性のため，急速に普及が進み2004年には約7万コロニー，日本の施設トマトの60%以上で利用されていると推定される。ナス，キュウリでの利用も可能であるが利用率はまだまだ低い。

1996年より国産種であるクロマルハナバチ（Bombus ignitus）（写真1）が商品化され，2005年施行の外来生物法により，今後国産種の利用が増加する可能性もある。またクロマルハナバチは北海道には生息しないため北海道の固有種であるエゾオオマルハナバチ（Bombus hypocrita sapporoensis）増殖も課題とされている。

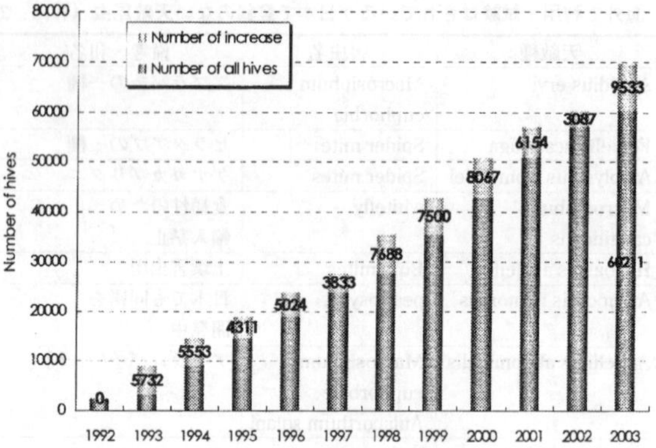

図２　日本でのマルハナバチ利用数推移（独立行政法人国立環境研究所・マルハナバチ普及会調べ）

写真１　クロマルハナバチ

2.3　天敵昆虫・受粉昆虫の増殖と普及について

2.3.1　天敵昆虫・受粉昆虫の増殖

天敵昆虫の増殖法はこれまで大きな技術的革新はなく，ほとんどが寄主である害虫を増殖し，その害虫を餌として天敵昆虫を増殖するという基本的には自然界における天敵昆虫の生態をハウス，あるいは実験室内で再現するというものである。代替餌としてスジコナマダラメイガ

(Ephestia kueniella) の冷凍卵を利用することはよく知られた手法であるが，このメイガの増殖自体のコストが高いことが天敵昆虫，とくに捕食性天敵の生産コストの上昇を招いている。

寄生性天敵については，代替寄主として近似の種を利用することはあるものの生産性という点ではさほどの効率向上にはつながらず低コスト生産の実現はなされていない。また天敵昆虫の生産においてもっとも大きな問題は天敵昆虫の保存性が短いということである。保存性がないため，化学農薬のように一時に生産し在庫するという通常の製品で可能なことができず，廃棄量の増大，生産現場での労働力の配分が困難であることなどが問題点となっている。

受粉昆虫については，女王蜂の中期保存は可能とはいえ，生産にまわしたコロニーの保存は不可能であり，やはりコストアップの原因となっている。しかしマルハナバチが実用化した背後には，越冬女王の保存性とその後の二酸化炭素による覚醒という西ドイツのDr.R.U.Roeslerの研究に負うところが大きい。

天敵昆虫にしても受粉昆虫にしても，その保存法と効率的な増殖方法の開発が望まれるところである。

2.3.2　天敵昆虫・受粉昆虫の利用技術の普及について

(1)　天敵昆虫

作物保護において化学農薬が防除の中心として過去50年利用されてきたなかで生物である天敵昆虫を化学防除の体系のなかに組み込ませることは極めて困難である。有機農法，無農薬栽培というものの存在はするがそのシェアは非常に小さく主流は化学農薬による防除である。天敵昆虫による生物防除を成功させるためには下記の要件が必要である。

・化学農薬とは作用が大きく異なることを認識すること
・施設内の気温は摂氏25度前後の昆虫の増殖にとって好適な条件であること
・化学農薬より早い時期に利用する必要があること。すなわち害虫発生後に，治療的に利用して成功する確率はかなり低くなること
・効果がでてくるのが極めて遅効的であること
・黄色粘着板，ネットなどの物理的防除と組み合わせる必要があること
・化学農薬とのIPM（総合的害虫管理）を念頭におくこと
・利用は集団あるいは広い面積の施設でおこなうべきで日本においては農協，県の指導者などの指導が必須であること
・発生初期に天敵昆虫を放飼するスケジュール放飼，プログラムによる導入での成功率が極めて高いこと

などである。

また天敵昆虫の利用における化学農薬に対する優位点は下記のようになる。

・天敵とダクト散布（バチルス・ズブチルス剤）は水を必要としない
・防除用機械・防除衣が長持ちする
・洗剤の必要量が少なくなる
・洗濯からの解放
・臭いからの解放
・容器の処分が簡単
・消費者への印象

(2) **受粉昆虫**

受粉昆虫の利用においても上述の要件は必要であるが，さらに受粉昆虫の場合は作物，すなわちトマトの花から受精可能な質，および量が供給されていなければならない。また0.4mm目のネットを張ることは外来生物法の観点からも，また効率的受粉の実現にも重要な要件である。

2.4 天敵昆虫・受粉昆虫の開発，利用，普及上の問題点

天敵昆虫，受粉昆虫における大きな問題点は知的財産権が保護されていないところである。近年日本では天敵昆虫の利用法について特許の申請が相次いでおり，また実際確立したものもある。マメハモグリバエに寄生するヒメコバチの一種であるカンムリヒメコバチの増殖法と利用法というものである。（特許番号　2865612）

これまで生物は特許の対象とならないとする考えが多かったが，微生物，とくに遺伝子レベルでの特許の確立が増加するなかで，すくなくとも増殖法，利用法については特許性があるというのが近年の考え方といえる。知的財産権を守るために天敵昆虫の農薬としての登録が重要である。2004年の段階で天敵昆虫を登録する必要がある国は日本，スイス，フランスである。登録することにより，天敵の品質にたいする責任が生じ，品質向上に資している。

日本の天敵昆虫の登録要件は下記のようである。

〈天敵昆虫登録必要事項〉

① 見本検査書　検査方法と報告

② 製剤物理化学的性状

③ 経時安定性

保存安定性試験　最大保存日数

輸送安定性試験　冷蔵・通常輸送

④ 毒性試験

皮膚刺激性試験（rabbit）

皮膚感作性試験（guinea pig）

⑤　有用生物影響試験

蚕，蜜蜂，天敵5種類以上

⑥　薬効薬害試験

2年以上にわたる施設あるいは露地での試験。

野菜　3科　2例以上　薬効試験

果樹　同上

その他　同上

薬害試験

⑦　分類，同定用文献，作用機作，増殖法

⑧　生態系に及ぼす影響に対する文献および考察

⑨　生活環，産卵数，増殖率，休眠越冬の可能性および文献

⑩　農薬としての法的な表示ラベル

⑪　海外での利用状況

⑫　海外と日本での開発の歴史

などであるが，IOBC（国際生物防除機構）による品質検査法は登録の要件ではないものの実質的にはその検査法による品質管理が必要である。（Lenteren，2004）

文　献

1）　小野正人，和田哲夫，マルハナバチの世界，132pp，日本植物防疫協会 (1996)

2）　根元久，和田哲夫，天敵ウォッチング，NHK出版，東京，166pp (1997)

3）　マライス，ラーフェンスベルグ，和田哲夫他訳，天敵利用の基礎知識，農文協，116pp (1995)

4）　森 樊須編，天敵農薬，日本植物防疫協会，東京，130pp (1993)

5）　矢野栄二，天敵，養賢堂，296pp (2003)

6）　山本出監修，新農薬開発の最前線，p212-225，シーエムシー出版，東京，368pp (2003)

7）　和田哲夫，生物農薬の開発・利用に関するシンポジウム講演要旨，日本植物防疫協会，75-80 (1994)

8）　Copping L. G., The BioPesticide Manual 2nd Edition, British Crop Protection Council, Farnham, Sussex, U. K. 528pp (2001)

9）　レンテレン　J. C. van，和田哲夫訳，施設栽培における生物的防除，植物防疫，vol47 (7) (8)，21-26 (1993)

10）　van Lenteren, J. C. Biological Pest Control in greenhouses, An overview (1992)

11）　van Lenteren J. C., Evaluaion and use of predators and parasitoids for biological control of pest in green houses, Kluwer Academic publishers, Dordrecht, Holland, 183-201 (1999)

12） van Lenteren J. C. (ed., 2004): Quality Control and Production of Biological Control Agents. Theory and Testing Procedures. -327pp., Wallingford (UK) (CABI Publishing)

3　*Bacillus thuringiensis*の殺虫蛋白質の科学と応用

早川　徹[*1]，堀　秀隆[*2]

3.1　はじめに

生産一辺倒の農業が戦後の日本の農業生産を増大させ，食糧難を乗り切ってきた。そこでは大量の合成窒素肥料が投入され，ドイツ製ついで日本発のフェニトロチオンなどの特効薬的農薬もこれまた大量に投入された。この様な農業生産方式の中でやがて土壌が疲弊し，農薬の土壌と作物への残留が大きくなり，環境汚染，アレルギー，更にはダイオキシンの原因物質としての深い疑いが向けられるようになった。この様な負の側面を乗り越え持続的発展可能な農業を構築することが21世紀の大きな課題である。その為には，今までの弱点を総括し新しい植物保護学や総合的害虫管理技術（IPM）の構築が必要になっている。その様な新しい取り組みの一つとして生物農薬がある。本章ではその中の一つの重要な柱である，BT製剤の基礎的な解説を試みた。

3.2　*Bacillus thuringiensis*の形態，分布，分類

3.2.1　*B. thuringiensis*の形態と分布

*Bacillus thuringiensis*はグラム陽性の好気性芽胞形成細菌である。栄養細胞は短径1 μm以上，長径10 μm程の比較的大型桿状菌で，菌体表面には多くの鞭毛があるため高い運動性を持つ。*B. thuringiensis*は芽胞を形成する際に蛋白質結晶体（Crystal，クリスタル）を形成するのが特徴と言える。クリスタルの形状は菌株によって異なり，ピラミッドを2つ重ねたようなバイピラミダル形（図1）や立方体，球形，不定形など様々である。BT殺虫剤やBT組換え植物が普及しつつある現在，*B. thuringiensis*のクリスタルは殺虫活性を持つものと考えられがちであるが，殺虫活性を持たないクリスタルを生産する*B. thuringiensis*も自然界に広く分布していることが明らかになっている[1]。クリスタル中の活性蛋白質にはヒトガン細胞を特異的に破壊するものも報告されている。

*B. thuringiensis*はアジアやヨーロッパ，アフリカ，南北アメリカ，オーストラリア，南極の7大陸全てで分離されていて[2]，分布は沿岸部からヒマラヤなどの高山帯にまで及ぶ。日本でも北海道から琉球諸島に至るまで多くの地域でその分布が確認されている。*B. thuringiensis*は主に土壌や昆虫，植物体表面から分離される他，湖沼や河川，海洋，下水，穀物，食品製造工場，動物の排泄物，化石（琥珀）などからも分離されている。

＊1　Tohru Hayakawa　新潟大学　大学院自然科学研究科　助手
（現：岡山大学　大学院自然科学研究科　助手）
＊2　Hidetaka Hori　新潟大学　大学院自然科学研究科　応用バイオサイエンス大講座　教授

図１　*B. thuringiensis* serovar *kurstaki* HD73株の殺虫タンパク結晶体
この結晶体はCry1Acトキシンが活性成分。

3. 2. 2　*B. thuringiensis*の分類

*B. thuringiensis*は*Bacillus cereus*群に属する土壌細菌である。*B. cereus*群には他に*Bacillus anthracis*（炭疽菌）や*Bacillus cereus*などが含まれる。*B. anthracis*は鞭毛を持たず，ガンマファージおよびペニシリンに感受性，ヒトや家畜に対して病原性を持つなど他の２つとは大きく異なる特徴を持つ。しかし*B. thuringiensis*と*B. cereus*は非常に類似しており，クリスタルを形成するかしないかの違いしかない。ゲノム構造や特定遺伝子の類似性やリボゾーマルRNA(rRNA)の相同性を基にした分類も試みられているが分子生物学的手法では未だ両者は区別できない[3)]。最近*B. cereus*と分類された菌株の中にもCry蛋白質の潜在遺伝子をもつものが報告され[4)]，分類の問題を一層複雑にしている。

細菌の菌体表面にある抗原（鞭毛や繊毛，細胞壁，夾膜など）の血清学的性状は微生物の分類に良く用いられる。例えば，新聞などで騒がれる大腸菌（*Escherichia coli*）O157は菌体（O）抗原による分類名である。*B. thuringiensis*も鞭毛（H）抗原の血清型（serovar）に基づいた分類[5)]がされており，1999年時点で69種類のH血清型（H1～H69）が報告されている[6)]。血清型によってはさらに複数の亜血清型に細分されることもあり，合計82種類の血清型／亜血清型が知られている。これらの内，日本で発見されたものは*sotto*や*aizawai*など11種類である。*B. thuringiensis*の分類に耐熱性菌体抗原（heat-stable somatic antigen，HSSA）が用いられることもある。これは菌体を100℃，２時間処理した後に残る主に細胞壁多糖類に基づいた分類で，日本において開発された[7)]。HSSAは鞭毛欠損株など，菌体表面抗原に異常を持つ菌株の分類にも有効であるが，H抗原よりも特異性が低いため，69種類ある*B. thuringiensis*のH血清型もHSSAによる分類では16種類にグループ化される。

3.3　殺虫蛋白質

3.3.1　クリスタルの構造

*B. thuringiensis*が生産するクリスタルの主成分は殺虫蛋白質である。*B. thuringiensis*は1～数種類の殺虫蛋白質を生産し，これらが単独でもしくは協調してクリスタルを形成する。クリスタルの形状は殺虫蛋白質の種類によって決まるが，クリスタルの形状は殺虫スペクトルと関係はない。例えばラグビーボール型クリスタルを形成する*B. thuringiensis* serovar *japonensis*は蝶や蛾などの鱗翅目昆虫を特異的に殺すが，ほぼ同一形状のクリスタルを形成する*B. thuringiensis* serovar *japonensis* strain Buibuiはドウガネブイブイやアオドウガネ，マメコガネ，コフキコガネといった甲虫目（鞘翅目）の幼虫だけを殺虫する。

クリスタルを構成する殺虫蛋白質は前駆体（プロトキシン）として存在していて，そのままでは殺虫活性を示さない。クリスタルは昆虫幼虫の高アルカリ性中腸消化液（約pH 10）中で可溶化され，消化液中のトリプシン・キモトリプシン様プロテアーゼの限定的な分解を受けて殺虫活性を持つようになる。殺虫蛋白質には130kDaのプロトキシンを持つものと70kDaのプロトキシンを持つものの2種類がある。130kDa型の代表的な殺虫蛋白質として，鱗翅目昆虫に活性を持つCry1Aや蚊などの双翅目昆虫に活性を持つCry4A，Cry4B，線虫に活性を持つCry5A，コガネムシなどの鞘翅目昆虫に活性を持つCry8Ca1などがある。一方，70kDa型には鱗翅目と双翅目昆虫の両方に活性を持つCry2A1や双翅目昆虫に活性を示すCry11A，Cry11Bなどがあり，鞘翅目および鞘翅目と鱗翅目の両方に活性を持つCry3Bも70kDa型である。130kDa型は中腸消化液の限定分解を受け，N-末端半分の約60kDaの活性型トキシン（Cryトキシン）となる。70kDa型も両端を少し失い60kDa活性型になる。

3.3.2　殺虫蛋白質の分類

殺虫蛋白質の分類は標的昆虫に対する殺虫活性を中心に行われきたが，現在は殺虫蛋白質遺伝子の一次構造を基準とした分類が行われている。これは地理的，政策的要因の関係で，それぞれの国に生息し入手できる昆虫種は異なるからである。すなわち，類似した殺虫蛋白質でも殺虫活性のみを基準に分類すると，分離しアッセイした国が異なるだけで別種に分類されてしまう可能性がある。現在，鱗翅目昆虫特異的な活性を示すCry1だけでもCry1AからCry1Lまで100種類以上，全体としてCry46までのCryトキシンと幾つかのCytトキシン（溶血活性を示す毒素，蛋白質としてはCryトキシンと全く関係ない）を加えると300種類を超える殺虫蛋白質遺伝子が同定されており，これからもその数は増えていくと考えられる。現在，殺虫蛋白質の分類，命名はトキシン命名委員会が行い，インターネットを通して最新の状況を閲覧することができる（http://www.biols.susx.ac.uk/home/Neil_Crickmore/Bt/）。

3.3.3 Cryトキシンの構造

Cryトキシンの幾つかについてX線結晶回折が行われ，三次元CGが示された（Cry3Aa[8]，Cry1Aa[9]，Cry1Ac[10]，Cry2Aa[11]，Cry3Bb[12]）。これらのCryトキシンはそれぞれ異なる殺虫スペクトルを示し，アミノ酸配列を比較すると，中には20%以下の相同性しか示さないものもある。しかし構築された3D–CGモデルはどれも驚くほど類似している（図2）。実際に構築された3D–CGモデルはCryトキシン全体の中のほんの一部でしかないが，基本的3次元構造は全Cryトキシンで同じと考えられる。

Cryトキシンは構造上3つのドメイン（ドメインⅠ～Ⅲ）からなる。ドメインⅠはトキシンのN末端側に位置していて，7つのαヘリックスが束状に配置している。トキシンの作用機構においてドメインⅠが膜に貫入すると考えられているが，実際にどのヘリックスが貫入するかなど具体的なことは判っていない。ドメインⅡはβシートからなるβプリズム構造をとり，3つの逆平行βシートをつなぐループ領域が3つ存在する。ドメインⅡは受容体への結合に関与すると考えられている。最後のドメインⅢは2つの逆平行βシートがβサンドイッチ構造をとっており，トキシン構造の安定化や受容体との結合に寄与すると考えられている（図2）。

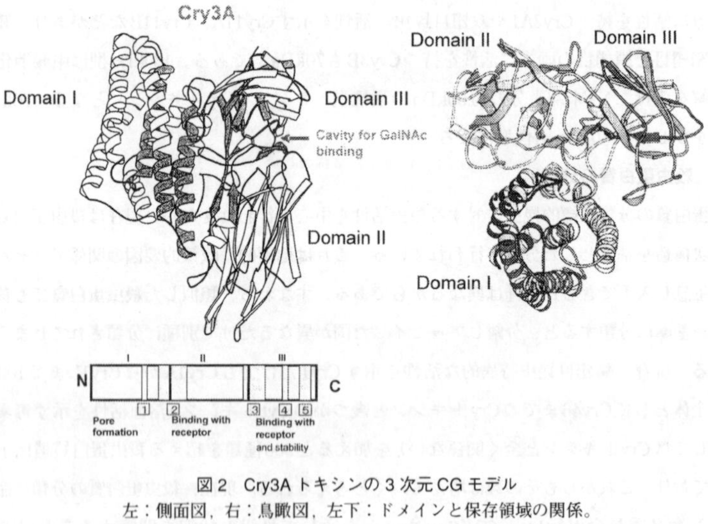

図2　Cry3Aトキシンの3次元CGモデル
左：側面図，右：鳥瞰図，左下：ドメインと保存領域の関係。
Li. J., *et al.*, *Nature*, 353 815 (1991) より改変引用

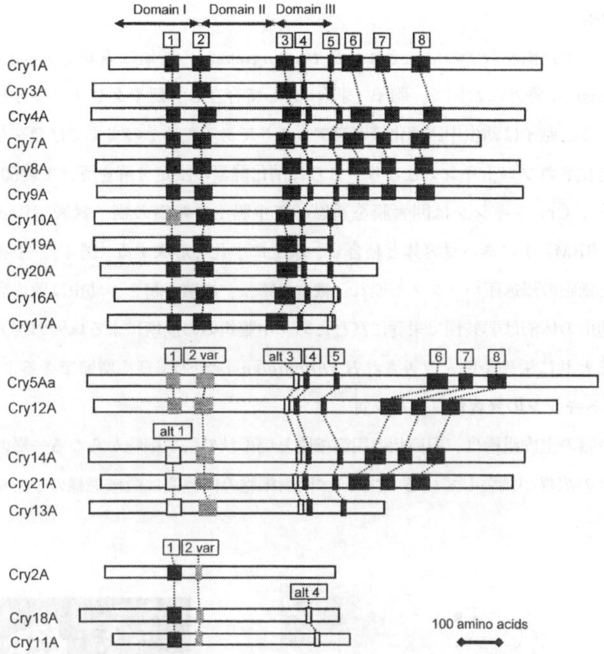

図3　Cry トキシンの3ドメインと8個の保存領域
灰色枠 Var：変異がある，白枠 alt：変異が大きい。
Schnepf. E., *et al.*, *Micro. Molec. Rev*, 62 775 (1998)
から引用

一方，Cryトキシンのアミノ酸配列を比較すると，高度に保存された5つの領域（ブロックⅠ～Ⅴ）が見つかる（図3）。これらブロックはCry2AやCry11Aなど一部の例外を除いてほとんどのCryトキシンが共通して持つことから，Cryトキシンに共通する機構を司る領域と考えられている。3.3.1項で説明した130kDa型プロトキシンの場合，C末端側（活性化の際に消化液プロテアーゼの限定分解を受けて除去される領域）にも3つの保存領域（ブロックⅥ～Ⅷ）が存在している。ブロックとドメインの位置をCryトキシンのアミノ酸配列上で重ね合わせてみると，ブロックⅠとⅡはドメインⅠに含まれ，ブロックⅢ～ⅤはドメインⅢ内に位置する。膜貫入（ドメインⅠ）やトキシン構造の安定性（ドメインⅢ）といったCryトキシン殺虫機構の中枢部分に関与すると推定される領域の保存性は高く，受容体への結合，宿主特異性の決定（ドメインⅡ）に関与する領域には多様性が見られる。

3.4　殺虫機構

Cryトキシンが昆虫を殺すのは，それが*B. thuringiensis*の増殖に重要だからと考えられる。*B. thuringiensis*は野外において，胞子（芽胞）として存在し，餌やクリスタルとともに昆虫幼虫に食べられる。胞子は幼虫中腸消化液が高アルカリであるためそのままでは発芽しない。クリスタルは可溶化されプロトキシンとなり，さらに消化酵素の限定分解を受けて約60kDaのCryトキシンとなる。Cryトキシンは囲食膜を通過して中腸上皮組織の刷子縁膜（Brush Border Membrane，BBM）上にある受容体と結合し，膜上に小孔を形成する（図4）。小孔が形成されると中腸上皮細胞の浸透圧バランスが崩れ，細胞の膨張，崩壊が起き，幼虫は敗血症を起こして死ぬ。昆虫幼虫の体液は弱酸性で栄養に富むため，中腸組織の崩壊による体液の混入は中腸消化液を中和すると共に栄養条件も改善され*B. thuringiensis*が効率良く増殖できるようになる。

3.4.1　Cryトキシンの受容体タンパク質

昆虫幼虫中腸の上皮組織は，円筒状の円筒細胞と扁平状の扁平細胞からなる一層の構造で，それを筋肉などの組織が補強している（図4）。円筒細胞の内腔側は微絨毛様のひだ構造（BBM）

図4　Cryトキシンの殺虫機構模式図
右下図はアンブレラモデルを表す。

となっている。上皮組織の内腔側はアピカル膜とも呼ばれ，反対側は側底部膜(バソラテラル膜)と呼ばれる。上皮細胞のBBM（アピカル膜）とバソラテラル膜では膜および膜蛋白質の組成が異なり，膜成分の輸送・分泌において明瞭なベクトルが存在している。Cryトキシンの受容体はBBMに特異的に存在すると考えられている。

Cryトキシンの受容体として2種類の膜蛋白質，アミノペプチダーゼN（APN）とカドヘリン様蛋白質(CadLP)が考えられている。APNはペプチドのアミノ末端の中性アミノ酸を切断する分解酵素で，Cryトキシンの受容体として最初に認知されたものである。一般的にCryトキシンが小孔を形成するにはCryトキシン自身の構造変化が必要とされており，APNの持つ蛋白質分解活性はCryトキシンのN末端領域を分解・修飾してドメインⅠのαヘリックス（膜貫入部位）を露出するような変化を促すことが期待できる点で有力と考えられる。タバコスズメガやカイコで見つかったAPNは，分子量12万（120kDa）のGPIアンカー型蛋白質で，蛋白質糖鎖のNアセチルガラクトサミン（GalNAc）を介してCry1Acと結合することが知られている。ここでGPIとはGlycosyl Phosphatidyl Inositolの略で，スフィンゲニンと脂肪酸からなるセラミドにイノシトールリン酸，グルコサミン，マンノオリゴ糖，リン酸，エタノールアミンで構成される，蛋白質を膜につなぐアンカーである（図5）。GPIアンカリングされた蛋白質は，膜貫通型蛋白質とは異なり，膜上の広い範囲を移動できると考えられる。これは効率よくCryトキシンを集積で

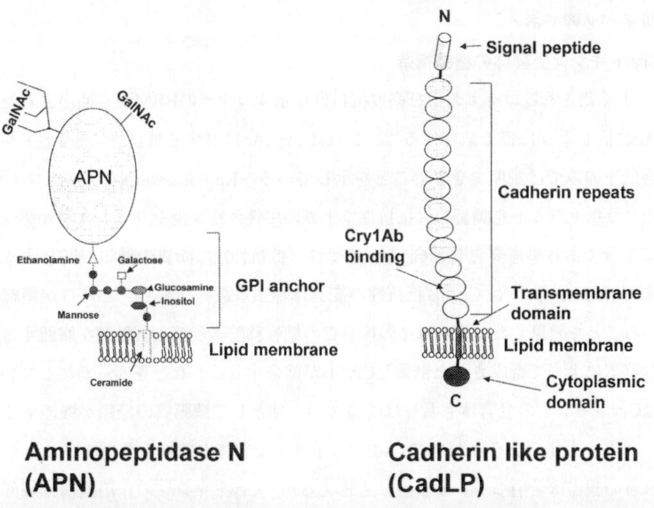

図5　アミノペプチデース（左）とカドヘリン様蛋白質（右）

きる点で大変有利な特徴である。昆虫のAPNには多くのアイソザイムが存在する。カイコBBMには120kDaのAPN以外にも8個以上のアミノペプチダーゼアイソザイムがあり，その中にはGPIアンカーを持たない膜貫通型のAPNも存在する。現在，昆虫のAPNは4つのグループに分類されており，120kDa APNはグループⅠである[13)]。

CadLPは細胞内ドメインおよび膜貫通ドメイン，細胞外ドメインからなり，12個のカドヘリンリピートを持つ膜貫通型蛋白質である（図5）。細胞膜に近いリピートの11番目にCry1Abが結合する報告がある。カドヘリンは元々細胞接着に関与する重要因子であるためバソラテラル膜にあり，アピカル膜には存在しないと考えられる。しかし類似の構造（カドヘリンリピート）を持つ蛋白質は多く，カドヘリンスーパーファミリーを形成していてその存在形態は多岐にわたる。CadLPも以て非なる蛋白質の一つであろう。CadLPとCryトキシンの結合は極めて強く，またトランスポゾンで作製したCry1Acに抵抗性を示す*Heliothis verescens*（オオタバコガの近縁種）の変異種は，ゲノムのCadLP遺伝子が欠損していた[14)]ことからCryトキシンの受容体として機能していると考えられている。

最近，APNやCadLPとは異なる新規のCry1A結合蛋白質がカイコBBMVから単離された。これは約252kDaの膜貫入型糖蛋白質で，Cry1Aa，Cry1Ab，Cry1Acと特異的に強く結合することが示された[15)]。“Cryトキシンに膜貫入を誘導する真の受容体は一体何であるのか？”という疑問の答えは未だに得られていない。Cryトキシンの作用にはBBMの膜蛋白質や脂質構造など多くの因子が関わると考えられる。Cryトキシンの作用機構の解析には，これら全てを考慮した総合的な解析系が必要である。

3.4.2 Cryトキシン受容体の糖鎖構造

Cry1Acでよく殺されるコナガおよび高度抵抗性を示すコナガのBBMから抽出された膜蛋白質は，Cry1Acに同じように良く結合する[16)]。これはCry1Acに対する抵抗性（感受性）をトキシン蛋白質結合低下のみでは説明できないことを示している。Kumaraswamiら[17)]は両コナガのBBMから中性オリゴ糖セラミドを調製し，抵抗性コナガの中性オリゴ糖セラミド含量が感受性のそれと比較して半分である事を発見し，Cry1Ac感受性（抵抗性）に脂質の糖鎖が関与する可能性を示した。またGriffittsら[18)]はCry5B抵抗性の変異体線虫を数株作製し，これらが糖転移酵素を欠失していることを発見した。彼らはその後，この糖転移酵素が糖脂質糖鎖を修飾するものであり，これら酵素によって合成された糖鎖とCry5Bが結合することなどを明らかにしている[19)]。以上の報告はCryトキシンの受容体もしくは受容体の一部として糖脂質の糖鎖が機能することを示している。一方，上述のようにAPNやCadLPは単独で受容体の機能を発揮することが示されている。これらの報告は矛盾しているようにも思えるが，Cryトキシンの作用機構は細部でトキシンの種類によって異なると考えられるし，受容体への結合と，脂質膜への貫入は独立した二つのイベントであるとすれば両立し得ると思われる。ところでCryトキシンと蛋白質糖鎖の相互作用はBBM以外でも起こっている証拠がある。カイコ（春嶺 x 鐘月）から囲食膜（Peritrophic membrane，PM)を摘出し，Cry1AaおよびCry1Acの膜透過率を測定したところ，強毒性のCry1Aaは透過し，毒性を示さないCry1Acは完全にPMにトラップされた。Cry1Acの透過は100mM GalNAcを添加することで回復し，Cry1AcがGalNAcを含む糖鎖を介してPM蛋白質に強く結合していることが示唆された[20]。

3.4.3　Cryトキシンの膜貫入

Cryトキシンの膜貫入部位を特定することは，Cryトキシンの膜貫入に必要な構造変化を予測するのに重要である。Cryトキシンの膜貫入モデルについて様々な提案がなされているが，その中でもアンブレラモデルが最もよく知られる[8, 21]。アンブレラモデルはCryトキシンが受容体と結合後，ドメインⅠがドメインⅡおよびⅢと離れ，α４とα５ヘリックスがヘアピン構造をとって膜に陥入し，残りのα２とα３，α６とα７ヘリックスが膜の表面で傘のように広がるというものである。膜上に広がったヘリックスは他の分子のヘリックスと結合し，最低４分子集合して小孔を形成すると考えられている（図４）。アンブレラモデルは様々なCryトキシン変異体を用いた研究の結果から構築されたものであり，それがCryトキシンとBBMの相互作用を反映しているとは限らない。我々はCryトキシンをBBMVと反応させた後，膜表面に露出したCryトキシンを強力なプロテアーゼで分解したが，アンブレラモデルでは説明できないトキシン断片が検出される。Cryトキシンの膜貫入部位を特定するためには，細胞膜受容体およびその周辺の膜構造などを考慮した研究の展開が望まれる。

3.5　BT殺虫剤

21世紀に持続的発展可能な農業の構築には，総合的防除(Integrated Pest Management，IPM)による有害生物の制御が必要不可欠である。IPMの目的は，生物的防除など化学的防除以外の手段を用い，化学合成殺虫剤，殺菌剤，除草剤などの使用を極力抑えることにある。近年日本では天敵微生物を利用した多様な生物農薬が開発され実用化されている。

生物的防除の中でも*B. thuringiensis*菌を用いた方法は確立された微生物的防除法の一つとして世界で活躍している。他にもウイルス，細菌，糸状菌などを活性成分とする微生物殺虫剤が開発されていて普及しつつある。BT殺虫剤の最大の利点は標的昆虫以外への無害性にある。*B. thuringiensis*の殺虫性Cryトキシンは既述したように，非常に狭い標的昆虫を持ち，それ以外の昆虫を殺すことはない。従って普及しつつある，天敵昆虫，線虫を用いた防除体系との併用が可能で，大いに評価されるべき点である。またBT剤の殺虫成分は蛋白質でボルドー液（アルカリ性）等を除けば化学農薬との併用も可能である。

表1　日本で登録されたBT剤と活性菌株

Bacillus thuringiensis の株	商品名	登録年	主要適用害虫
kurstaki	トアロー水和剤	1981	コナガ，ヨトウガ，アメリカシロヒトリ等
kurstaki	ダイポール水和剤	1982	コナガ，ヨトウガ，スジキリヨトウ等
kurstaki	チューリサイド水和剤	1982	コナガ，ヨトウガ，チャハマキ等
kurstaki	バシレックス水和剤	1982	コナガ，ヨトウガ，チャハマキ等
aizawai	セレクトジン水和剤	1982	コナガ，ヨトウガ，チャハマキ等
組み換え *kurstaki*	ガードジェット水和剤	1994	コナガ，チャノコカクモンハマキ，ドクガ等
	ターフル水和剤	1996	シバツトガ，スジキリヨトウ等
kursataki	デルフィン水和剤	1996	シバツトガ，スジキリヨトウ等
aizawai	ゼンターリ水和剤	1997	シバツトガ，スジキリヨトウ，コナガ等
japonensis Buibui	ブイハンター	2001	コガネムシ類

B. thuringiensis Cryトキシンに感受性の昆虫，およびそれを用いた殺虫剤を表1に示した。現在売られているBT殺虫剤は，1）鱗翅目害虫対象製剤，2）鞘翅目害虫対象製剤，3）双翅目害虫対象製剤に分けられる。

1）は広範囲の鱗翅目害虫に有効で多くの科の農業害虫に効果がある。カナダの森林害虫であるトウヒノシントメハマキの防除には，20年ほど前から化学殺虫剤の使用は禁止されていて，BT殺虫剤のみが有効な防除手段となっている。活性菌はほとんどが *kurstaki* か *aizawai* に属する菌株である。*kurstaki* 製剤に対して抵抗性となった害虫（例えばコナガ）は *aizawai* 製剤には感受性である。化学殺虫剤によく見られる交差抵抗性は，BT剤には起こりにくい。

2）は大変ユニークな製剤で，ハムシ科害虫およびコガネムシ科土壌害虫（ドウガネブイブイ，マメコガネなど）をそれぞれ対象とするBT製剤が実用化されている。特に前者はジャガイモの大害虫であるコロラドハムシに有効であるが，抵抗性の発達が問題となっている。後者はわが国の土壌から発見された *B. thuringiensis* serovar *japonensis* ブイブイ株を主剤とするBT製剤（ブイハンター水和剤）である。両製剤は，対象とする昆虫群以外には全く効力がない。ブイハンターの活性成分はブイブイ株が生産するCry8Ca1を製剤化した物で，コガネムシ類だけに殺虫活性を示す。ブイハンターは最初の国産BT剤と言う点で評価に値するが，製造元のライセンスは他社に移り，新しい出番が待たれる。SDSバイオテック社も新しいコガネムシ用BT剤を開発中であるが有効Cryトキシンは Cry8Ca1 と異なる。

3）では広く *B. thuringiensis* serovar *israelensis* が用いられ，カ，ブユ，ユスリカ，チョウバエ，サシバエなどがその対象となっている。中でも，西アフリカや中南米のオンコセルカ症（回旋糸状虫症）の病原体糸状虫 *Onchocerca voluvus* を媒介するブユを駆除するために世界保健機関（WHO）を中心とした国際連携事業 Onchocerca Control Programme（OCP）が組織された。OCPの実施により以下のような大きな成果が得られているという[22]。

・OCP 施行後に生まれた児童 1,100 万人を河川盲目症の脅威から解放した。

・住民 3,500 万人の線虫感染を防いだ。

・50 万人が失明を免れた。

・1,500 万人が感染から快復。

3）に関しては更に，German Mosquito Control Association は WHO との連携のもと，ドイツのライン川上流域におけるシマカ（*Aedes* spp）やイエカ（*Culex* spp.）などの防除事業に成功している。ここでも BTI 殺虫剤が用いられ，殺虫剤を氷（ice granule）にして川面に浮遊させ駆除する画期的散布方法が大きな成果をもたらしている。これらの成功例は，環境に安全な BT剤だからこそ出来たのであり，化学殺虫剤を水源や蛋白源魚類がいる河川，湖沼に散布することは不可能である。現在まで BTI 殺虫剤に対する抵抗性の発達および環境に与える負の影響は何ら報告されていない。

地球温暖化に伴う衛生害虫の都市部での増大，安全な食への高い希求などを解決するためBT殺虫剤の開発と利用には大きな期待がある。今こそ国民的認知，パブリックアクセプタンスの増大のために科学者の役割は大きいと言える。今後さらに多くのユニークなBT製剤がわが国における総合的害虫防除体系に導入されることが期待される。

3.6　*B. thuringiensis* 殺虫蛋白質と耐虫遺伝子組換え植物

3.6.1　耐虫組換え体植物

Cry トキシン殺虫機構の詳細は未だ解明されていないが，上に述べた様な人畜無害の BT 蛋白質遺伝子を*B. thuringiensis*から取り出し，植物に導入し発現出来れば害虫抵抗性植物を作出出来る可能性は大きい。実際，モンサント，アグロシータス，PGS 社は 1987 年に相次いで Cry トキシン遺伝子をワタ，タバコ，トマトに導入しCryトキシンを生産する遺伝子組換え体植物（耐虫植物）作出に成功し，耐虫タバコはタバコスズメガ幼虫などの食害から護られた[23)]。爾来Cry トキシン遺伝子はダイズ，トウモロコシ，ジャガイモ，カノーラ等の主要作物に導入されジャガイモを除きその栽培面積はアメリカ，カナダ，オーストラリアでは著しく拡大している。導入された遺伝子の主な物を表 2 に示す。

表 2　主な作物に導入された Cry トキシン遺伝子

cry1Ab	トウモロコシ，コメ
cry1Ac	ワタ，トウモロコシ
cry2A	ワタ
cry3A	ジャガイモ
cry9C	トウモロコシ

コロラドハムシに効果がある*cry3A*遺伝子を導入したジャガイモはNewLeafとよばれモンサント社が作製した。しかしこの間ひどく不人気になり，使用量は最近ではジャガイモ栽培面積の３％に転落し，2001年では既に販売されなくなった。理由は，１）Cry3Aトキシンはジャガイモの重要害虫アブラムシに対して全く活性を持っていない，２）コロラドハムシとアブラムシの両方に良く効く化学殺虫剤が出現した，３）遺伝子組み換え作物に対する市民の反対によりマクドナルド，バーガーキング，プロクターギャンブルなど大手食品企業が遺伝子組換えジャガイモの扱いを中止した事があげられる。しかし，もう一つの大きな理由は，化学農薬は目前で害虫が死ぬが，BT製剤の場合は散布直後に殺虫効果が目前で確認されることがないことである。目の前で直ぐに死なないと農民は不安なのである。一方ワタ，トウモロコシでは2002年統計で，鱗翅目昆虫幼虫を標的としたCry1Aを導入した耐虫作物の栽培面積は著しく増加している。耐虫ワタ圃場では化学農薬散布圃場に比較し当然なことだが豊かな小動物相が出現している。

3.6.2 耐虫組換え植物作製技術

*B. thruingiensis*トキシン遺伝子を導入した耐虫植物は殆どすべてが，土壌細菌*Agrobacterium tumefaciens*のT-DNAをベクターとして作製された。1981年に*B. thruingiensis kurstaki* HD-1株の130kDaCry1Aトキシン遺伝子が大腸菌でクローニングされた時に[24]，耐虫植物は既に人々のアイデアの中にあった。これを実現するために，クラウンゴール（crown gall）と呼ばれる不定形細胞塊を植物に作る根頭ガン腫病の原因菌，*A. tumefaciens*由来の巨大プラスミッドTiプラスミド（Tiはtumor inducingを意味する）の一部（T-DNA領域）から作製された発現ベクター，T-DNAベクター，が用いられた。

Ti-プラスミドのvir領域にはTiプラスミドの一部DNAを植物に移すのに必要な様々な蛋白質がコードされている。更に植物に移るDNA上には植物ホルモン合成に関係する遺伝子があり，植物細胞に入ったDNAは過剰な植物ホルモンを合成して根頭癌腫病をおこす。Tiプラスミド上の植物へ送り込まれるDNA領域をうまく保存して作られたのがT-DNAベクターであり，その領域に人為的に挿入されたDNAは植物に組み込まれる。Cryトキシン遺伝子を挿入し，癌腫病菌を感染させれば，その部分が効率よく植物細胞のDNAに挿入され，Cryトキシンが植物細胞で生産される。植物細胞遺伝子のどこに入るかは植物とベクターの都合によっていて，人為的には簡単には決められない。しかしどこに入ろうとも，入り込まれた部分の遺伝子が破壊されそこの蛋白質生産が無くなり，新しい殺虫蛋白質が生産されるだけである。

3.7 *B. thuringiensis*蛋白質と安全問題

3.7.1 耐虫遺伝子組換え体植物と安全問題

細菌由来の遺伝子を導入すると細菌が増殖するとか，どこに入るか解らないから何が起こっているか解らない，だから耐虫植物は安全でないと繰り返し喧伝されている。驚くべき事に，細菌遺伝子を導入すれば細菌が増殖するではないかと質問をする工学部などの学生が毎年いるが，知力の衰えであろう。遺伝子導入法への無理解，不安は，この機構自体が複雑で又完全に解明されていない部分もあり，わからなくもない。しかし今までに，はっきりとしたアレルギー症例は報告されたことはなく，むろん死亡例もないCryトキシンに対して安全でないとする疑念は，化学合成農薬がアレルギー問題，ダイオキシン原因物質としての深い疑いの中にあり，小動物への無差別な影響など環境への負荷を歴然として持っていることと比較して全く論理的でない。両者のリスク評価をしてみれば，環境負荷を減らす方策として耐虫植物を取るべき事は明らかであろう。この上で，生態的問題，遺伝子の拡散などの解決すべき問題があるのである。耐虫遺伝子組み換植物への感情的な反発が，環境保護派と称する人々から出ていることは驚くべき事であるが，我々Cryトキシン研究者が，地球環境を守る上で負っている科学的責務は重大である。恐らく反対者は世界で生産される全化学農薬の半分に近い量がこの狭い日本で用いられていて，それが大きな国民的アレルギー問題（花粉症，アトピーなど）や食への不安感の大きな要因の一つであることを知らないのであろう。

日本では農薬市場は約4,000億円規模だが，BT剤売上額はその0.1%にも達していない。世界的規模でも売り上げは化学農薬の１%以下である。東南アジア等の開発途上国あるいは農業国は化学農薬の規制が緩くかつ使用量が多く，抵抗性昆虫の出現問題が深刻である。これらの諸国でこそBT剤などの生物農薬を組み込んだIPMに基づき化学農薬の使用を減らし，抵抗性昆虫の出現を見ない農薬散布システムの構築が望まれる。

BT剤の使用量は化学農薬に比べ圧倒的に少ないがその使用の歴史は古く世界的規模である。しかも未だ呼吸困難，重篤疾患，感染症，アレルギーなどの報告はない。これには明白な理由がある。*B. thruingiensis* は *Bacillus cereus* が，いつの頃か解らないがどこからかCryトキシン遺伝子を摂取し，その後，今から５億年くらい前に出現した昆虫と相互作用を行って，現在の姿の昆虫病原性菌になったと思われる。人がサルから独立した進化の道を歩き始めるのは2,000万年前と考えられており，サルと人はその進化の舞台へ登場したとき既に *B. thruingiensis* や *B. cereus* と相互作用をしていたのである。以来数万年に渡り，人もサルも食物とともに土壌細菌 *B. thruingiensis* と *B.cereus* を今日までとり続け，深刻な病気の無い関係だからこそ共に共存してこられたのである。これがBT剤による悲劇的事件報告がない理由である。

3.7.2　アレルギー問題（スターリンク問題）およびモナーク蝶問題

家畜飼料として許可された組換え体トウモロコシ（Cry9Ca1を生産する）が関連商品に混入しアレルギー患者がでたというセンセーショナルな報告はまだ記憶に新しい。さらにそれに先駆けてイギリス *Nature* 誌に組換え体トウモロコシの花粉で北アメリカ南部に生息する渡り蝶モナーク蝶が殺虫されたという報告も一部の人には記憶があるだろう。トウモロコシに導入されたCryトキシンCry9Ca1は，アメリカEPAの検査の結果，熱安定性が他のCryトキシンより高い，消化液によって分解されにくいの二つの理由で当面家畜飼料としてのみ認可された。このCry9Ca1トキシンがアレルギーを引き起こしたとされるのが，スターリンク問題であった。これらの報告の顛末は既に科学的に審判が判定していて，現在の結論は，アメリカの調査報告によればアレルギー症状を訴えた患者はトウモロコシタンパクに対する特異体質の保持者であったことが判明している[25]。

一方，モナーク蝶問題では，トウモロコシに導入された遺伝子は鱗翅目昆虫殺虫性Cryトキシンを生産するもので，当然ながら一定量で鱗翅目昆虫であるカバマダラ幼虫を殺虫する。つまり問題はカバマダラ幼虫が生涯にどれだけの花粉を接種し，その中にはいかほどのCryトキシンが含まれているかを評価することである。これに決定的な評価を加え組換え体トウモロコシの花粉のカバマダラ幼虫への安全性を証明したのはカナダのSearsら[26]である。一読をお勧めする。導かれる結論は全くの安全性でありむしろモナーク蝶の激減は越冬地メキシコの開発とアメリカでの化学農薬の散布による幼虫への打撃であることを予想させる。

BT剤，耐虫植物が非標的昆虫に及ぼす影響についての総説の一読をお勧めする。完全無欠と言うものはなく，今後も研究を進めなければならない事を強く示唆する様な，非標的昆虫が殺虫される例も引用されている[27, 28]。

3.8 Cryトキシンの新展開

*B. thuringiensis*は殺虫活性を持たない例が多く，昆虫病原性細菌とは定義できないとされる。この様な考えに基づいた新しい生理活性を求める研究の末に全く新しい制ガン細胞活性が報告された。更に人間への感染を引き起こすトリコモナス原虫制御活性を持つ蛋白質も発見され*B. thuringiensis*研究の新しい地平線が開かれている。紙幅の関係で言及できないが，総説に詳しく一読を勧める[29]。

文　献

1) Ohba, M. and Aizawa, K., *J. Invertebr. Pathol.*, **47**, 12–20 (1986)
2) Ohba, M., Proceedings of a Centennial Symposium Commemorating Ishiwata's Discovery of *Bacillus thuringiensis*, pp. 141–145 (2001)

3) Helgason, E. *et al.*, *Appl. Environ. Microbiol.*, **66**, 2627–2630 (2000)
4) Shisa, N. *et al.*, *FEMS Microbiol. Lett.*, **213**, 93–96 (2002)
5) de Barjac, H. and Bonnefoi, A., *Entomophaga*, **7**, 5–31 (1962)
6) Lecadet, M. -M. *et al.*, *J. Appl. Microbiol.*, **86**, 660–672 (1999)
7) Ueda, K. *et al.*, *System. Appl. Microbiol.*, **14**, 291–294 (1991)
8) Li, J. *et al.*, *Nature*, **353**, 815–821 (1991)
9) Grochulski, P. *et al.*, *J. Mol. Biol.*, **254**, 447–464 (1995)
10) Derbyshire, D. J. *et al.*, *Acta. Crystallogr. D. Biol. Crystallogr.* **57**, 1938–1944 (2001)
11) Morse, R. J. *et al.*, *Structure* (Camb.), **9**, 409–417 (2001)
12) Galitsky, N. *et al.*, *Acta. Crystallogr. D. Biol. Crystallogr.* **57**, 1101–1109 (2001)
13) Nakanishi, K. *et al.*, *FEBS Lett.*, **519**, 215–220 (2002)
14) Gahan, L. J. *et al.*, *Science*, **293**, 857–860 (2001)
15) Hossain, D. M. *et al.*, *Appl. Environ. Microbiol.*, **70**, 4604–4612 (2004)
16) Higuchi, M. *et al.*, Proceeding of a Centennial Symposium Commemorating Ishiwata's Discovery of *Bacillus thuringiensis*, pp. 199–208 (2001)
17) Kumaraswami, N. S. *et al.*, *Comp. Biochem. Physiol. B*, **129**, 173–183 (2001)
18) Griffitts, J. S. *et al.*, *Science*, **293**, 860–864 (2001)
19) Griffitts, J. S. *et al.*, *Science*, **307**, 922–925 (2005)
20) Hayakawa, T. *et al.*, *FEBS Lett.*, **576**, 331–335 (2004)
21) Gazit, E. and Shai, Y., *J. Biol. Chem.* **270**, 2571–2578 (1995)
22) *Bacillus thuringiensis* 殺虫蛋白質の科学，大庭，堀，酒井編，6 章大庭道夫，アイピーシー出版，2005年
23) Whiteley *et al.*, *Nature*, **36**, 328 (1987)
24) Schnepf, H. E. and Whiteley, H. R. *Proc. Natl. Acad. Sci. USA* **78**, 2893–2897 (1981)
25) A report to the US Food and Drug Administration from the Centers for Disease Control and Prevention, June 11 (2001)
26) Sears M. K. *et al.*, *Proc. Natl. Acad. Sci. USA.* **98**, 11937–11942 (2001)
27) 白井洋一，（総説）日本応用動物昆虫学会誌，**47**，1–11 (2003)
28) 白井洋一，（総説）植物防疫，**59** (1)，19–24 (2005)
29) Bacillus thuringiensis 殺虫蛋白質の科学，大庭，堀，酒井編，4 章水城，赤尾，アイピーシー出版，2005年

4　天敵昆虫系統の識別技術と，その利用

日本典秀*

4.1　はじめに

近年，消費者の安全指向，農家の作業量の低減，化学農薬による環境負荷低減などのために，病害虫防除において化学農薬の利用を低減した減農薬・省農薬の動きが広まっている。害虫防除において化学農薬を低減させるには天敵昆虫類の利用が必須であり，日本では2004年12月現在15種の天敵昆虫・ダニが生物農薬として登録されていて，出荷量や利用面積は年々増加している。本稿では，そうした天敵昆虫系統の識別技術とその利用方法について紹介したい。

4.2　DNAマーカー

系統とは，ここでは，ある遺伝的な特徴を持ったもの，とする。それは，種であったり，ある特徴をもった種内のグループであったりする。そうした遺伝的な特徴－形質－は遺伝子によって決定されている。したがって，こうした系統を識別するには遺伝子をコードするDNAそのものをマーカーとすることが，もっとも直接的な方法であろう。これまでも，形態形質やアロザイムなどのマーカーを用いたりする研究はあった[1~3]が，形態形質は環境による影響が大きいし，アロザイムは試料の保存が難しい。また，これらの方法は，1個体で解析できる遺伝子座の数が限られているし，遺伝子座ごとに分析方法が異なっていて煩雑である。一方DNAマーカーは，いったん試料を調整してしまえば長期保存も可能であるし，1個体から数百以上の遺伝子座を解析することもできる。こうした事情から，近年ではDNAマーカーが広く用いられるようになってきた。

しかし，微小な昆虫種では，PCR（Polymerase Chain Reaction；ポリメラーゼ連鎖反応）という方法が必須である。これは，微量のDNAを鋳型として，ある遺伝子特異的に設計されたDNA塩基配列を元にした20塩基程度の短い長さのDNA配列（primer；プライマー）を起点として伸長反応を行うことによって，その特定領域を指数関数的に増幅させることが可能な技術である。

表1　DNAマーカーに用いられる方法と，その特徴

方法	マーカー化の容易さ	解析の容易さ	多型の程度	コスト	適した分類群
RAPD	◎	△	高	安	種内～種間
PCR-RFLP	○	◎	中	安	種間
シークエンス	×	△	様々	高	様々
マイクロサテライト	×	○	高	中	種内

*　Norihide Hinomoto　(独)農業生物資源研究所　天敵昆虫研究チーム　主任研究官

幅広い分類群で使用可能なプライマー情報が提供されたこともあり[4]，微小な昆虫種でもDNA多型を解析することが可能になった[5~7]。本稿でもこのDNAマーカーを用いた識別方法を主に紹介する。

4.2.1　RAPD

RAPD（Random Amplified Polymorphic DNA）[8,9] とは，任意の配列の10塩基程度のプライマーを用いてPCRを行うものであり，既知の塩基配列情報のない分類群でも使用可能なため，天敵を含む初期の昆虫におけるDNA研究では盛んに用いられてきた[10,11]。また，多型の程度が種内でも多く，適切なPCR産物を選んで用いれば種内から種間まで幅広い分類群で使用可能なため，天敵でも寄生蜂の種の同定[12,13]やカブリダニの系統識別[14,15]などに用いられてきた。しかし，実験の再現性が取りにくいこと，増幅産物の遺伝的背景が不明なことなどから，最近ではやや下火である。

4.2.2　PCR-RFLP

RFLP（Restriction Fragment Length Polymorphism；制限酵素断片長多型）とは，制限酵素（Restriction Enzyme）によって切断されたDNA断片を電気泳動し，その切断片の長さの違いによって多型を識別する方法である。ある遺伝子領域を制限酵素で切断した場合，その認識部位に種や系統によって違いがあれば，ある系統では切断され，ある系統では切断されない，という差が現れる。PCR-RFLPでは，PCRによって増幅した遺伝子領域を制限酵素で切断後，電気泳動してその差を検出する。あらかじめPCRで増幅するため，微小な昆虫類でも簡単に利用できる。形態的に類似した近縁種が多い天敵，とくに寄生蜂で，この方法による識別法が多く開発されてきた[13,16,17]。

4.2.3　マルチプレックスPCR

通常のPCRは1組2本のプライマーを用いて，ひとつの領域だけを増幅する。マルチプレックスPCRでは3本以上のプライマーを同時に用いてPCRを行ない，複数の領域を増幅する。同時に複数のPCR反応が起こるため，反応同士が競合してうまく増幅しないこともあるため条件設定が難しいが，一度条件を確定させることが出来れば，一度に複数の領域をチェックできるため，非常に有効な方法である。害虫種などではすでにいくつか報告があり[18,19]，近年天敵でも使用例が出てきた[20]。いったん開発してしまえば，同定作業は通常のPCRと同様非常に単純なので，今後の発展が期待できる。

4.2.4　シークエンス

これは文字通り1塩基ずつ塩基配列を決定していくもので，近年のオートシークエンサーの普及によって，技術的にはさほど困難ではなくなってきた。上述のRFLPは制限酵素認識部位の多型しか検出できないが，この方法を用いれば，どの塩基に多型があっても検出可能で，最も多型検出能力が高いといえる。コスト(手間と費用)がかかるため多くの個体数を扱うには向いている方法とは言えないが，プライマーの解析や系統関係の推定などでは必須の方法である。天敵では種分化の過程や系統関係がまだ明らかにされていないものが多く，寄生蜂[21~24)]やヒメハナカメムシ[25, 26)]の系統関係を推定した研究例があり，主にミトコンドリアDNA上の遺伝子配列が用いられている。

4.2.5 マイクロサテライト

マイクロサテライトとは，単純なDNA塩基配列（たとえば，ACやGTTなど）が繰り返し現れる領域である。この繰り返しの回数は，種内で非常に多型が多く見られ，個体群レベルや個体レベルでの解析に非常に適している。マイクロサテライトマーカーの作成は手間がかかるが，近年は比較的作成が簡便になってきており[27)]，天敵でも様々な種でマーカー化が進められてきている[28~31)]。

4.3 種の同定

天敵･害虫とも，形態的に酷似した近縁種が分布していることが多い。そして，それら近縁種では生態的特性が異なることが多く，正確に同定しなくては適切な害虫防除を行うことは困難である。また，同定に用いる性やステージが限られていることも多い。種は形態をもとに記載されたものであるので本来ならば形態的にきちんと同定することが不可欠であるが，多数個体を一度に同定しなくてはならない害虫防除の現場では，困難なことが多い。種特異的なDNAマーカーを作成することで，多数個体を簡便に識別することが可能となる。

ここでは，アザミウマなど微小害虫の天敵として有望視され，世界的に様々な種が生物農薬として用いられている*Orius*属のヒメハナカメムシ類の日本における研究事例を紹介する。わが国には主に5種が分布する[32~34)]が，それぞれ休眠性や分布や採集される植物が異なることが知られている[35~43)]。今後，適用作物を拡大していくためには，好適な植物，環境などを調査していかなくてはならない。これらを識別するために，核ゲノム上リボソームDNAのITS1領域のPCR-RFLP[44, 45)]，ITS1領域のマルチプレックスPCR[20)]，ミトコンドリアDNAのPCR-RFLP[45)]などの方法が開発されてきた。こうしたテクニックを用いた分布調査も行われ[42)]，分布が関東以西に限られているタイリクヒメハナカメムシは冬の長さによって分布が制限され，温暖化によって分布を北方に拡大してきたことが裏付けられた。

4.4 品質管理

昆虫類の飼育を長期間続けていると，突然増殖が悪くなる現象は，よく知られている[46, 47)]。飼育サイズにもよるが，ボトルネックや遺伝的浮動により遺伝的組成が変化したり多様性が減少す

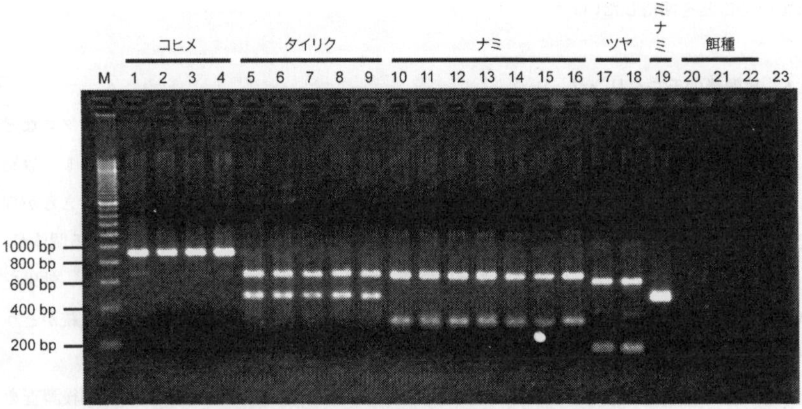

図1　日本産ヒメハナカメムシ類のマルチプレックスPCRによる識別
M：分子量マーカー（200bpラダー），1～4：コヒメハナカメムシ，5～9：タイリクヒメハナカメムシ，10～16：ナミヒメハナカメムシ，17～18：ツヤヒメハナカメムシ，19：ミナミヒメハナカメムシ，20～22：餌となる昆虫類，23：ネガティブ・コントロール。Hinomoto *et al.*, 2004[20]より改変。

るということは，集団遺伝学的に明らかである。こうしたことから，近交弱勢によって増殖が悪くなるのではないかという疑いが出てくる。生物農薬として天敵を増殖する過程では，通常は限られた個体数から増殖を開始するため，こうした劣化を防ぐ必要がある。近交弱勢は飼育集団内の遺伝的多様性が失われた場合におこる，すなわち，種内の多型解析を行なわなくてはならないので形態での識別は困難である。したがってDNAマーカーが有力な手段となるであろう。こうした多型の解析には，マイクロサテライトマーカーなど種内多型の多い方法が適している。

また，近交弱勢ではなくとも，飼育環境に馴化して有用形質が失われてしまうことも多く，大量増殖過程による形質維持の重要性が説かれてきた[48～50]。しかし，天敵にとって有用な形質を毎世代測定することは困難である。特定の形質一例えば，非休眠性や薬剤抵抗性一に対応した遺伝子のマーカーが得られれば，定期的に増殖集団からサンプリングしてそのマーカーの有無を調べることで，その遺伝子が増殖集団中に保持されているかチェックが可能となる。また，有用形質を育種するという観点からすれば，先にそのような遺伝子が単離されていれば，煩雑な形質測定実験を毎世代繰り返さなくともマーカーを検出してそのマーカーを有する個体の後代だけ飼育していけば簡便に有用系統の選抜が可能となる。ただし，実際に有用形質をつかさどる遺伝子そのものを単離することは，分子生物学的手法による解析がほとんど進んでいない天敵では，すぐには難しい。当面は，遺伝的にリンクした他のマーカーや，育種され確立された系統に特異的なマーカーを用いて検証していくことになろう。また，今後，天敵でも有用形質の遺伝子が単離されていくことを期待したい。

4.5 放飼後のモニタリング

天敵を用いた害虫防除において，わが国に分布しない天敵種ーたとえば，チリカブリダニなどーを放飼した場合は，その効果の判定は容易である。つまり，放飼後に害虫密度が減少し，放飼した天敵種が残存していれば，害虫密度の低下は天敵によるものであると容易に推定できるからである。しかし，わが国にも分布する種を生物農薬として用いた場合，防除後に残存する個体が，生物農薬由来のものなのか，野外にいる個体の移入によるものなのかはわからないため，効果を判定できない。生物農薬特異的なマーカーの有無を調査すれば，その個体が放飼した系統かどうかを明らかにすることが可能になる。

ハダニ類の捕食性天敵ファラシスカブリダニ *Neoseiulus fallacis* のカナダでの放飼後調査を紹介する。ファラシスカブリダニは，ナミハダニやリンゴハダニなどの果樹害虫の有力な捕食性天敵で，野外にも分布する。薬剤抵抗性を発達させることでも知られており，他の害虫防除のために薬剤散布が不可欠なときでも併用が可能である。薬剤抵抗性を持った本種の系統をリンゴ園に放飼し，90日間にわたって追跡調査を行なった結果，放飼園から採集されたカブリダニは薬剤抵抗性やアロザイムの遺伝子頻度が放飼した系統と極めて近かった。このことから，放飼系統がこの地域に定着して増殖したものと推測された[3]。

ヒメハナカメムシの系統をRAPDによって識別しようとした研究例[51]もあるが，多型が多すぎて地理的系統の識別には向かなかったようである。今後は，ミトコンドリアDNAの塩基配列やマイクロサテライト遺伝子頻度などでの識別が可能になると考えられる。

このように，放飼系統のモニタリングはまだまだ開発途上であるが，重要な分野だけに，今後PCR-RFLPやマイクロサテライトマーカーなどの開発によって発展することが期待される。

4.6 おわりに

このように，天敵昆虫類の識別は生物的防除のためには重要不可欠なものであるが，まだまだ発展途上である。それは，おもに分子生物学的研究が，数種のモデル昆虫や扱いやすい害虫種に限られてきたためであろう。しかし近年技術の進展に伴い，他種で得られた情報を別の種に適用することが容易になってきた。今後，天敵昆虫類でも分子マーカーを用いた研究事例が増加するものと期待する。

文　献

1) J. Pavlík, *Entomol. Exp. Appl.*, **66**, 171 (1993)
2) M. Coll *et al.*, *Heredity*, **72**, 228 (1994)
3) M. Navajas *et al.*, *Biol. Control*, **20**, 191 (2001)
4) C. Simon *et al.*, *Ann. Entomol. Soc. Am.*, **87**, 651 (1994)
5) H. D. Loxdale and G. Lushai, *Bull. Entomol. Res.*, **88**, 577 (1998)
6) P. G. Parker *et al.*, *Ecology*, **79**, 361 (1998)
7) M. S. Caterino *et al.*, *Annu. Rev. Entomol.*, **45**, 1 (2000)
8) J. G. K. Williams *et al.*, *Nuc. Acids Res.*, **18**, 6531 (1990)
9) J. Welsh and M. McClelland, *Nuc. Acids Res.*, **18**, 7213 (1990)
10) S. Kambhampati *et al.*, *J. Med. Entomol.*, **29**, 939 (1991)
11) W. C. Black, IV *et al.*, *Bull. Entomol. Res.*, **82**, 151 (1992)
12) S. K. Narang *et al.*, Applications of genetics to arthropods of biological control significance, p.53
13) F. Vanlerberghe-Masutti, *Insect Mol. Biol.*, **3**, 229 (1994)
14) T. Yli-Mattila *et al.*, *Exp. Appl. Acarol.*, **24**, 863 (2000)
15) M. -J. Perrot-Minnot and M. Navajas, *Genome*, **38**, 838 (1995)
16) D. B. Taylor and A. L. Szalanski, *Biol. Control*, **15**, 270 (1999)
17) I. M. M. S. Silva *et al.*, *Biol. Control*, **16**, 177 (1999)
18) P. L. Kumar *et al.*, *Insect Mol. Biol.*, **8**, 347 (1999)
19) P. Kengne *et al.*, *Insect Mol. Biol.*, **10**, 427 (2001)
20) N. Hinomoto *et al.*, *Biol. Control*, **31**, 276 (2004)
21) P. Mardulyn and J. B. Whitfield, *Mol. Phylogenet. Evol.*, **12**, 282 (1999)
22) P. Smith *et al.*, *Mol. Phylogenet. Evol.*, **11**, 236 (1999)
23) P. T. Smith and S. Kambhampati, *Journal of the Kansas Entomological Society*, **72**, 306 (1999)
24) J. B. Whitfield *et al.*, *Systematic Entomology*, **27**, 337 (2002)
25) M. Muraji *et al.*, *Appl. Entomol. Zool.*, **35**, 293 (2000)
26) M. Muraji *et al.*, *Appl. Entomol. Zool.*, **35**, 301 (2000)
27) L. Zane *et al.*, *Mol. Ecol.*, **11**, 1 (2002)
28) F. Vanlerberghe-Aasutti and P. Chavigny, *Bull. Entomol. Res.*, **87**, 313 (1997)
29) M. K. Jensen *et al.*, *Mol. Ecol. Notes*, **2**, 346 (2002)
30) D. A. Baker *et al.*, *Mol. Ecol.*, **12**, 3303 (2003)
31) R. A. Hufbauer *et al.*, *Mol. Ecol.*, **13**, 337 (2004)
32) T. Yasunaga, *Appl. Entomol. Zool.*, **32**, 355 (1997)
33) T. Yasunaga, *Appl. Entomol. Zool.*, **32**, 379 (1997)
34) T. Yasunaga, *Appl. Entomol. Zool.*, **32**, 387 (1997)
35) K. Ito and T. Nakata, *Appl. Entomol. Zool.*, **33**, 115 (1998)
36) K. Ito and T. Nakata, *Entomol. Exp. Appl.*, **89**, 271 (1998)
37) K. Ito and T. Nakata, *Appl. Entomol. Zool.*, **35**, 101 (2000)

38） K. Kohno and T. Kashio, *Appl. Entomol. Zool.*, **33**, 227 (1998)
39） K. Kohno, *Appl. Entomol. Zool.*, **33**, 487 (1998)
40） T. Shimizu and K. Kawasaki, *Entomol. Exp. Appl.*, **98**, 303 (2001)
41） K. Ohno and H. Takemoto, *Appl. Entomol. Zool.*, **32**, 27 (1997)
42） 清水徹ら, *Japanese Journal of Entomology* (N. S.), **4**, 129 (2001)
43） 柿元一樹ら, 応動昆, **46**, 209 (2002)
44） J. Y. Honda *et al.*, *Appl. Entomol. Zool.*, **34**, 69 (1999)
45） M. Muraji *et al.*, *JARQ*, **38**, 91 (2004)
46） J. C. v. Lenteren and J. Woets, *Annu. Rev. Entomol.*, **33**, 239 (1988)
47） Y. Shimoji and T. Miyatake, *Ann. Entomol. Soc. Am.*, **95**, 735 (2002)
48） F. Bigler, *J. Appl. Entomol.*, **108**, 390 (1989)
49） N. C. Leppla and T. R. Ashley, *Bull. Entomol. Soc. Am.*, **35**, 33 (1989)
50） N. C. Leppla and W. R. Fisher, *J. Appl. Entomol.*, **108**, 452 (1989)
51） S. Gozlan *et al.*, *Entomophaga*, **42**, 593 (1997)

5　捕食性天敵ー植物の情報化学物質を介した相互作用の害虫防除技術への利用

前田太郎*

5.1　はじめに

「植食者に加害された植物は天敵をボディガードとして雇う？」という考え方は，植物が生産する揮発性化学物質を介した植物ー植食者ー天敵の三者系相互作用系研究の中で様々な角度から研究されてきた。きっかけとなった先駆的な研究論文は1983年，Sabelis&Baan[1]によって行われた。彼らは様々な植物の害虫であるハダニ類に加害された植物が，天敵のカブリダニ類を誘引することを示した。その後の研究で，天敵を誘引する物質は，植食者に加害された植物が特異的に生産する複数の揮発性成分であることが明らかになった。これらの物質は植食者加害時に特異的に生産されることから，植食者誘導性植物揮発性物質（Herbivore-induced plant volatiles：HIPV）と呼ばれる。天敵にとってHIPVを利用することは効率的な餌発見につながると考えられる。また誘引された天敵の捕食効果によって植食者の被害が低減する場合，植物は天敵によって間接的に防衛すると考えることができる。このような植物の間接防衛としては，植物が天敵に餌（花外密線など）や避難場所となる物理的構造物（domatia）を提供するという恒常的な相互関係も知られるが，HIPVによる間接防衛では，提供されるものが“HIPV＝情報化学物質”であり，この“情報”を介した相互関係は植食者が存在する時にだけ成立する動的な関係である点が興味深い。HIPVを介した三者系相互作用の研究は，主に植物ーハダニーカブリダニなど捕食性天敵の系と植物ー鱗翅目幼虫ー寄生蜂の系で行われ，これまでに50以上の例が報告されている[2]。そしてその研究分野も，分子遺伝学から，化学生態学，植物生理学，行動生態学，個体群生態学，進化生態学，そして農業現場への応用へと様々な視点から多くの研究が行われている。本稿では，これらの三者系相互作用研究を植物ーハダニーカブリダニの系（写真1）を中心に概観し，天敵ー植物のHIPVを介した相互作用を害虫防除技

写真1　ナミハダニ（右下）を捕食中のケナガカブリダニメス成虫（左上）

*　Taro Maeda　㈱農業生物資源研究所　昆虫適応遺伝研究グループ　天敵昆虫研究チーム
任期付研究員

術にどのように利用できるのか，その展望を述べる。

5.2 HIPVの組成・生産量の変異

HIPVの組成や生産量などは生物的要因（植物種，植物品種，植物の発育段階，植食者種，植食者の発育段階，植食者密度など）と非生物的要因（温度，湿度，照度，日周性など）の両方によって影響を受けることが報告されている[2]。例えば，カブリダニを誘引できるHIPVを生産するために必要なハダニ密度は，植物種によって異なる。インゲンマメでは，株あたり30匹のナミハダニ雌成虫を接種し，その後の個体数の変動にともなうHIPV生産性とカブリダニ誘引性を調べたところ，約1週間後に株当たり200匹以上のハダニ密度になるまで，チリカブリダニの誘引性は見られなかった[3]。一方，リママメでは，株あたりナミハダニメス成虫1匹が2日間加害しただけで，チリカブリダニが誘引されることが報告されている[4]。このような，低ハダニ密度でカブリダニを誘引する例は，チャーカンザワハダニーケナガカブリダニという日本の茶園でふつうに見られる系でも確認されている。また，同じ植物であっても加害する植食者種によってHIPVの組成や生産量は異なり，天敵類はその違いを識別することができる。チリカブリダニは餌であるナミハダニが加害した時のHIPVには誘引されるが，非餌種である鱗翅目幼虫が加害した時のHIPVには誘引されない。この違いは，ナミハダニが加害した時にだけ生産されるサリチル酸メチル（MeSA）が重要なキューと働いているためであることが報告されている[5]。

5.3 HIPV生産のメカニズム

植物は植食者の食害によって物理的に傷害を受けるだけでなく，同時に植食者の唾液などに含まれる化学物質による刺激も受ける。人工的な物理的刺激（傷処理）のみで生産される揮発性物質は，植食者が食害した時に生産されるHIPVとは大きく異なり[6]，天敵誘引性も低い。しかし，植物に人工的な傷をつけ，そこに植食者の唾液などを加えると，植食者食害時に特異的な揮発成分とよく似たブレンドの揮発性化学物質を生産するようになる。これらのことから，植食者の唾液中にはエリシター（生体防御反応誘導因子）が存在すると考えられる。

食害によって傷害応答遺伝子が発現すると，いくつかのシグナル伝達経路が活性化される。ジャスモン酸(JA)は植食者の傷害に対する植物の誘導直接防衛の面から研究が進んできたが[7]，植物のHIPV物質生産にも関与していることが明らかになってきた。また，病原菌に感染した際の誘導抵抗性発現に重要なサリチル酸（SA）関連シグナル伝達系もまた，ナミハダニ食害時に匂い放出を誘導するのに重要であることが明らかになっている。さらに，ナミハダニ食害葉では，植物が物理的な傷や病原菌の感染を受けた際にJA生産を活性化する揮発性植物ホルモンのエチレンが放出される。エチレンの前駆体とJAを同時にリママメ葉に処理するとβオシメンと青葉アセテートの量が増加することから[8]，ハダニによる加害の場合，ジャスモン酸とサリチル酸，エチレンがシグナル伝達物質として，相乗的あるいは拮抗的に匂いの生産経路を制御していると考えられている。

5.4　HIPVを利用した捕食性カブリダニの採餌行動

パッチ状に分布する餌を利用するカブリダニのような捕食者にとって，どのように餌パッチを発見するかは，採餌効率を最大化するために重要な問題である。捕食者にとって，被食者が出す音や色，化学物質などは，餌の存在を直接示す最も有力な手がかりであるが，被食者には天敵に発見されないように強い選択圧が働くため，餌由来の信号は感知しにくい場合が多い。しかし，植物が植食者に加害された時に特異的な匂いを生産する場合，植物のバイオマスが大きく，また揮発性であることから検出性が高く，食害誘導性であるため信頼性も高い情報であると考えられる[9, 10]。

視力を持たない歩行探索型の捕食者である捕食性カブリダニは，HIPVを利用することで，餌ハダニのパッチの発見効率を高めていると考えられる。捕食性カブリダニのHIPVに対する応答性は，Y字型オルファクトメータと呼ばれる装置や，風洞などを用いて詳細に調べられている。例えば，日本土着のケナガカブリダニを用いた実験では，ナミハダニの加害したインゲンマメと，未加害のインゲンマメを匂い源とした場合，加害されたマメの匂いに強く誘引される。また，未加害植物やナミハダニとその関連物質，人工的に傷をつけた植物の匂いには誘引されず，ナミハダニを取り除いた加害植物の匂いには誘引されることから，ケナガカブリダニはナミハダニに加害されたインゲンマメが生産する揮発性化学物質に誘引されていることが示唆される[11]。このような室内実験では，単純化された条件での捕食者の行動が観察されるが，さらに大きな空間スケールでは，温室内でチリカブリダニがハダニ加害植物に定位できることが示されている。また天敵昆虫類などでは，誘引トラップを用いた野外実験で匂いによる誘引効果が確認されている。しかし，実験室内での研究成果に比べて野外での検証例は少なく今後の研究の蓄積が求められる。

餌パッチを発見したカブリダニは，餌関連物質（ハダニの糞，吐糸，脱皮殻など）の不揮発性化学物質を感知し，パッチ内を集中的に探索して餌を発見するが，やがてパッチを離れなければならない。いつパッチを離れるかという問題は，採餌効率を最大化するために重要であるが，最適なパッチ滞在時間を決定するためには，現在利用しているパッチ内にどれだけ餌が残っているかだけでなく周囲の環境にどれぐらい餌があるかを知る必要がある。パッチ内の評価はハダニ関連物やハダニパッチからのHIPVによって可能であるが，周囲の環境に餌があるかどうかをカブリダニはどのように評価しているのだろうか。筆者らは，ケナガカブリダニのパッチ滞在時間が過去の経験に影響されることを，人工的に作ったハダニパッチを用いて明らかにした[12]。絶食経験が一度もないカブリダニは，過去に絶食を経験したことがあるカブリダニにくらべ，パッチ滞在時間が短くなった。絶食を経験しないような良い環境では，同じ餌パッチに長くとどまるよりも，より良い餌パッチを次々と探索した方が高い採餌効率が得られるためであると考えられる。また，絶食経験がない場合でも，経験した餌密度によってもパッチ滞在率は影響を受ける。餌密度の低い条件を経験したカブリダニは，高い餌密度を経験したカブリダニよりも長くパッチにとどまるようになった。これらの結果は，カブリダニが過去の採餌経験をもとに周囲の環境を評価した上でパッチ滞在時間を決定していることを示している。さらに，ケナガカブリダニやチリカブリダニは，現在利用しているパッチの外からの匂いによっても環境評価を行っている[13~15]。ハダニ加害植物あるいは未加害植物を風上に配置した風洞内で，カブリダニの餌パッチ滞在時間を計測したところ，ハダニ加害植物がある場合にパッチ滞在時間は有意に短くなった[13]。パッチ外からの匂いによって，カブリダニは周囲にハダニに加害された植物が存在することを遠くからモニターした上で，パッチ滞在時間を決定しているのである。過去の経験とハダニ加害植物の匂いのどちらかだけに依存するのではなく，その両方を環境評価の基準とすることで，カブリダニは様々な環境においてより正確に周囲の環境を評価できると考えられる。

5.5 植物ー天敵間相互作用を害虫防除にどう活かすか

匂いを介した植物ー天敵間の相互作用に着目し，害虫防除技術に取り入れようとする試みはすでにいくつか始まっているが，その方法は，HIPVの操作，植物の操作，天敵の操作の３つに大別できる。HIPVの操作とは天敵誘引効果を持つ物質を人工的に合成し，それを用いて天敵の行動を制御しようとするものである。植物の操作としては，植物の匂い生産メカニズムを活性化させる，あるいは遺伝的に匂い生産性の高い品種を育成するというアプローチがある。そして，天敵の操作としては天敵の匂い応答性を一時的に高めたり，遺伝的に優れた形質を持つ系統を確立することも考えられる。

5.5.1 HIPVの操作

天敵を誘引する化学物質を利用して天敵を周囲の環境から呼び寄せ，害虫防除効果を高めようとする試みはKessler&Baldwin[16] やJames & Price[17] によって行われた。James & Priceはブドウ園において，植食者誘導揮発性化学物質の主要成分のひとつであるサリチル酸メチル(MeSA)を継続的に放出すると，クサカゲロウ，ヒメカゲロウ，ヒメテントウ，ヒメハナカメムシなどのジェネラリスト天敵の密度が高まり(無処理区の４倍)，ハダニ密度は低く抑えられた。これらの実験では，操作した匂い成分そのものが天敵類を誘引したのか，植物の匂い生産を誘導した結果として天敵密度が増加したのかは明らかになっていない。しかし，野外において人工的な匂い成分を用いて，害虫防除に高い効果があることが実証されたことは非常に興味深い。

5.5.2　植物の操作（化学的処理）

植物のHIPV生産量をコントロールするには，植物のHIPV生産のシグナル伝達系に大きく関与していると考えられるジャスモン酸などで処理する方法が考えられる。人工化学合成物質を植物に処理することで，天敵類を誘引する試みは，実験室レベルはもとよりすでに野外でも行われている。Thalerら[18]は，ジャスモン酸を処理したトマトで寄生蜂による寄生率が高まることを示した。また，Kessler & Baldwin[16]は，野生のタバコにジャスモン酸メチルを処理するなどの操作を行うと青葉アルコールやリナロールなどの匂い成分が生産され，捕食者による捕食圧が高まり，同時に植食者の産卵数も減少し，トータルとして食害が90%以上減少することを示した。この実験では，害虫の食害に対する誘導直接防衛と匂いを生産する誘導間接防衛の両方が活性化されたと考えられる。

また，誘導抵抗性発現のメカニズムは，病害の場合に活性化するメカニズムとも共通する可能性も考えられる。植物に抵抗性を発現させる技術は病害に関する研究で進んでおり，その物質自体は抗菌作用を持たないが，植物に作用することで植物の抵抗誘導性を発現する物質（プラントアクティベータ）はすでに農薬として数種が市販されている。これらの物質を利用することで，植物の害虫に対する直接･間接的な誘導抵抗性も活性化できるかもしれない。現在，我々の研究チームではプラントアクティベータを用いた害虫に対する直接･間接的な誘導抵抗性発現の可能性について検討している。

5.5.3　植物の操作（遺伝的操作）

植食者の食害によって誘導される抵抗性発現メカニズムの分子遺伝学的側面からの解明は，現在アブラナ科のモデル植物であるシロイヌナズナ*Arabidopsis thaliana* L. Heynh.などを中心に研究が進んでいる。例えばシロイヌナズナの緑の香りの生産性が低いミュータントでは寄生蜂の誘引性が低下するが，逆に緑の香りの生合成経路であるフィトオキシリピン経路を活性化した形質転換植物は，野生型植物よりも寄生蜂の誘引性が高まる。さらに，形質転換植物上のモンシロチョウ幼虫の寄生率も高まることが報告されている。このような形質転換植物やミュータントの利用によってHIPV生産性が高い品種を作り出すことも近い将来実現されると考えられる。

5.5.4　天敵の操作（行動の可塑性の利用）

捕食性カブリダニの匂い応答性は，生理的状態や，学習などによって可塑的に変化することが知られる。このような匂い応答性の違いは，飼育条件をコントロールすることで人為的に操作可能かもしれない。例えば，餌のハダニが加害した葉を定期的に与え，匂いを断続的に経験するような条件で飼育すると，チリカブリダニとケナガカブリダニは匂いに対して強い応答性を示す[19]。しかし，匂いを常に経験するような条件で飼育した場合，匂いに対する応答性を消失する。また，餌パッチへの定着性も飼育条件によって変化し，匂いを常に経験するような飼育条件では，パッチ外からの匂いの有無にかかわらず定着性は非常に低くなった。カブリダニの匂い応答性や定着性の違いは，カブリダニの空間分布動態やハダニ制御効果に影響を与えることは，現在実験室内レベルで明らかになりつつあり，このような天敵の行動を操作することは，大量増殖した天敵を野外で放飼する際の初期定着率を高める技術として有効であると考えられる。しかし，ここで注意しなければならないのは，天敵類の負の学習効果である。例えば，チリカブリダニは絶食状態でハダニ加害植物の匂いを経験するとこの匂いを忌避するようになる[20]。植物の生産するHIPVがハダニの加害を正直に示すものでなければ植物－カブリダニ間の匂いを介した相互作用は成り立たない。これは，HIPVという情報を操作する際に常に考慮しなければならない問題である。

5.5.5 天敵の操作（遺伝的変異の利用）

捕食性カブリダニの多くは数種のハダニ類を餌とし，ハダニ類もナミハダニやカンザワハダニのように広食性のものが多い。このため，カブリダニの経験する植物－ハダニの組合せは多様であり，その結果カブリダニの地域個体群が経験する匂いの量やブレンドは多様であると考えられる。日本各地で採集したケナガカブリダニ地域個体群を同一条件（ナミハダニ－インゲンマメ）で飼育した後，飼育で用いたハダニ加害マメの匂いに対する反応性を調べたところ，匂い応答性は地域個体群によって大きく異なることが明らかになった[11, 21]。この個体群間の変異は，地域個体群が経験した匂い環境の違いに起因している可能性が考えられるが，植物種・ハダニ種の違いだけでは説明できない。ケナガカブリダニの地域個体群を用いて，生活史形質とハダニパッチへの定着性を調査した結果，匂い応答性と生活史形質の間に相関関係はないが，匂い応答性と定着性の間には強い負の相関関係があることが明らかになった。ハダニ加害植物の匂いに強く誘引されるカブリダニは定着性が低く，匂い応答性の低いカブリダニは定着性が高い。つまり匂い応答性の高い系統はハダニ密度の高い植物を容易に発見して，すばやくハダニ密度を低下させる反面，密度低下後はすみやかに分散し，長期間にわたる密度抑制効果は期待できない。逆に匂い応答性が弱く定着性が高い系統は，ハダニ密度が高い場所へ迅速に集まることはないが，ハダニ密度が低い環境下でも移出せずに長時間植物上に滞在し，安定的に効果を発揮すると考えられる。現在，我々の研究チームでは，応答性の高い系統と低い系統を組み合わせて両者の長所を引き出すことにより，効率的で安定したハダニ個体群密度抑制系を確立する試みに取り組んでいる。

5.6 さいごに

化学農薬を減らして安全性の高い食物を得るために，天敵を利用した害虫防除技術のさらなる活用が求められている。現在市販されているチリカブリダニなどの天敵類の多くは海外からの導入種であり，これら海外からの導入種の無秩序な利用は，我が国の自然生態系を撹乱する恐れがあるとされている。また，生物農薬的な天敵利用は，増殖した害虫を短期間抑制するには適しているが，害虫密度が低下するとともに天敵が分散してしまい，効果が長期間持続しないという欠点があった。このような現状の中で，(1)我が国在来の天敵を利用した，(2)長期間持続可能な天敵利用技術，の開発が求められている。そのために，土着天敵が有効に働ける環境を整備するとともに，天敵類の害虫防除効果を高め行動を制御する技術の確立が望まれる。情報化学物質を介した植物－天敵間相互作用に関する研究は，植物と天敵の両方向から統合的にアプローチすることで，より効率的な天敵行動制御技術を生み出す可能性を秘めており，今後，学術的にも応用的にもさらなる発展が期待される。

文　　献

1) M. W. Sabelis, & H. E. van de Baan, *Entomol. Exp. Appl.*, **33**, 303–314 (1983)
2) 塩尻かおりほか, 応動昆 **46**, 117–133 (2002)
3) T. Maeda & J. Takabayashi, *Appl. Entomol. Zool.*, **36**, 47–52 (2001)
4) R. Gols *et al.*, *J. Chem. Ecol.*, **29**, 2651–2666 (2003)
5) J.G. de Boer & M. Dicke, *Appl. Entomol. Zool.*, **40**, 1–12 (2005)
6) R. Ozawa *et al.*, *J. Plant Res.*, **113**, 427–433 (2000)
7) C. Wasternack & B. Parthier, *Trends Plant Sci.*, **2**, 302–307 (1997)
8) J. Horiuchi *et al. FEBS Lett.*, **509**, 332–336 (2001)
9) T. C. J. Turlings *et al.*, *J. Chem. Ecol.*, **17**, 2235–2252 (1991)
10) L. E. M. Vet & M. Dicke, *Annu. Rev. Entomol.*, **37**, 141–172 (1992)
11) T. Maeda *et al.*, *Appl. Entomol. Zool.*, **34**, 449–454 (1999)
12) T. Maeda & J. Takabayashi, *J. Insect Behav.*, **18**, 323–334 (2005)
13) T. Maeda & J. Takabayashi, *J. Insect Behav.*, **14**, 829–839 (2001)
14) T. Maeda *et al.*, *Appl. Entomol, Zool.*, **33**, 573–576 (1998)
15) H. Mayland *et al.*, *Entomol. Exp. Appl.*, **96**, 245–252 (2000)
16) A. Kessler & I. T. Baldwin, *Science*, **291**, 2141–2144 (2001)
17) D. G. James & T. S. Price, *J. Chem. Ecol.*, **30**, 1613–1628 (2004)
18) J.S. Thaler *et al.*, *Oecologia*, **131**, 227–235 (2002)
19) T. Maeda *et al.*, *Appl. Entomol. Zool.*, **35**, 345–351 (2000)
20) B. Drukker *et al.*, *Exp. Appl. Acarol.*, **24**, 881–895 (2000)
21) T. Maeda *et al.*, *Exp. Appl. Acarol.*, **25**, 55–64 (2001)

6　遺伝子組換えによる不妊化技術の開発と利用

畠山正統*

6.1　はじめに

昆虫のゲノムに外来遺伝子を導入して形質転換する，遺伝子組換え（トランスジェニック）法は，1982年にキイロショウジョウバエ（*Drosophila melanogaster*）で*P*因子とよばれる転移因子（トランスポゾン）を利用してはじめて成功した[1]。さまざまな昆虫で*P*因子を利用した試みが行なわれたが，残念ながらこの因子は，ショウジョウバエ属以外の種ではうまく働かず，昆虫の遺伝子組換えは，1995年に*Minos*とよばれる別のトランスポゾンをつかって，チチュウカイミバエ（*Ceratitis capitata*）で成功するまで[2]顕著な進展は見られなかった。それ以後，*P*因子以外の*piggyBac*，*Hermes*，*mariner*，*hobo*などのトランスポゾンを利用して，一般の昆虫でも遺伝子組換えができるようになり，ここ数年で昆虫のトランスジェニック技術はめざましく進展した。

キイロショウジョウバエで遺伝子組換えができるようになった当時は，この技術はもっぱら，遺伝学のモデル生物の遺伝子機能解析の道具のひとつという位置づけであった。しかしながら，近年さまざまな種で遺伝子組換えが可能になったことから，トランスジェニック法を利用した不妊化による害虫防除や，感染性を抑えた病原媒介昆虫の導入による疾病予防など，新しい昆虫制御法が実施できる段階になった[3]。ここでは，昆虫における遺伝子組換えの現状と，この技術を利用した昆虫の遺伝的不妊化を紹介し，農業などへの応用について述べる。

6.2　昆虫の遺伝子組換えの現状

トランスポゾンを利用した昆虫の遺伝子組換えは，これまでにショウジョウバエの仲間を含む4つの目に属する22種の昆虫で可能となっている[4,5]（表1）。これらの4目に属する昆虫には害虫や有益昆虫として，農業や産業に非常に関わりの深い種が含まれている。遺伝子組換えのベクターとして用いられているトランスポゾンは，DNAからDNAに直接転移できる，クラスⅡというグループに属するものである。このグループのトランスポゾンは一般に，転移に必須な逆方向末端反復配列（Inverted terminal repeat：ITR）の間に，自らの転移を触媒する転移酵素（トランスポゼース）の遺伝子をもった構造をしており，通常，転移酵素がITRにはさまれた自身の遺伝子を切り出し，標的となるDNA上の特定の配列を認識して挿入する。トランスポゾンを遺伝子組換えに用いる場合には，ITRの間の転移酵素遺伝子の代わりに，導入したい遺伝子を組込

＊　Masatsugu Hatakeyama　㈱農業生物資源研究所　発生分化研究グループ
発生機構研究チーム　主任研究官

表1　昆虫におけるトランスポゾン由来のベクターを利用した遺伝子組換え

目	種名	利用されたベクター	文献
双翅目	*Droshophila melanogaster*	*Hermes*	O'Brochta *et al.*: *Insect Mol. Biol.*, **9**, 531–538 (2000)
		hobo	Blackman *et al.*: *EMBO J.*, **8**, 211–217 (1989)
		Minos	Loukeris *et al.*: *Proc. Natl Acad. Sci. USA*, **92**, 9485–9489 (1995)
		Mos1	Garza *et al.*: *Genetics*, **128**, 303–310 (1991)
			Lidholm *et al.*: *Genetics*, **134**, 859–868 (1993)
		piggyBac	Handler and Harrell: *Insect Mol. Biol.*, **8**, 449–457 (1999)
			Berghammer *et al.*: *Nature*, **402**, 370–371 (1999)
			Horn and Wimmer: *Dev. Genes Evol.*, **210**, 630–637 (2000)
			Horn *et al.*: *Insect Biochem. Mol. Biol.*, **32**, 1221–1235 (2002)
			Handler and Harrell: *Biotechniques*, **31**, 820–828 (2001)
	Droshophila virilis	*hobo*	Lozovskaya *et al.*: *Genetics*, **142**, 173–177 (1996)
			Handler and Gomez: *Gene*, **185**, 133–135 (1997)
		Mos1	Lohe and Hartl: *Genetics*, **143**, 365–374 (1996)
	Aedes aegypti	*Hermes*	Jasinskiene *et al.*: *Proc. Natl Acad. Sci. USA*, **95**, 3743–3747 (1998)
			Pinkerton *et al.*: *Insect Mol. Biol.*, **9**, 1–10 (2000)
		Mos1	Coates *et al.*: *Proc. Natl Acad. Sci. USA*, **95**, 3748–3751 (1998)
		piggyBac	Kokoza *et al.*: *Insect Biochem. Mol. Biol.*, **31**, 1137–1143 (2001)
			Lobo *et al.*: *Insect Mol. Biol.*, **11**, 133–139 (2002)
	Culex quinquefasciatus	*Hermes*	Allen *et al.*: *J. Med. Entomol.*, **38**, 701–710 (2001)
	Aedes albopictus	*piggyBac*	Lobo *et al.*: *Mol. Genet. Genomics*, **265**, 66–71 (2001)
	Aedes triseriatus	*piggyBac*	Lobo *et al.*: *Mol. Genet. Genomics*, **265**, 66–71 (2001)
	Anopheles albimanus	*piggyBac*	Perera *et al.*: *Insect Mol. Biol.*, **11**, 291–297 (2002)
	Anopheles gambiae	*piggyBac*	Grossman *et al.*: *Insect Biochem. Mol. Biol.*, **30**, 909–914 (2000)
	Anopheles stephensi	*Minos*	Catteruccia *et al.*: *Nature*, **405**, 959–962 (2000)
		piggyBac	Nolan *et al.*: *J. Biol. Chem.*, **277**, 8759–8762 (2002)
			Ito *et al.*: *Nature*, **417**, 452–455 (2002)
	Anastrepha suspensa	*piggyBac*	Handler and Harrell: *Insect Biochem. Mol. Biol.*, **31**, 199–205 (2001)
	Ceratitis capitata	*Hermes*	Michel *et al.*: *Insect Mol. Biol.*, **10**, 155–162 (2001)
		Minos	Loukeris *et al.*: *Science*, **270**, 2002–2005 (1995)
		piggyBac	Handler *et al.*: *Proc. Natl Acad. Sci. USA*, **95**, 7520–7525 (1998)
	Bactrocera tryoni	*hobo*	Pinkerton *et al.*: *Insect Mol. Biol.*, **8**, 423–434 (1999)
	Bactrocera dorsalis	*piggyBac*	Handler and McCombs: *Insect Mol. Biol.*, **9**, 605–612 (2000)
	Stomoxys calcitrans	*Hermes*	O'Brochta *et al.*: *Insect Mol. Biol.*, **9**, 531–538 (2000)

目	種名	利用されたベクター	文献
	Musca domestica	*piggyBac*	Hediger *et al.*: *Insect Mol. Biol.*, **10**, 113–119 (2001)
	Lucilia curina	*piggyBac*	Heinrich *et al.*: *Insect Mol. Biol.*, **11**, 1–10 (2002)
	Cochliomyia hominivorax	*piggyBac*	Allen *et al.*: *Med. Vet. Entomol.*, **18**, 1–9 (2004)
膜翅目	*Athalia rosae*	*piggyBac*	Sumitani *et al.*: *Insect Biochem. Mol. Biol.*, **33**, 449–458 (2003)
甲虫目	*Tribolium castaneum*	*Hermes*	Berghammer *et al.*: *Nature*, **402**, 370–371 (1999)
		piggyBac	Berghammer *et al.*: *Nature*, **402**, 370–371 (1999)
	Harmonia axyridis	*piggyBac*	新美ら:*Proc. Arthropod. Embryol. Soc. Jpn.*, **39**, 65 (2004)
鱗翅目	*Bombyx mori*	*piggyBac*	Tamura *et al.*: *Nat. Biotechnol.*, **18**, 81–84 (2000)
			Thomas *et al.*: *Insect Biochem. Mol. Biol.*, **32**, 247–253 (2002)
	Pectinophora gossypiella	*piggyBac*	Peloquin *et al.*: *Insect Mol. Biol.*, **9**, 323–333 (2000)

んだベクタープラスミドと，発現調節のできるプロモーターの下流に転移酵素遺伝子のみをもつヘルパープラスミドを準備する。これらを卵あるいは発生初期の胚に顕微注入し，転移酵素遺伝子を発現させると，ベクタープラスミド中の目的遺伝子が切り出され，ゲノムDNAに組み込まれる。

現在最もよく利用されているのは*piggyBac*由来のベクターで，遺伝子組換えのできる昆虫のうち18種は，このトランスポゾンを利用したものである（表1）。*piggyBac*トランスポゾンは，もともとイラクサギンウワバ（*Trichoplusia ni*）という鱗翅目の昆虫から得られたもので，非常によく似たトランスポゾンはいくつかの種で見つかっているものの，他の種では転移活性をもたない[6]。これはトランスポゾンによる遺伝子組換えでは重要なポイントで，用いたトランスポゾンと同じ性質の転移活性をもつ因子があると，いったん組み込まれた外来遺伝子が，その内在性因子によって再び切り出されて別の部位に転移したり（再転移），あるいはゲノムから脱落する可能性がある。*piggyBac*は同様の転移様式をもった活性のある内在性因子がこれまでのところ見つかっていないので，組込んだ外来遺伝子の安定性を考慮すると非常に都合がよい。また，*piggyBac*はTTAA配列を標的に転移し，これ以外の配列部分に挿入されることはない。このように*piggyBac*は，その標的配列の厳密性や転移後の安定性から，現在最も効率的な遺伝子組換え用のベクターとみなされている[7]。

6.3 昆虫の不妊化とその利用

6.3.1 不妊虫放飼法（Sterile insect technique：SIT）

昆虫を不妊化して放飼する不妊虫放飼法は，E. F. Kniplingによって提案され[8, 9]，種特異的で，環境への影響が少ない，効果的な害虫防除法として認識されている[10]。これまでの昆虫の不妊化法は，雄に放射線を照射して精子の染色体に優性致死（*dominant lethal*）となるような突然変異を誘発するという方法で，不妊化した雄と交配した雌は生存力のある子孫を残せない。実際にこの方法によって成果をあげた害虫防除のいくつかの例が知られている。詳細は次項に譲るが，北アメリカではラセンウジバエ（*Cochliomyia hominivorax*）[11]，沖縄ではウリミバエ（*Bactrocera cucurbitae*）[12]，タンザニア・ザンジバル島ではツェツェバエ（*Glossina austeni*）[13]の根絶に成功し，中・南米ではチチュウカイミバエの根絶や抑圧の例がいくつか報告されている[14]。効果的な不妊虫放飼のためには，大量の雄を選択的に作出し，放射線照射により不妊化する必要がある。しかしながら，現在用いられている方法では，雄を選別するための適当なマーカー突然変異が要求され，また，放射線照射された雄には交尾競争力の低下や寿命の短縮がおきるなど，いくつかの制約があって実用できる種は限られていた[15, 16]。トランスジェニック法はこれらの制約を解消し，より効果的な不妊虫放飼を可能にすると期待されている。

6.3.2　トランスジェニック法による昆虫の不妊化

トランスジェニック法を利用した不妊化においても，従来の放射線照射法と同様に，優性致死を誘発するような変異をおこさせることに変わりはない。また，放飼に用いる不妊化した雄を大量に飼育するためには，必然的に大量の雌も飼育する必要がある。トランスジェニック法では，ゲノムに導入した不妊化（致死）作用のある遺伝子を，性特異的あるいは発生時期特異的に発現させるようなプロモーターで制御することによって，ある条件下でのみ死ぬ（条件致死）系統を作出できる[17]。このような不妊虫放飼に大きく貢献できる条件致死を達成する，非常に優れたシステムが，大腸菌のテトラサイクリン耐性オペロンを応用して開発されている[18〜20]。このシステムは，テトラサイクリントランス活性化因子（tetracycline-controlled transactivator：tTA）の，転写調節応答エレメント（tTA-response element：TRE）への結合が，テトラサイクリンの有無によって制御されることを利用して遺伝子発現を調節する方法である。テトラサイクリンがない場合はtTAがTREに結合し，TRE制御下の標的遺伝子が発現するが，テトラサイクリンがあるとtTAのTREへの結合が阻害され，標的遺伝子は発現しない（図1）。TREで制御される標的遺伝子に致死作用のある遺伝子を用い，tTAの発現を性特異的，あるいは発生時期特異的な遺伝子のプロモーターで調節することによって，性特異的に，あるいは発生時期特異的に致死にできる。ところが，テトラサイクリンを投与すると，tTAを制御するプロモーターの性質に関係なく，標的遺伝子の発現が阻害されるので致死にはならない。

キイロショウジョウバエでは，tTAの発現制御プロモーターと致死作用のある遺伝子を導入したトランスジェニック系統を用い，いくつかの組み合わせでこのシステムの有効性が証明されている。TREの下流に，構成的に発現すると細胞癌化を引き起こすシグナル分子の*ras*遺伝子，遺

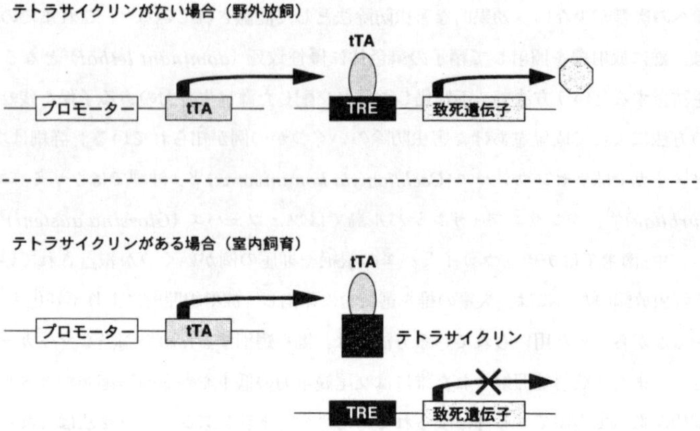

図１　テトラサイクリン耐性オペロンを利用した条件致死化の基本システム

伝子量補正に関与する*male-specific lethal-2*（*msl-2*）遺伝子，または，異所的発現によってアポトーシスを誘発する*head involution defective*（*hid*）遺伝子を致死遺伝子として用い，tTAを雌特異的に発現する卵黄タンパク質（*yolk protein*：*yp*）遺伝子のプロモーターで制御した場合，テトラサイクリンがないと雌特異的に致死となるが，ごく低濃度（１～10 μg/ml）のテトラサイクリンを餌に加えると雌雄ともに生存できる[18, 19]。また，細胞性胞胚期に発現する*serendipity*遺伝子のプロモーターでtTAを制御し，TRE制御下に*hid*遺伝子を導入した場合にも，テトラサイクリンがない場合にのみ胚致死になることが示されている[20]。今のところ，このシステムの有効性が明確に示されているのはキイロショウジョウバエだけであるが，チチュウカイミバエ，カイコ（*Bombyx mori*），ナミテントウ（*Harmonia axyridis*），カブラハバチ（*Athalia rosae*）などでその有効性の検証が試みられている。

このような条件致死システムの開発に加え，トランスジェニック個体を判別するマーカーとして，緑色蛍光タンパク質（Green fluorescent protein：GFP）遺伝子やその派生物が，種を越えて利用できることが示され[21, 22]，マーカー突然変異をもたない種でも効果的な不妊虫放飼ができる道が開けた。このように実験室レベルでは，トランスジェニック法を用いることによって従来の方法の短所が改善され，より効果的な不妊虫放飼を行える可能性が示されている。

6.4 トランスジェニック昆虫の利用とそれにともなうリスク

このようにトランスジェニック法を用いて，害虫防除を目的とした不妊虫放飼のための条件致死を達成する技術の基盤はほぼ整ったといえる。現在世界各国で，従来の不妊虫放飼法によって成果の得られた双翅目をはじめとして，多くの栽培作物害虫が属する鱗翅目，貯蔵穀物害虫となる甲虫目，栽培作物や森林の害虫だけでなく有用昆虫も属する膜翅目の種で，トランスジェニック技術を用いた不妊虫放飼に応用できるシステムの開発が進んでいる。とくに膜翅目には花粉媒介昆虫や天敵寄生蜂などが含まれ，すでに農業現場で実用に供しているが，環境に対して負の影響があることも報告されている。たとえば，花粉媒介昆虫としてセイヨウオオマルハナバチ(*Bombus terrestris*)のような外来種を用いた場合に，これらが野生化して在来種を駆逐する，あるいは雑種を形成して遺伝子汚染をもたらすなど，生態系に影響を及ぼしている。これらの非常に有用性は高いが，一方で生態系の汚染をひきおこす可能性のある種に対しても，トランスジェニック法によって作出した条件致死システムを用いた制御は効果的であると考えられる。

農業害虫の制御とともにトランスジェニック技術の利用が熱望されているのは，マラリア，黄熱病，デング熱，眠り病等を媒介する病原媒介昆虫の制御である。トランスジェニック法を利用すれば任意の機能をもつ遺伝子を導入した，しかもその遺伝子の発現調節が可能な系統を作り出すことができる。病原媒介昆虫に感染性を抑制するような遺伝子を導入できれば，世界中でこれらの病気で亡くなっている年間何百万人という人々の命を救うことも可能になる。

しかしながら，いずれの場合にも人為的に遺伝子を組換えた，そもそも自然界には存在しない形質をもった昆虫(とくに防除目的では害虫そのもの)を野に放つわけであるから，実際にトランスジェニック昆虫を放飼する場合には，当然ながらそのリスクを考慮しなければならない。昆虫の生殖能力や分散能力の高さを考えると，トランスジェニック昆虫の不慮の漏出は，野外集団との間での遺伝子流動の可能性を常に含んでいる。重要なのはトランスジェニック昆虫が環境中に残らないことと，導入した遺伝子が安定であることである。致死作用のある遺伝子を導入した場合には原則として垂直伝播（継代的な遺伝子の伝播）はおこらないが，トランスポゾンベクターを用いた場合には水平伝播(個体間での遺伝子の伝播)の可能性，すなわち，同様の転移様式をもつ内在性因子がないことの確認が必要である。最近ではトランスポゾンベクターを用いてゲノムに導入した遺伝子を安定化するために，部位特異的組換えを利用し，ベクター内の転移に必要な配列を欠失または切断再結合させて再転移を阻害する方法や，ゲノムDNAへの導入後に一方のITRを欠失させて安定化する方法が開発されている[23, 24]。また，実験室内では安定に維持できた導入遺伝子が，野外の予備的実験では急速に失われたというカブリダニの一種(*Metaseiulus occidnetalis*)の例があることから，小規模であっても，野外での予備的実験が必要不可欠である[25]。これら以外にもトランスジェニック昆虫の野外放飼に関連するさまざまなリスクが議論されており，M. A. Hoy (2000)[26] によって詳しく解説されているので参照していただきたい。

6.5 おわりに

不妊虫放飼法だけに着目しても，トランスジェニック技術によって開発された新しいシステムが効果的なのは事実である，と同時にそれにともなうリスクは軽視できない。トランスジェニック技術の進展が急速だったことも一因ではあるが，利用に際しての安全性の評価基準は十分に整備されていないのが現状である。欧米諸国ではすでに実用化をめざしての試みが進んでおり，この潮流はやがて我が国にも到達するであろう。トランスジェニック技術の利用が受け入れられるためには，あらゆるリスクの想定と回避方法の検討，安全基準の整備が課題である。

文　献

1） G. M. Rubin, A. C. Spradling, *Science*, **218**, 348–353 (1982)
2） T. G. Loukeris, I. Livadaras, B. Arca, S. Zabalou, C. Savakis, *Science*, **270**, 2002–2005 (1995)
3） E. A. Wimmer, *Nat. Biotechnol.*, **23**, 432–433 (2005)
4） M. G. Kramer, *Bull. Entomol. Res.*, **94**, 95–110 (2004)
5） S. Robinson, G. Franz, P. W. Atkinson, *Insect Biochem. Mol. Biol.*, **34**, 113–120 (2004)
6） M. Handler, S. D. McCombs, *Insect Mol. Biol.*, **9**, 605–612 (2000)
7） M. Handler, *Insect Biochem. Mol. Biol.*, **32**, 1211–1220 (2002)
8） E. F. Knipling, *J. Econ. Entomol.*, **48**, 459–462 (1955)
9） E. F. Knipling, 害虫総合防除の原理. 東海大学出版会 (1989)
10） E. S. Krafsur, *J. Agricul. Entomol.*, **15**, 303–317 (1998)
11） E. F. Knipling, *Sci. Am.*, **203**, 54–61 (1960)
12） 伊藤嘉昭，垣花廣幸，農薬なしで害虫とたたかう. 岩波書店 (1998)
13） M. J. B. Vreysen, K. M. Salch, M. Y. Ali, A. M. Abdulla, Z.-R. Zhu, K. G. Juma, A. Dyck, A. R. Msangi, P. A. Mkonyi, H. U. Feldman, *J. Econ. Entomol.*, **93**, 123–135 (2000)
14） J. Hendrichs, G. Franz, P. Rendon, *J. Appl. Entomol.*, **119**, 371–377 (1995)
15） D. Lance, D. McInnis, P. Rendon, C. Jackson, *Ann. Entomol. Soc. Am.*, **93**, 1179–1185 (2000)
16） T. Shelly, T. Whittier, K. Kaneshiro, *Ann. Entomol. Soc. Am.*, **87**, 470–481 (1994)
17） E. A. Wimmer, *Nat. Rev. Genet.*, **4**, 225–232 (2003)
18） J. C. Heinrich, M. J. Scott, *Proc. Natl Acad. Sci. USA*, **97**, 8229–8232 (2000)
19） D. D. Thomas, C. A. Donnelly, R. J. Wood, L. S. Alphey, *Science*, **287**, 2474–2476 (2000)
20） C. Horn, E. A. Wimmer, *Nat. Biotechnol.*, **21**, 64–70 (2003)

21） C. Horn, E. A. Wimmer, *Dev. Genes Evol.*, **210**, 630–637 (2000)
22） C. Horn, B. G. M. Schmid, F. S. Pogoda, E. A. Wimmer, *Insect Biochem. Mol. Biol.*, **32**, 1221–1235 (2003)
23） Y. S. Rong, K. G. Golic, *Insect Transgenesis*, CRC Press, pp 53–75 (2000)
24） A. M. Handler, G. J. Zimowska, C. Horn, *Nat. Biotechnol.*, **22**, 1150–1154 (2004)
25） M. A. Hoy, *Exp. Appl. Acarol.*, **24**, 463–495 (2000)
26） M. A. Hoy, *Insect Transgenesis*, CRC Press, pp 335–367 (2000)

7 放射線照射による不妊虫を用いた害虫の根絶防除：沖縄県におけるウリミバエの根絶

小濱継雄*

7.1 はじめに

ウリミバエは，アフリカから東南アジア，台湾，ミクロネシア，ハワイなどに分布する，ウリ類など果菜類，およびマンゴーなど果実の大害虫である。日本では，1919年に沖縄県八重山諸島に侵入して北上を続け，1974年には鹿児島県の奄美諸島まで分布を広げた。本種は日本本土には生息していないため，侵入後，沖縄・奄美から本土への寄主植物の移動が規制されてきた。こうした移動規制を解除するために，不妊虫放飼法によるウリミバエの根絶事業が1972年から久米島で開始され，続けて奄美諸島，宮古諸島，沖縄諸島，八重山諸島で展開された。その結果，1993年までに南西諸島全域から根絶が達成され，国内における寄主植物の移動規制が解除された[51)]。

不妊虫放飼法は，不妊にした雄を野生虫の数よりも多く野外に放して，野生の雌と交尾させることで次世代の数を減らし，害虫を防除する方法である。したがって，不妊虫放飼を行うためには対象害虫を大量に生産できること，および雄の交尾行動に悪影響のない程度に不妊化できることが前提となる[12)]。不妊虫放飼法の最初の根絶成功例は，家畜の害虫ラセンウジバエである[1)]。次いで，マリアナ諸島のウリミバエが不妊虫放飼法によって根絶された[38)]。久米島のウリミバエ根絶はこれらに次ぐ成功例であった。その後，不妊虫放飼法は，20カ国以上で，15種あまりの害虫の防除に適用された[3)]が，根絶の成功例は少ない。

日本においては，ウリミバエの根絶防除の過程で，個体数推定，野外での性的競争力，増殖技術，不妊化，増殖虫の品質管理法，防除効果の判定法などに関する多くの基礎研究が行われ[15, 16)]，不妊虫放飼法が確かな技術として確立された。本稿では，根絶事業に必要な技術の確立と，沖縄県で実施されたウリミバエ根絶防除の経過について述べる。

7.2 不妊虫放飼法に必要な技術

7.2.1 大量増殖

昆虫の大量増殖では，虫の品質を低下させずに効率的に生産できることが求められる。久米島のウリミバエ根絶に向け，まず，成虫飼育，採卵，卵接種，幼虫飼育，蛹の飼育，飼育容器の形状，飼育密度，飼育温度管理などの基礎的な飼育技術が確立された[10, 27, 32, 39~41)]。次に，これらの飼育技術を大量増殖向けに改良し，飼育作業を組み立て，限られた労力とスペースで，最大で

* Tsuguo Kohama　沖縄県ミバエ対策事業所　増殖照射課　課長

週当たり500万匹の蛹の生産が可能な体制を確立した[9, 26]。

久米島の根絶後，沖縄全域からウリミバエを根絶するために，週2億匹以上の蛹が生産できる超大量増殖施設が建設された[9, 11]。この施設では飼育の各行程が大幅に機械化され，飼育法を機械化に合わせて改良し，さらなる作業の省力化と低コスト化が図られた。

ウリミバエの大量増殖で特に考慮されたのは，飼育虫の家畜化を防ぐため，なるべく自然に近い条件で飼育したことである。採卵容器を果実に似せて円筒形にし，産卵刺激に寄主植物のカボチャを搾ったジュースを使い，成虫飼育室に自然光をとり入れ，野外のウリミバエと同様に薄暮に交尾できるような工夫がなされた[26]。

7.2.2　放射線照射による不妊化

不妊虫放飼法においては，野生虫と同等の交尾競争力をもつ質の良い不妊虫が望ましい。ウリミバエの不妊化にはコバルト60から出るガンマ線が用いられた。羽化率や寿命への悪影響のない不妊化線量は，羽化2日前の蛹で60～80Gyであり，雌は60Gy，雄は80Gyで完全に不妊化された[49]。雄は70Gyでほぼ完全に不妊化され，性的競争力への大きな影響はなかった[48]が，飛翔能力の若干の低下[24]，および照射後の日齢の経過とともに一部妊性が回復すること[45]が認められた。これらの結果をもとに，防除では羽化2～3日前にガンマ線70Gyを照射した不妊虫が使われた[5]。

7.2.3　輸送

昆虫を大量に輸送する場合，代謝熱によって容器内が高温になるため，発熱を抑える工夫が必要となる。ウリミバエの蛹は，冷却剤を入れた保冷容器で輸送された[4]。後に，気密性の高い容器による低酸素圧の条件で呼吸を止め発熱を防ぐ方法が開発された[42]。また，冷却麻酔した成虫を保冷箱に詰めて輸送する方法も開発された[43]。

7.2.4　放飼

不妊虫放飼には，ヘリコプターを使った航空放飼と人手による地上放飼が行われ，どちらを選ぶかは，放飼量や放飼地域の条件（面積，地形，道路網）などを考慮して決められた。久米島では，島の全域に配置された特製のカゴに不妊化されたウリミバエ蛹を入れ，羽化した成虫が自然に分散する方法が用いられた[5]。沖縄県全域の防除では，冷却麻酔した成虫をヘリコプターからばらまく方法が採用された。そのために，成虫用の羽化箱が開発され，成虫の冷却麻酔のための最適温度などが研究された[18, 29]。さらに，ヘリコプターに搭載する放飼装置が開発された[28, 50]。冷却麻酔した成虫を保冷箱で運び，地上からばらまく方法[43]も考案された。その他，紙袋に蛹を入れて，羽化させ，空中から袋ごと投下する方法[17]や，蛹を詰めた放飼容器２個を枝などにかかるように糸で結び，空中から投下する方法[8]も使われた。いずれの場合でも不妊虫は野生虫と区別できるように放飼前に蛍光色素でマーキングされた。

7.2.5 防除効果判定

不妊虫放飼の効果は，トラップ調査と果実調査で判定された。他に，野生雌の産んだ卵のふ化率で判定する方法が実験目的で使われた[5]。

トラップ調査では，キュウルアを誘引源としたトラップを対象地域に配置し，雄成虫を捕獲した。捕獲虫を濾紙に並べ，虫体に有機溶剤を滴下してマークされた蛍光の有無を紫外線下で観察し，マーク虫（M）と無マーク虫（U）を識別し，その比率（M/U，不妊虫・野生虫比S/Nの指標となる）を求めた。色素の脱落があるので，厳密に不妊虫（S）と野生虫（N）を識別するために，精巣の形状やサイズの差[2]，さらには精巣を染色して細胞学的方法で判定する方法[46]が併用された。防除効果は，不妊虫と野生虫の比（S/N）で評価された。果実調査では，寄主植物の果実を野外から多数採集して，ウリミバエ幼虫の寄生率を調べ，防除効果の指標にされた。

7.2.6 品質管理

人工的な飼育環境で飼育され，不妊化，マーキング，輸送，放飼の各作業段階を経ることによって，不妊虫の品質が低下することは避けられない。そのため品質低下を検出し，その原因を究明し，改善するのが品質管理である。超大量増殖施設では，作業段階ごとに，虫質を常に監視できる体制が必要であった。調査項目は，世代数，成虫の寿命，産卵量，ふ化率，蛹歩留まり（接種卵のうち蛹になる割合），蛹サイズ，羽化率，不妊化率，飛翔能力である。飛翔能力の測定には，内側に粉を塗り，這い上がれないようにした容器を使った簡便な方法が考案された[47]。

累代飼育されたウリミバエは，野生系統に比べて早く成熟し，卵を多く産むようになった反面，短命化した[25, 37]。また，成虫の分散力も低下した[25, 31, 35]。増殖虫と野生虫との生活史・行動形質の違いは，人工的な飼育環境で増殖虫が選抜された結果として生じたと考えられている[22, 23]。また，増殖虫の世代数の増加にともない，野外での性的競争力が低下することが認められた[6]ため，新たに野生虫を導入し，新系統の育成が行われた[37]。

7.2.7 密度抑圧

不妊虫放飼法では，野生虫の数に対する不妊虫の数が多いほど効果が上がる。そのため，放飼前に殺虫剤などで野生虫の数を減らすことが望ましい。密度抑圧のため，森林原野にはキュウルアと殺虫剤を吸着させた誘殺剤（木綿ロープやテックス板）を空中から投下し，集落地ではテックス板を枝に下げた。密度の高い場所では，蛋白加水分解物と殺虫剤を混合した毒餌剤をスピードスプレーヤで散布した[7]。密度抑圧に誘殺剤と毒餌剤を併用したのは久米島[7]だけで，他の地域では誘殺剤のみが使われた[13, 19, 33]。

7. 3　ウリミバエの根絶

7. 3. 1　久米島の実証防除

久米島のウリミバエ根絶防除は，日本で最初の不妊虫放飼法による実証事業として1972年に開始された。防除前の個体数推定調査により，ウリミバエ雄の数はピーク時で約250万匹と推定された。当時の不妊虫生産能力は週あたり100万匹であったため，誘殺剤や毒餌剤を使って，野生雄の数を1/20に減らしてから不妊虫放飼を開始した。不妊化した蛹を，島の各地に置かれたプラスチック製のかごに入れ，不妊虫を放した。放飼量は週当たり100万匹であったが，防除効果が上がらなかったため，週あたり350～400万匹に増やされた。その結果，1976年10月以降，果実の寄生率０％が続き，久米島のウリミバエは根絶されたと判断された[5]。

7. 3. 2　沖縄県全域からの根絶

久米島の成功をもとに，沖縄全域の根絶計画が立てられた。久米島の４倍程度の面積の宮古諸島で技術を磨いた後，面積が最大の沖縄諸島にとりかかり，最終的にウリミバエの発生地である台湾に近い八重山諸島に進むという作戦がとられた。超大量増殖施設および不妊化施設が新しく那覇市に建設された。施設内にヘリポートも作られ，中南部の放飼基地の機能をもたせた。また「不妊虫放飼センター」が沖縄島北部，宮古島，石垣島の３カ所に建設された。各放飼センターにはヘリポートも併設された。不妊虫は，那覇の施設から各放飼センターに輸送され，放飼された。

宮古諸島の防除は1983年に開始された。個体数推定結果をもとに，放飼量は週３千万匹と決定された。密度抑圧の後，1984年８月から不妊虫放飼を開始した。しかし，放飼後の数ヶ月間，トラップに誘殺される不妊虫の数が増えないという問題に直面した。原因の一つは，飛べないハエの出現であった。これは蛹を蛹化資材（バーミキュライト）からふるい分ける時期と関係しており[36]，その時期を蛹化後５～６日目に変更することで改善された。もうひとつの原因は，放飼前の成虫の死亡率が高いことであったが，これも羽化箱の改良[44]で解決された。その後，トラップで誘殺される不妊虫の数は増加したが，1985年の夏から秋にかけて野生虫の数が増加した。トラップで野生虫が多く誘殺されるのは，寄主植物が周年通じて豊富に存在する場所であった。このような場所では野生虫に対して不妊虫の数が不足するため，野生虫が残りやすいと考えられた[34]。このような場所はホットスポットと呼ばれた。そこで，1985年10月～1986年5月に，ホットスポット潰しのため，不妊虫を追加放飼した。その結果，1987年２月にはトラップに誘殺された野生虫は０になり，11月に根絶が公式に宣言された[19]。

沖縄諸島の防除にあたっては，久米島と宮古諸島での経験をもとに戦術が立てられた。これまで均一に不妊虫を放飼していたが，最初から放飼量に濃淡をつけ，野生虫密度の高い沖縄島中南部[14]へ多めに放飼した。ホットスポットになると予測された場所[30]へは，防除初期から追加放飼を行った。また，防除の過程で出現したホットスポットに対しても追加放飼が行われた。不妊虫放飼は野生虫の密度の高い沖縄島中南部から開始され，北部，周辺離島へと拡大された。1989年11月に南大東島でトラップと果実から見つかったのを最後に，その後野生虫は検出されなくなり，1990年10月に根絶が達成された[33]。

八重山諸島での不妊虫放飼は1989年11月に開始された。増殖虫は導入後60世代が経過し，性的競争力の低下が心配されたが，新系統を導入できない状況であったため，多数の不妊虫を放飼し，短期決戦で根絶達成を目指した。防除は順調に進み，与那国島で1992年6月にトラップで野生虫が1匹捕獲されたのを最後に，1993年10月には根絶が達成された[13]。沖縄県に先立って，鹿児島県の奄美諸島では1989年までに根絶されていた[8, 20]ので，八重山での根絶達成により，日本からウリミバエは完全に根絶された。

7.4 再侵入対策

日本からウリミバエは根絶されたが，沖縄県はウリミバエの発生地であるアジア諸国に近いため，近隣諸国から侵入することは十分予想される。沖縄県では，根絶後も侵入警戒のためトラップ調査を定期的に行い，また再定着を未然に防ぐため不妊虫放飼を継続している。ウリミバエは不妊虫放飼法以外に有効な根絶法がないため[21]，再侵入に備え，質の高い累代飼育虫を維持しなければならない。増殖虫の虫質管理は，根絶後の大きな課題のひとつである。現在の大量増殖系統は1985年に導入されたもので，200世代が経過している。これまでの経験から，現在の増殖虫の性的競争力はかなり低下していると推定される。そのため，遺伝的な劣化を遅らせる，あるいは品質を向上させるための手法が現在検討されている。

文　献

1) A. H. Baumhover *et al.*, *J. Econ. Entomol.*, **48**, 462 (1955)
2) 林　幸治・小山重郎, 応動昆, **25**, 141 (1981)
3) J. Hendrichs & A. Robinson, Encyclopedia of Insects, V. H. Resh & R. T. Carde eds., 1074, Academic Press (2003)
4) 一戸文彦, 植防研報, **13**, 64 (1976)
5) O. Iwahashi, *Res. Popul. Ecol.*, **19**, 87 (1977)
6) O. Iwahashi *et al.*, *Ecol. Entomol.*, **8**, 43 (1983)
7) 岩橋　統ほか, 応動昆, **19**, 232 (1975)
8) 鹿児島県農政部・大島支庁ウリミバエ対策室, 奄美群島ウリミバエ根絶記念誌, p.122 (1991)

9) 垣花廣幸, 沖縄農試研究報告, **No.16**, 1 (1996)
10) 垣花廣幸ほか, 沖縄農業, **13**, 33 (1975)
11) 垣花廣幸ほか, 植物防疫, **43**, 20 (1989)
12) E. F. Knipling, *J. Econ. Entomol.*, **48**, 459 (1955)
13) 古波津　章・金城邦夫, 植物防疫, **47**, 534 (1993)
14) J. Koyama, *et al.*, *Appl. Ent. Zool.*, **17**, 550 (1982)
15) 小山重郎, 応動昆, **38**, 219 (1994)
16) J. Koyama *et al.*, *Annu. Rev. Entomol.*, **49**, 331 (2004)
17) 久場洋之, 沖縄県特病事業報告, **No. 5**, 119 (1980)
18) 久場洋之ほか, 沖縄農試研究報告, **No. 7**, 101 (1982)
19) 前田朝達ほか, 植物防疫, **42**, 155 (1988)
20) 牧野伸洋, 植物防疫, **47**, 539 (1993)
21) 松井正春ほか, 応動昆, **34**, 315 (1990)
22) T. Miyatake, *Res. Popul. Ecol.*, **40**, 301 (1998)
23) T. Miyatake & M. Yamagishi, *IAEA*, Vienna, 201 (1993)
24) 仲盛広明, 応動昆, **31**, 134 (1987)
25) 仲盛広明, 沖縄農試特別研究報告, **No. 2**, p.64 (1988)
26) H. Nakamori & H. Kakinohana, *Rev. Plant Protec. Res.*, **13**, 37 (1980)
27) 仲盛広明ほか, 沖縄農業, **13**, 27 (1975)
28) H. Nakamori & H. Kuba, JARQ, **24**, 31 (1990)
29) 仲盛広明ほか, 沖縄農試研究報告, **No. 7**, 109 (1982)
30) 仲盛広明ほか, 応動昆, **37**, 123 (1993)
31) H. Nakamori & H. Soemori, *Appl. Ent. Zool.*, **16**, 321 (1981)
32) 仲盛広明ほか, 応動昆, **22**, 56 (1978)
33) 澤木雅之・垣花廣幸, 植物防疫, **45**, 55 (1991)
34) M. Shiga, *NATO Series Vol. G11, Pest Control*, M. Mangel *et al.* eds., Berlin Heidelberg, Springer–Verlag, 387 (1986)
35) 添盛　浩・久場洋之, 沖縄農試研究報告, **No. 8**, 37 (1983)
36) 添盛　浩ほか, 応動昆, **26**, 196 (1982)
37) 添盛　浩・仲盛広明, 応動昆, **25**, 229 (1981)
38) L. F. Steiner *et al.*, *J. Econ. Entomol.*, **58**, 519 (1965)
39) 杉本　渥, 応動昆, **22**, 60 (1978)
40) 杉本　渥, 応動昆, **22**, 219 (1978)
41) 杉本　渥ほか, 応動昆, **22**, 204 (1978)
42) 棚原　朗, 沖縄県ミバエ根絶記念誌, 94 (1994)
43) 棚原　朗ほか, 応動昆, **38**, 245 (1994)
44) 谷口昌弘ほか, 沖縄農試研究報告, **No. 13**, 51 (1989)
45) T. Teruya, *Appl. Ent. Zool.*, **17**, 586 (1982)
46) 照屋　匡ほか, 沖縄農業, **20**, 31 (1985)
47) 照屋　匡・西村　真, 沖縄農試研究報告, **No. 11**, 67 (1986)
48) T. Teruya, & H. Zukeyama, *Appl. Ent. Zool.*, **14**, 241 (1979)

49） T. Teruya *et al.*, *Appl. Ent. Zool.*, **10**, 298 (1975)
50） 山元四郎，ミバエの根絶－理論と実際，石井象二郎ら編，125，農林水産航空協会 (1985)
51） 吉澤　治，植物防疫，**47**，527 (1993)

8　イエバエ幼虫を利用した有機廃棄物再資源化システム

山﨑　努*1，瀧川幸司*2

8.1　はじめに

わが国の畜産業は，海外からの安価な輸入飼料に大きく依存した形で大規模化，地域集中型の発展を遂げており，家畜排泄物が限られた地域に多量に集積している。全国で1年間に発生する家畜排泄物の量は平成15年時点で約9,000万tとみられ，平成11年調査によればこのうち約8,100万tが農地還元や浄化処理，高度利用に仕向けられ，残りの約900万t（発生量の約1割）が野積み・素掘りといった不適切な処理がなされたとみられている。野積み・素掘りなどの不適切な処理は，悪臭問題のほか，河川への流出や地下水への浸透を通じ，閉鎖性水域の富栄養化，硝酸態窒素やクリプトスポリジウム（原虫）による水質汚染の一因となることが指摘されてきた。このため平成11年11月に畜産環境問題の解決と畜産業の健全な発展を目的として，『家畜排泄物の管理の適正化及び利用の促進に関する法律（家畜排泄物法）』が施行され，平成16年11月から管理基準全体の適用が開始された。しかしながら，数ある処理技術の中で未だ具体的な解決策が見出せていないのが現状である。当社ではタンパク質合成能力の高い食糞性の昆虫であるイエバエ（*Musca domestica*）の幼虫（蛆虫）を利用して家畜排泄物を分解処理することにより肥料や幼虫を利用したタンパク質飼料といった有効な資源を生産するシステムの開発研究を行っている。この研究は元々旧ソビエト連邦共和国（現ロシア共和国）の宇宙開発技術の一環として行われ，旧ソビエト連邦共和国時代の「マーズ計画（有人火星探査計画）」において選抜されたイエバエを利用して「宇宙船内の人間の食料補給（栄養補給）と排泄物の処理」といったリサイクルシステムの確立を目指したものであるが，それを農業に転用したものである。イエバエを利用したこのシステムは生物的処理法として位置付けられるが，微生物やミミズによる処理と比べてその分解処理期間が短く，さらに家畜のタンパク飼料資源となる幼虫を短期間で大量に生産できるといった大きな特長を持っている。このシステムの実用化は畜産業における家畜排泄物の処理はもとより現在の輸入飼料に依存する形態を緩和し，国内における飼料自給率を高める上でも重要な役割を果たすことが期待される。また，昆虫産業の分野においても，このリサイクルシステムによってイエバエを安定して大量生産でき，イエバエの持つ酵素や抗菌性タンパク質などの注目すべき機能性物質の発見やそれらの活用など，今後の昆虫産業の発展に大いに貢献できるものと期待される。ここでは食糞性であるイエバエの幼虫を使って有機廃棄物を分解処理して肥料および幼虫を利用したタンパク質飼料を生産することを目的とした「イエバエ幼虫を利用した有機廃棄

*1　Tsutomu Yamasaki　㈱フィールド　環境事業部　部長
*2　Koji Takigawa　㈱フィールド　環境事業部　研究室　室長

物再資源化システム（以下ズーコンポストシステムという）」を紹介する。

8.2　ズーコンポストシステムの概要

ズーコンポストシステムの概念を図1に示す。イエバエはハエ目（または双翅目）に属する昆虫であり，卵，幼虫，蛹，成虫と変態する。イエバエの一生を蛹から説明すると次の通りである。蛹は温度27℃，湿度70%の環境下で，平均5日間で羽化して成虫になる。羽化した成虫は交尾をして3日後には雌が産卵を開始する。一匹の雌は2～3日間隔で産卵する。卵は家畜排泄物に接種するが，温度30℃であれば約8時間で孵化して幼虫になる。幼虫は摂食活動を行う過程で家畜排泄物を分解し孵化後3～4日間で3齢幼虫に達し，蛹になるために乾燥した場所に移動する。移動した3齢幼虫は温度27℃，湿度70%の環境下で，2日間で蛹になる。

ズーコンポストシステムはこのイエバエの生態を利用したシステムであり，目的に応じた2つの施設が必要となる。1つは有機廃棄物を処理して肥料とタンパク質飼料（幼虫）を生産することを目的としたズーコンポスト施設である。同施設は前工程，処理工程，後工程の3工程からなり，前工程では有機廃棄物の受入・調整・幼虫飼育室への搬入を，処理工程では一定環境に保った幼虫飼育室における幼虫を用いた有機廃棄物の処理および処理が終了した産物の加熱処理による肥料化を，後工程では生産された肥料および幼虫の加工および製品化を行う。この施設で処理可能な有機廃棄物は，家畜排泄物，食品廃棄物，食品残渣など有機物であれば種類を問わない。当社の考え方として，処理する有機廃棄物は肥料とタンパク質飼料（幼虫）を生産するためのものであり，原料（以下「有機廃棄物」と「原料」は同義語とする）として位置付けている。もう

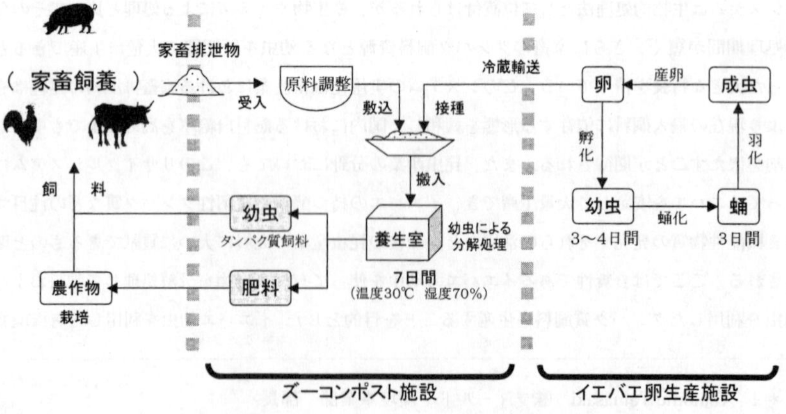

図1 「ズーコンポストシステム」の概念図

1つの施設は，ズーコンポスト施設で必要となるイエバエの卵を生産することを目的としたイエバエ卵生産施設である。同施設は飼育準備工程，飼育工程の2工程からなり，飼育準備工程では成虫に与える餌の生産・産卵用培地の準備を，飼育工程では成虫の餌交換・採卵を行う。前者では卵から幼虫までの段階の取り扱いとなり，後者では蛹から成虫（卵）までの段階の取り扱いとなる。卵は冷蔵状態にしての保管，輸送が可能であり，前者と後者が必ずしも同一個所にある必要はない。

8.3　ズーコンポスト施設の仕組み

8.3.1　前工程

(1)　卵の取り扱い

イエバエ卵生産施設で採卵された卵（写真1）は採卵後一定時間をかけ卵温4℃まで冷却する。その後ズーコンポスト施設で使用するまで冷蔵保管を行い，卵を原料に接種する際に一定時間をかけて卵温を30℃にする。卵は，イエバエ卵施設とズーコンポスト施設が遠隔地にあっても国内であれば冷蔵便での運搬が可能である。

(2)　原料受入

原料は施設の処理能力に応じた重量の受け入れを毎日行い，受け入れ時に異物夾雑物を除去する。原料は受入当日に処理を開始する。

(3)　原料調整

受け入れた原料は含水率70～80%，pH 6～8，温度25～30℃の範囲内に調整する。この条件は幼虫が分泌する消化酵素のはたらきをよくするためのものである。新鮮な家畜排泄物であればほぼこの範囲内におさまるため原料の調整は必要とはならないが，例えば一定期間放置され含水率が基準値に満たない家畜排泄物に対しては水分調整が必要となる。この場合，水による調整

写真1　イエバエ卵

写真２　原料（豚糞）を敷き込んでイエバエ卵を接種した処理トレイ

はもちろん可能だが，焼酎廃液，畜産スラリーなどによる調整も可能である。

⑷　**原料のトレイへの敷き込み**

調整した原料を幼虫の這い出し誘導傾斜をつけた形状の処理トレイに規定重量を乗せ，厚さ6cmになるように平らにならす。幼虫が活動するためには酸素が必要であり原料を敷き込む厚さを増すと深層部に到達した幼虫の活動が阻害される。結果として表･中層部の分解処理しか行われず深層部は未処理の状態となる。

⑸　**卵接種**

処理トレイに敷き込んだ原料に30℃に加温した卵を原料重量に対して0.05%の量を接種する（写真２）。例えば，1tの原料を処理トレイに敷き込んだ場合の卵接種量は500gとなる。

⑹　**幼虫飼育室に設置**

原料を敷き込んで卵を接種した処理トレイは庫内温度30℃，湿度70%に設定した幼虫飼育室に多段で設置する（写真３）。最下段の処理トレイの幼虫這い出し誘導傾斜口の下には幼虫回収容器を設置する。

8.3.2　処理工程

⑴　**幼虫による分解処理**

接種した卵は約８時間で孵化して幼虫になる。幼虫は原料内に潜り込み唾液腺から消化酵素を分泌して原料中の有機物を分解し養分を吸収する。卵接種後２～４日目にかけて原料の温度は幼虫の代謝熱により昇温し，４日目には45～55℃に達する。昇温中の温度帯は幼虫の分泌する消化酵素の最適温度帯となり反応速度が大きくなる。幼虫は孵化後３～４日で３齢幼虫に達し蛹になる場所を求め処理トレイから這い出してくる（写真４）。幼虫の這い出しは卵接種後３日目か

写真３　幼虫飼育室の様子
棚に設置した処理トレイ

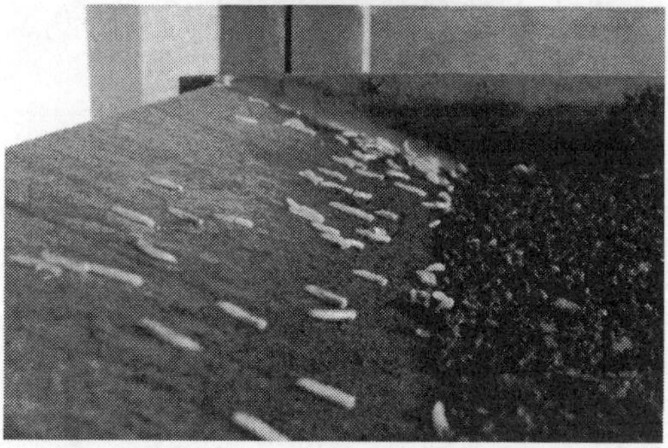

写真４　イエバエ卵接種から４日目
３齢に達した幼虫は処理トレイから這い出してくる

ら始まり４日目，５日目でピークとなり６日目にはほぼ全ての幼虫の這い出しが完了する。這い出した幼虫は最下段の処理トレイの下に設置した回収容器に溜まる。

⑵　**処理原料の加熱処理**

幼虫の這い出しがほぼ完了する卵接種後６日目の時点で処理物を移動させずに幼虫飼育室に設置したままの状態で加熱を開始する。加熱処理は原料由来の雑草種子およびクリプトスポリジウム（原虫）の死滅を目的として70℃で20時間行う。この間70℃で間欠的に加熱することにより処理トレイ内の処理物の表層，中層，深層に対して均一に熱がかかるようにする。

(3) 生産量

幼虫の分解処理によって得られる生産物量は，幼虫が生重量で原料重量の8～12%，肥料が原料重量の約30%である。例えば，1tの原料を処理した場合，幼虫が生重量で80～120kg，肥料が300kgとなる。

8.3.3 後工程

(1) 幼虫の加工

回収容器に溜まった幼虫は24時間以内に100℃の熱湯で10分間の加熱処理を行う。加熱処理終了後は用途に応じて凍結あるいは乾燥，粉砕を行う（写真5）。加熱処理で使用した水は廃液

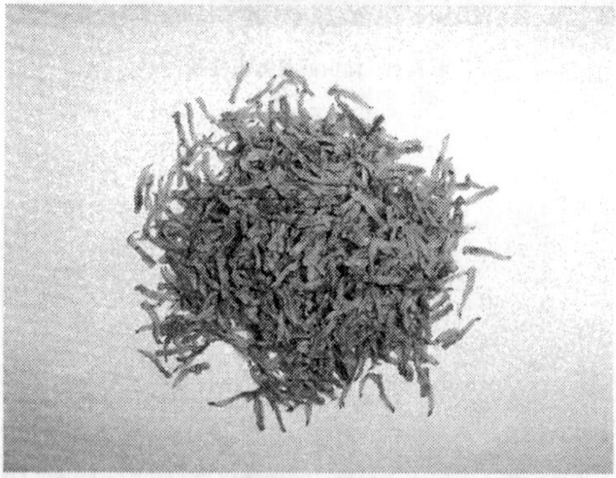

写真5　乾燥幼虫

写真6　肥料（豚糞を処理して得られた肥料）

として処理するのではなく液肥としての利用が可能である。また，現在幼虫体液中の有用成分を抽出する手段を検討中である。

(2) 肥料の加工

ペレット状あるいは粒状などの固形肥料として梱包される（写真6）。また，肥料から液体肥料に加工することも可能である。

(3) 液肥の加工

幼虫の加熱処理に使用した水は液肥として利用する。使用後の水を濃縮して，濃縮液は液肥として，蒸留水は再び加熱処理用の水として使用する。

8.4 ズーコンポストシステムの特長

8.4.1 システムで利用するイエバエの特長

同システムで利用するイエバエは，先に述べたように宇宙開発技術の一環として選抜されたハエであり，宇宙船という限られた閉鎖空間の中で効率よく有機物のリサイクルを確立させるためにイエバエのもつ能力を世代期間短縮により高めたものであり遺伝子操作によるものではない。一方，温度と湿度を一定に保った環境での飼育が必要であり，餌も決められた配合のものを与える。いわば家畜化の進んだイエバエである。このことは外部環境への適応能力が著しく低く屋外では生存率が低下すると考えられる。また，利用しているハエは*Musca domestica*であり，日本に生息するイエバエと同種である。これらのことから仮にこのイエバエが屋外に逃げ出しても生態系を撹乱する心配は極めて低いと考えられる。

8.4.2 処理方法の特長

ズーコンポストシステムは従来の生物的処理法と比較して大きく3つの特長を持つ。1点目は処理期間が短いことである。従来の微生物を利用した醗酵処理方法では処理期間が60～90日間であるのに対し同システムでは7日間で完了する。これは同じ敷地面積で一回に同量の原料受入を行うとした場合，従来の方法と比較すると同システムは約8～13倍の処理能力があることを意味する。2点目は2種類の生産物が得られるという点である。従来の方法では生産物が肥料だけであるのに対して同システムでは肥料とタンパク質飼料（幼虫）が得られる。プラントを稼動するためにはランニングコストが必要となるが，それを入口側の処理料の受け取りと，出口側の生産物の販売による収入で賄う。同じ量の処理を行い，それによって得られる生産物の収入が多ければ，収入のバランスは出口側が大きくなり入口側を小さくすることができ，処理料を支払う畜産農家の負担を軽減することができるようになる。3点目は得られる生産物の品質が安定している点である。同システムでは一定の基準で調整した原料を一定の環境下で一定期間をかけ，一定数の幼虫に分解処理をさせることにより生産物の品質のバラツキを抑えることが出来る。

8.4.3 生産物の特長

(1) 肥料の特長

肥料の成分分析結果を表1に示す。肥料成分は原料となる家畜排泄物の成分構成に由来していることがわかっている。例えば，豚糞を原料とした場合，生産される肥料の成分構成比は窒素，リン酸，カリウムがそれぞれ約2，6，2％とリン酸の割合が多い肥料となる。この肥料は自社プランター栽培および圃場試験の結果ではナスやトマト，ピーマン，キュウリなど果菜類の栽培に適していることが確認されているが，その作用機構についての詳しいことはまだ明らかになっていない。現在の時点では，この肥料が10種類の植物病原性糸状菌に対して生育抑制効果を持つことが確認されている。植物の病気の約8割が糸状菌によるものと言われており，この肥料が有する植物病原性糸状菌に対する生育抑制効果は，圃場においてもその効果が期待できるため，さらに詳しい研究を進めている。

(2) タンパク質飼料（幼虫）の特長

幼虫の乾燥粉末の成分比率およびアミノ酸組成を表2に示す。動物タンパク質飼料として広く使われている魚粉（ホワイトフィッシュミール）と幼虫の体成分を比較すると，粗タンパク質は魚粉がやや上回るが，粗脂肪は幼虫が2倍上回る。粗灰分は魚粉には20％含まれているのに対し幼虫は5％であった。アミノ酸組成は全般的に魚粉と類似していたが，グリシンの含有率が魚粉の5％に対して幼虫は2％であった。一般に昆虫を飼料原料として利用する場合，蛹が利用されるが，イエバエ幼虫を利用して行われたブロイラーの飼養試験では魚粉と同等以上の栄養的価値があるものと報告されている[1]。また，自社で行ったブロイラーの飼養試験では，ニワトリの

表1　肥料成分分析結果

成分		豚ふん	鶏ふん	牛ふん
水分	(%)	15.03	18.57	7.38
窒素全量	(%)	2.28	2.23	1.73
リン酸全量	(%)	5.93	9.42	2.07
加里全量	(%)	2.01	5.19	1.25
石灰全量	(%)	6.62	5.62	2.51
苦土全量	(%)	1.74	2.88	0.94
ホウ素（B_2O_3）	(%)	0.01	0.02	0.02
ケイ酸	(%)	1.83	2.77	4.87
亜鉛全量	(ppm)	779.21	472.21	141.21
銅全量	(ppm)	106.90	28.72	23.04
マンガン全量	(ppm)	482.40	717.50	226.78
鉄全量	(ppm)	3,927.96	2,396.72	1,460.46
有機炭素	(%)	28.44	24.17	37.56
炭素窒素比（C/N比）		12.5	10.8	21.7

（数字は現物あたり）

幼虫に対する嗜好性は極めて良く，幼虫飼料を通常の配合飼料に5％添加して飼養すると，55日齢の可食部歩留まりが2％多くなる効果が認められている。その他，魚においても嗜好性の高いことが確認されており，養殖魚の成長を促進するとともに鑑賞魚の発色を良くする効果も認められている。

昆虫は一般に個体を保護するための生体防御機構として，細菌の感染や皮膚の傷害に応答して，強力な抗菌性タンパク質を体液中に作り出すことが知られている。昆虫の抗菌性タンパク質は現在までに150種以上が報告され，そのほとんどのもののアミノ酸配列が明らかとなっている。イエバエと同じくハエ目に属するセンチニクバエでは，皮膚に傷をつけた幼虫の体液から抗菌性タンパク質が精製され，その性質が明らかになっている。また，正常なセンチニクバエの幼虫の体液中には抗真菌活性を持つタンパク質が常に存在する。この抗真菌活性は体液を100℃で加熱しても失活しないことが示されている[2)]。その他，ハエ目に属する数種類の昆虫からもいくつかの抗菌性タンパク質が分離されている[3)]。現時点では，イエバエから抗菌性あるいは抗真菌性のタンパク質が分離されたという報告はないが，イエバエでもこれらの物質が誘導されるあるいは存在することは十分考えられる。試験の結果では，加熱処理を施したイエバエの幼虫体液の抗菌活性は今のところ認められていないが，未加熱で凍結乾燥したイエバエの幼虫体液を用いて行った抗菌性確認試験では大腸菌および青枯病菌に対して阻止円が確認されている。今後，抗菌性あるいは抗真菌性タンパク質の利用を視野にいれた加工処理技術の研究開発を進めていく。

表2　イエバエ幼虫の一般組成とアミノ酸組成

成分（％）		アミノ酸種類（％）	
水分	4.4	アルギニン	2.89
粗蛋白質	53.2	リジン	3.93
粗脂肪	26.9	ヒスチジン	1.48
粗繊維	5.6	フェニルアラニン	3.43
粗灰分	5.0	チロシン	3.79
可溶性無窒素物	4.9	ロイシン	3.29
リン	0.8	イソロイシン	1.79
カルシウム	0.37	メチオニン	1.38
マグネシウム	0.18	バリン	2.53
亜鉛	0.03	アラニン	2.74
		グリシン	2.19
		プロリン	2.21
		グルタミン酸	7.29
		セリン	2.14
		スレオニン	2.18
		アスパラギン酸	5.19
		トリプトファン	0.71
		シスチン	0.52

（数字は乾燥幼虫現物あたり）

8.5 おわりに

冒頭で述べたように国内における畜産業界は大規模化と地域集中型の発展を遂げてきている。その背景にはわが国の食生活の欧米化に伴う畜産物を中心とした動物性食品の摂取量が大幅に増えたことや，都市部への人口の集中，物流や食品加工･保存技術の向上など様々な要因があげられる。また，海外からの輸入食品との価格競争によってその発展は生産性が最重視されてきた。その結果，家畜における入口側に起因する問題として，高タンパク･高エネルギーの飼料として利用された肉骨粉によるBSE (牛海綿状脳症) の問題や家畜の病気予防および成長促進等のために用いられる抗生物質による薬剤耐性菌の問題等が，出口側に起因する問題として，家畜排泄物の不適切な処理による悪臭や水質汚染などの問題やそこから発生する昆虫等による病原菌の媒介による問題等，近年になって数々の問題が顕在化してきた。これらの問題は一過性のものではなく過去からの蓄積によってもたらされたものであり，まだまだ数多くの問題が潜在していると思われる。それ故に，顕在化した問題を個々の問題として解決するのではなく，潜在的な問題を視野に入れて総括的に解決していくことが必要なのではないだろうか。環境問題の解決や食の安全性が求められる中，工業製品と違いその生産過程で自然環境の影響を受けやすい食料生産においては，自然の摂理に基づいた循環型の生産を維持していくことが重要である。ズーコンポストシステムは元々家畜排泄物に発生する昆虫であるイエバエの幼虫を利用し，肥料とタンパク質飼料を生産するシステムである。生産される肥料には植物に対する成長促進効果が認められ，糸状菌に対する抑制効果も確認されている。また，幼虫はタンパク質飼料としてニワトリや，魚類の嗜好性が高く，成長促進効果も認められている。さらに，自身が生産する抗真菌活性タンパク質や抗細菌性タンパク質といった有用成分の活用の可能性を兼ね備えている。昆虫の機能を利用したこのシステムは家畜生産において「飼料→家畜飼養→家畜排泄物」の流れとは逆の「家畜排泄

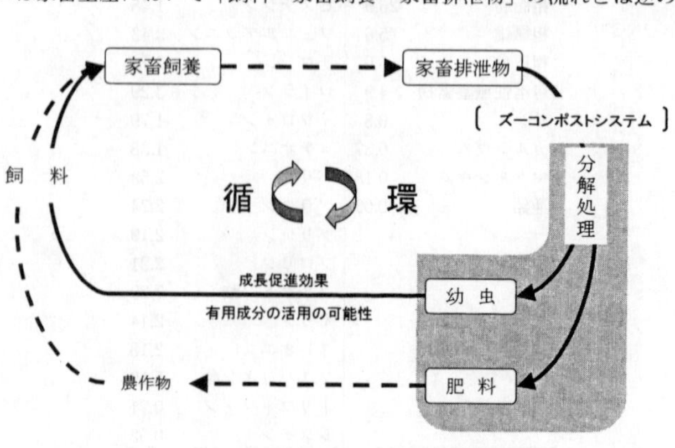

図2　ズーコンポストシステムによる家畜生産の循環イメージ

物→分解処理→飼料」の流れを担うことによって循環を成り立たせた上で，取り巻く種々の問題を解決する糸口に成り得ると考えている（図２）。

当社では1995年（平成７年）にソ連崩壊後のロシアから特殊化されたイエバエを導入し，ズーコンポストシステムを単に有機廃棄物の処理システムとして位置付けるのではなく，処理によって得られる肥料およびタンパク質飼料を有効活用することで地域単位での循環型農業を構築すべく研究開発を行ってきた。その実証農園として，宮崎県都農町にズーコンポスト施設とそれに付随する約11ヘクタールの農園を展開している。また，隣接した約13ヘクタールの土地には馬や牛，羊，ヤギ，鴨などの動物を飼養している。その土地にはヒトが住み，楽しみながら働ける街づくりをテーマにした「フィールドストーンファーム構想」を展開している。今後，ズーコンポストシステムだけでなく，こういった循環型農園としての取り組みが地域の町興しや雇用促進などにも繋がることから全国各地へその地域にあったさまざまな形で広げていく事が当社の課せられた使命であると考えている。

文　献

1）稲岡徹ほか，家禽会誌，**36**，174-180 (1999)
2）名取俊二，植物防疫，**49**，449-453 (1995)
3）宮ノ下明大，山川稔，BIO INDUSTRY，**13**，28-38 (1996)

第5章　昆虫の体の構造，運動機能，情報処理機能の利用

1　昆虫の脳による情報処理機能の特性とその利用の展望

安藤規泰[*1]，岡田公太郎[*2]，神崎亮平[*3]

1.1　はじめに

昆虫は4億年の適応進化の過程を経て，現存する生物の85%を占めるまでに繁栄している。その間に恐竜をはじめ大型の爬虫類や哺乳類が環境変動に適応できずに絶滅していったのに対して，石炭紀の地層などから，今日とほぼ変わらない形態をした昆虫の化石が発見されることは極めて興味深い。これは昆虫の形態のみならず，感覚受容や行動を司る神経機構が，環境に十分適応可能であることを示すものである。1,000億個の神経から構成されると言われるわれわれヒトの脳に対して，わずか10万個の神経から構成される昆虫の脳は，極めて微小な構造でありながら，刻々と変化する環境情報の受容･処理を迅速に行い，行動を発現するのである。昆虫の行動は一見単純な反射の連続と見られがちであるが，実際には反射･本能（定型）的行動のみならず，記憶学習，さらにはミツバチに見られるような高度な社会性を構築することができる。昆虫は，その微小なサイズという，われわれから見れば制限要因とも思われがちな条件の中で，最適な神経機構と適応行動を進化させてきた。これは，われわれ哺乳類に見られる複雑な脳神経系や，複雑化するロボットをはじめとする機械の設計と対照的であり，神経機構の解析を通して昆虫の設計を学ぶことはきわめて重要である。本章では昆虫の微小な神経系の特徴と適応行動，そして利用について解説する。

1.2　昆虫の神経系

1.2.1　感覚器官

刻々と変化する外部環境を受容する昆虫の受容器としては，触角，複眼，口部，前肢，鼓膜器官，体表機械感覚毛などがあり，これらの受容細胞は昆虫の全神経の10%以上を占めている。一方，少数の神経から構成される昆虫では，中枢神経系による高度な感覚情報処理能力は期待できない。そこで，昆虫の受容器の特性として，膨大な感覚スペクトラムの中からきわめて狭い範囲

＊1　Noriyasu Ando　東京大学　大学院情報理工学系研究科　産学官連携研究員

＊2　Koutaroh Okada　東京大学　大学院情報理工学系研究科　産学官連携研究員

＊3　Ryohei Kanzaki　東京大学　大学院情報理工学系研究科　教授

のスペクトラムの受容に特化したいわゆる「スペシャリスト」タイプの受容器を多く持っており，受容器レベルで情報の選別が行われている[1)]。これは脳による信号処理能力が高く，広範囲の特性の「ジェネラリスト」タイプの受容器を多く持つ哺乳類とは対照的である。

昆虫はこれら感覚受容器の「スペシャリスト」の特性をうまく利用し，昆虫独自の環境受容を行っている。例えば，昆虫の複眼は数千から数万個の個眼から構成される。これらの個眼は直径わずか25 μm 程度のマイクロレンズから構成され，個々の個眼は一画素に対応する。アゲハの視覚分解能は2度と良くないが，個眼に存在する分光感度の異なる6種類の色受容細胞によって，一画素ごとの色識別を可能にしている。また，ミツバチやバッタでは，一部の色受容細胞の光受容部位が，光の振動面に対して指向性をもった配列をしており，偏光受容に特化している。これは天空の偏光パターンを受容し，方向を決定するのに役立っている[1, 2)]。

また，触角の感覚器官には，味，匂い，温度，機械感覚のほかに，昆虫独自の感覚器官である湿度を受容する感覚毛が存在する。これは吸湿構造をもつ感覚毛のクチクラが膨張･収縮することにより生じる機械刺激が受容細胞によって湿度感覚として受容される[1)]。

匂い受容は主に触角に存在する毛状感覚子内の嗅受容細胞よって行われる。匂いのうちフェロモンは，フェロモン分子のみに感受性を示すスペシャリストタイプの嗅受容細胞によって受容される。この受容細胞の感度は非常に高く，わずか1分子のフェロモン分子に対して興奮することが知られている[3)]。

1.2.2　中枢神経系

昆虫は，頭部，胸部，腹部の3体節を基本とした体節構造を示し，各体節はそれぞれの神経節によって支配される（図1）。それぞれの神経節は腹髄神経索といわれる左右一対の縦連合によって連結され，はしご状神経系を構成する。このような昆虫の神経系は機能的にも分散構造をとっており，各神経節が局所的な感覚情報処理，運動出力制御などを行い，頭部の神経節である脳がこれらの統合中枢として機能する。脳は視覚，嗅覚といった頭部の感覚器官からの情報処理を行うとともに，胸部以下の神経節からの体性感覚や行動に伴って発生する上行性信号の情報処理を行い，新たな運動指令を胸部以下の神経節へ伝達する。また，昆虫は小さな脳でありながら高度な記憶学習系をもっている。ミツバチやコオロギ，ゴキブリで古典的条件付けやオペラント条件付けといった連合学習が成立することが示されている。これらの記憶学習には脳内のキノコ体と呼ばれる特殊な構造が関与することが明らかになっている[3)]。

歩行や遊泳，飛行といった運動を司るのはこれらの運動器官が存在する胸部の胸部神経節である。運動に伴う脚や翅の繰り返し運動パターンはすべて胸部神経節の神経回路で形成され，運動神経を介して筋肉へ伝達される。この周期的な運動パターンは，神経回路によって形成される自発的なパターンであり，感覚受容に依存した反射の連続ではないことが知られている。これは中

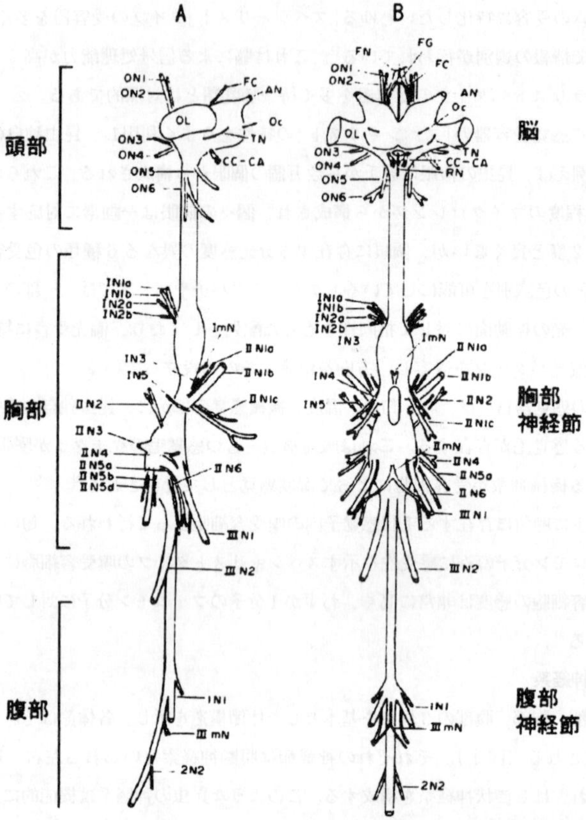

図1　昆虫の中枢神経系

A：側方図，B：背側図。腹部神経節は一部のみ表示。文献２)より引用)。

枢パターン発生器(CPG)と呼ばれ，動物一般の運動パターンの形成に関わっている。このような昆虫の分散処理，とりわけ脳とは別の運動中枢の存在は運動性の向上に寄与している。伝導速度の遅い昆虫の無髄神経で俊敏な運動を行うためには，情報伝達経路を短くする必要がある。昆虫の飛行制御に関わる感覚器官，たとえば翅のたわみや位置，体の平衡感覚を検出する器官からの感覚情報は，胸部神経節内で直接もしくはごく少数の介在神経を介して運動神経へ伝達され，適切な姿勢制御を行っている[4,5]。一方，胸部神経節にも学習能力があることが知られている。断頭したゴキブリに対し，脚がある高さまで下がった際に電気ショックを与えることを繰り返すと，次第に脚を下げなくなる。これは感覚—運動系のみならず，記憶学習系にも神経系の特徴である分散処理が行われていることを示すものである[6]。

1.2.3　環境受容と適応行動

前述の感覚受容，中枢神経系による情報処理を行い，昆虫は適切な行動を発現する。われわれ哺乳類が膨大な環境情報をジェネラリストタイプの受容器で受容し，複雑な脳神経系で必要な情報を抽出するのに対して，昆虫はスペシャリストタイプの感覚受容器を利用し，膨大な環境情報から鍵となる情報のみを高い感度で受容することで，受容器レベルで情報の抽出を行っていることが多い。これは，はるかに規模の少ない神経系で情報処理を行うための最適な設計であり，昆虫の行動のさまざまな面に見ることができる。

聴覚を利用した音源への定位では，左右の聴覚器官が受容する振動の大きさや位相差によって方位を決定している。これらの受容細胞の応答特性は例えばコオロギのように交尾相手の求愛歌や誘引歌，夜行性のガでは天敵のコウモリの発する超音波の周波数に最も高い感度を示すスペシャリストタイプが多い。また，夜行性のガの聴覚系はそのシンプルな神経系で有名である。これらのガは，天敵のコウモリの発する超音波を受容し，方向，距離を割り出し，方向転換やでたらめな運動を伴う回避行動を発現する。この聴覚受容には，翅の下に存在する鼓膜器官にある片側わずか２つの聴受容細胞が関わっている。２つの受容細胞は感度が異なり，音源（コウモリ）の接近に伴うそれぞれの発火頻度で距離を検出する。また，体に当たって減衰する左右の振動の違いから方位を決定するのである[9]。

餌場から戻ってきたミツバチの働きバチは，餌場の方角や距離をいわゆる“８の字ダンス”を通して仲間に伝達する。伝達されたミツバチは，距離に見合った最低限の燃料となる蜜を巣からもらい，森の中や草の隙間をぬって餌場へと到達する。この過程には，例えばわれわれが利用する飛行機の場合，ジャイロや速度計，高度計といったさまざまな航法装置を要するが，ミツバチの場合その多くを視覚に依存している。ミツバチの複眼上部には偏光受容に特化した視細胞(偏光受容器)があり，太陽を取り巻くように存在する偏光パターンに即した配列をしており，天空の変更パターンから太陽の方向を捉え，適切な進路を得ることができる[1]。また複眼の個眼に含まれる紫外線受容細胞は，花の蜜源にある紫外線反射もしくは吸収部位を識別し，確実に蜜源に到達することができる。一方，飛行中の航法や正確な着陸にも視覚情報が不可欠である。ミツバチの複眼は左右に離れているため，両眼による立体視はほとんどできない。そこで，左右の複眼に映る景色が飛行によって流れる速さ（Visual flow）を情報として読み取っている。一定の飛行速度で飛行する場合，景色の流れは高度や周囲の障害物との距離に依存して変化する（図２）。したがって，高度や障害物，着陸の際の地面との距離，さらには飛行距離を知ることができる[7, 8]。この航法は，スペシャリストタイプの感覚器官によるものではないが，視覚情報処理過程で得られた「背景の流れ」という極めて単純な，しかし鍵となる情報を最大限に利用している点で非常

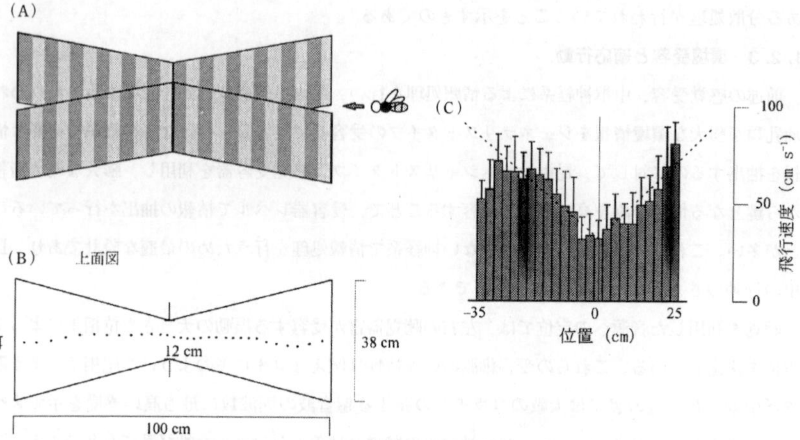

図２　ミツバチの視覚情報による飛行速度の調節視野の移動
通路中間の幅が狭い位置（A），(B）では，壁と接近するため，速度が増加する。この速度を一定に保つように飛行すると，狭い位置での飛行速度が減少する（C，位置 0 cm）。（文献 7）一部改変）。

に興味深い。

聴覚や視覚のように連続的な情報を捉えるには，その強度変化を連続的に検出するのがよい。これは，感覚器官をカメラやマイクといったセンサに置き換えて工学的に再現することが可能である。例えば，ミツバチの視覚を利用した航法の例では，小型ヘリコプタにカメラを搭載して，高度を保って飛行する自律航法の実験が行われている[10]。一方，嗅覚を利用した匂い源への定位を工学的に再現することは難しい。これは，空気中に大量に分布する匂い分子を高い分解能で識別するセンサの開発が困難なだけではない。空気中に存在する匂い物質は，匂い源から連続的広がるのではなく，塊（フィラメント）となって離散的に分布しているのである[11]。したがって，断続的に匂い物質を受容することになり，連続的な濃度勾配を頼りにすることが不可能である。昆虫の匂い源定位行動では，単に匂い受容に伴う反射ではなく，匂い受容によって発現する定型的な行動パターンによって巧みに匂い源へ到達していることが明らかになってきた[1, 2]。このような昆虫の匂い情報処理とその適応行動は，まさに昆虫が環境との相互作用を通してその問題を解決することを示すよい例である。さらに，近年の研究で，昆虫脳の匂い情報処理に関わる神経回路や構造は，哺乳類と極めて類似していることが明らかになっている[12]。したがって，昆虫の嗅覚情報処理系を知ることは，昆虫の設計を知ることだけでなく，はるかに複雑な神経回路をもつ人間の脳の理解にもつながるものと期待される。そこで，以下では昆虫の嗅覚情報処理とその適応行動について解説する。

1.3　昆虫の嗅覚情報処理と適応行動

1.3.1　匂いの受容

空気中の匂い分子は昆虫頭部の触角と口器（小顎鬚，下唇鬚）にある毛状の感覚子によって受容される。感覚子の表面には多くの小さな穴（嗅孔）が空いており，空中の匂い分子はこの孔からリンパ液に満たされた感覚子の内部へ入る。匂い分子はここで匂い物質結合タンパクと結合することでリンパ液の親水性領域を通過し，嗅受容細胞膜上の匂い受容体へ到達する。匂い受容体は，結合する匂い分子によって種類が異なり，フェロモン以外の一般臭を受容するジェネラリストタイプは複数種類の匂い分子と結合することができるが，性フェロモンに対するスペシャリストタイプの受容体は，フェロモンと特異的に結合する（図3）。受容体分子は脊椎動物とよく似た7回膜貫通型受容体タンパク質で，匂い分子と結合すると，細胞内情報伝達経路であるセカンドメッセンジャー系のはたらきにより嗅受容細胞の脱分極を生じる。感覚子内部のリンパ液には，感覚子エステラーゼも含まれ，匂い分子が長くとどまって何度も受容体と反応することのないよう，匂い分子を分解する働きを持つ。嗅受容細胞の脱分極によって発生した活動電位は，脳内の嗅覚系一次中枢である触角葉へ伝達され，種類や濃度の検出といった高次の処理が行われる[1, 12]。

1.3.2　触角葉における匂い情報処理

嗅覚系一次中枢である触角葉は脳に左右一対存在する。触角葉は糸球体と呼ばれる球状構造が複数集合した形態を成しており，ちょうどブドウの房様の構造をとる（図4）。糸球体の数はミツバチで約166，ショウジョウバエ約43，カイコガ約60，アゲハチョウ約60，タバコスズメガ約66が報告されている[13]。また雌の放出する性フェロモンに誘引される雄には，性フェロモンの情報のみを扱う大糸球体と呼ばれる糸球体が存在し，性フェロモン受容細胞が投射している。

触角葉は，嗅受容細胞，局所介在神経，出力神経の3種類の神経で構成されている。局所介在

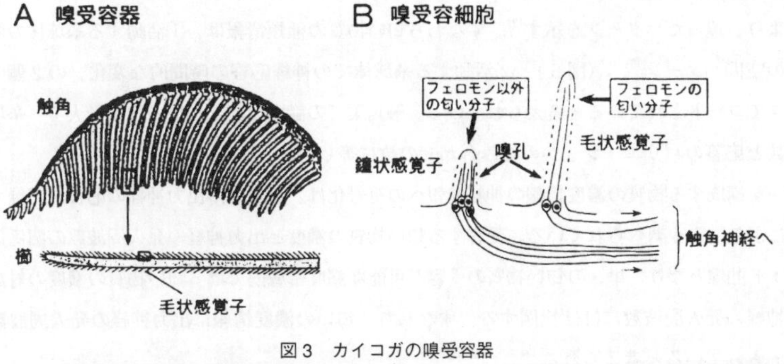

図3　カイコガの嗅受容器

フェロモン分子，その他の匂い分子はそれぞれ異なる感覚子で受容される。（神崎亮平，生物物理 35（5），1995　p.9図3より引用）。

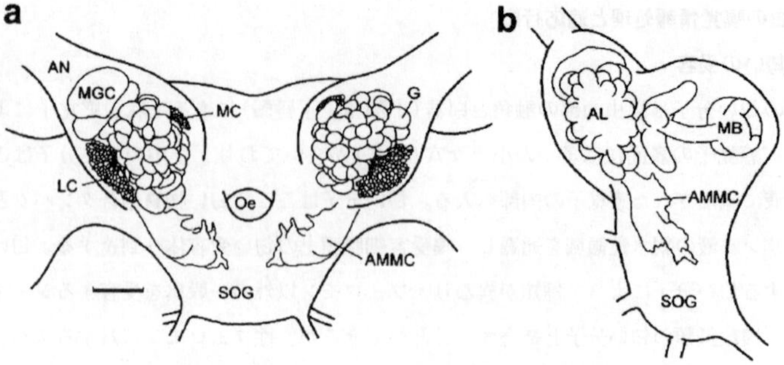

図4　昆虫（タバコスズメガ）の触角葉の構造
触角葉（AL）の正面（a）および側面（b）の模式図。AMMC 機械感覚運動中枢，AN 触角神経，G 常糸球体，LC，MC 触角葉神経の細胞体群，MB キノコ体，Oe 食道，SOG 食道下神経節。スケールバー：200 μm。（文献 13），p.98，Fig.1. より引用）。

神経は触角葉内のみに分枝しており，触角葉内部での情報の入出力を担っている。また，出力神経は触角葉から脳の上位中枢へ連絡しており，触角葉で処理された信号を脳の上位中枢へ伝える機能を果たしている。触角葉ではそれらの各神経が糸球体の内部で互いに複雑にシナプス結合をしている[14]。各神経の数は，嗅受容細胞が 1 万から 10 万個，局所介在神経の数は 300 から 750 個，出力神経の数は 200 から 1,000 個である[13]。各神経の数から考えると，触角神経の情報は，触角葉を通して約 1/100 に収斂している。

糸球体は匂い情報処理の単位であると考えられており，ある匂いを昆虫が受容した場合，それに対応する特定の糸球体の神経群が活動する。その応答パターンは一律に興奮応答を示すという単純なものではなく，興奮，抑制，振動，さらにそれらの組み合わせなどのバリエーションがあることが観察される。これらの応答は，同一の糸球体であっても受容する匂いの種類が異なることにより，違ったパターンを示す[13]。すなわち匂い物質の種類情報は，(1)活動する糸球体の触角葉での空間パターン[15, 16]（図5），(2)活動する糸球体での神経応答の時間的な変化，の 2 個のパラメタでコードされていると考えられている。触角葉での識別可能な匂いの数は最大で，糸球体の個数と応答のバリエーションの組み合わせの数に等しいと考えられる。

匂いを構成する物質の濃度情報の神経情報への符号化は，触角葉の出力神経の応答を記録することにより，よく調べられている。受容する匂い物質の濃度と出力神経の発火周波数の関係はシグモイド曲線となり，単一の匂い物質の受容が可能な感度帯域内では，匂い物質の濃度の対数が出力神経の発火周波数にほぼ比例する。すなわち，匂いの濃度情報は出力神経の発火周波数にコードされていると考えられる[13]。

複数の匂い物質の混合物による匂い刺激に対する触角葉の出力神経の応答は，複数の匂い物質

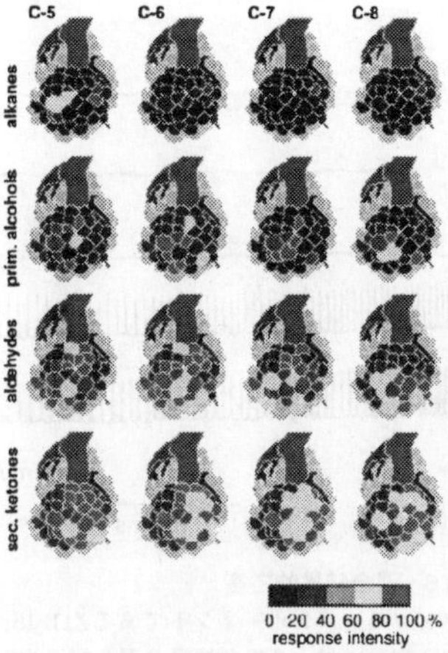

図5　西洋ミツバチの触角葉匂い応答マップ
行に匂い物質の官能基,列に各官能基の炭素鎖の長さで刺激に用いた匂いを表し,各匂いに対する触角葉の応答領域を図示した。匂いの種類により，応答糸球体が異なる（カルシウムイメージングによる)。(文献16),p.3979,Fig.7.より引用)。

を構成する単一物質に対する応答の(1)線形和となるもの[13]，(2)線形和とならないもの，の２種類に大別される。(2)の場合，その出力神経は混合特異性を示す（図６）。混合特異性を示す出力神経の混合物に対する応答特性は，多様性に富んでおり統一的な見解は得られていない[13]。

触角葉は匂い物質の種類情報を時空間的脳内マッピングで，濃度情報を出力神経の発火周波数でコードしている。出力神経の匂い刺激による応答時間より，触角葉での識別処理に有する時間は数十ミリ秒程度と考えられる。

1.3.3　匂い源探索行動とその神経機構

前述のような，嗅覚情報処理系によって識別された匂い情報は，その種類，濃度に依存した適応行動を昆虫に発現させる。ここでは，筆者らが進めている雄カイコガの雌への定位行動戦略について解説する。

雄カイコガのフェロモン受容感覚子はわずか１分子のフェロモン分子の結合により興奮し，１秒間に200分子が触角にヒットすることで行動が発現する。そして激しく羽ばたきながらジグザグや回転歩行を繰り返して雌へ到達する[1~3]。筆者らは一見複雑に見えるこの行動を，高速度撮影装置を用いて行動学的に詳細に解析を行ったところ，カイコガは匂いの離散的分布や，匂い源に近づくほど匂いフィラメントの分布密度が増加することを，巧みに活用して雌に定位すること

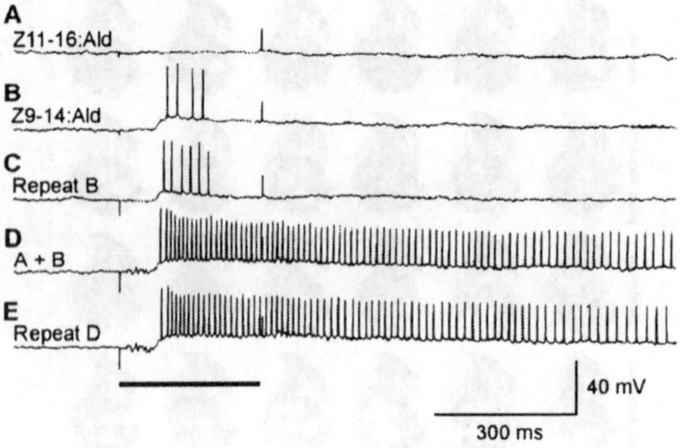

図６　混合特異的応答
昼行性のガ *H. zea* の性フェロモンコンポーネントであるZ11-16, Z9-14の単独での刺激および混合刺激に対する出力神経の混合特異的応答。（文献13），p.138，Fig.3A. より引用）

が分かってきた[1, 2)]。カイコガは一過的な匂いフィラメントに遭遇すると次のような二つの異なる性質を持った歩行パターンを発現する。

① 匂い刺激を受容している間，刺激方向に対して直進する反射的行動

② ①に続いて発現する中枢プログラムによる歩行パターン。小さなターンから次第に大きくなるジグザグターンを繰り返して回転に移る。プログラム化された定型的な行動パターンである。

この２つの行動パターンは，フェロモンを受容するたびにリセットされ，はじめから繰り返される（図７）。匂い源に近づくほど離散的な分布を持つフェロモンフィラメントを受容する頻度が高まるため，①の反射的な直進歩行が繰り返されることでほぼ直線的にフェロモン源に定位する。逆に，匂い源から離れるほど，匂い分布が疎になるため，ジグザグ歩行や回転歩行といった複雑な歩行パターンを示すことになる。このように，カイコガは離散的かつ，複雑な分布を持つ匂い環境の中で，反射的な行動とジグザグ歩行という中枢プログラムを繰り返すことで匂い源定位に成功しているのである。また，離散的な分布の中では，受容細胞によるフェロモン分子受容も不連続なものとなり，応答の低下を引き起こす順応を回避することができる。

神経生理学的な解析から，雄カイコガのフェロモン源探索行動を担う神経回路が明らかになってきた。脳と胸部神経節は，腹髄神経索と呼ばれる左右一対の縦連合によって結ばれており，脳内で形成された最終的なシグナルは，この縦連合の内部を走る下行性介在神経によって胸部神経節へ伝達される。カイコガの縦連合背側部を走る下行性介在神経のなかには，フェロモン刺激に

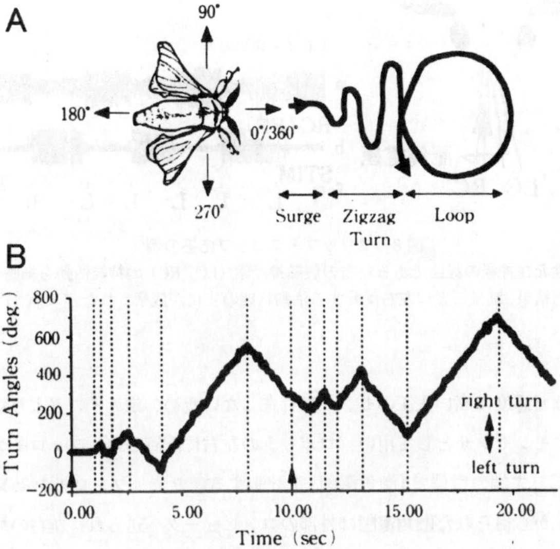

図7　雄カイコガ定位行動の歩行パターン
A. フェロモン刺激を受容した後の歩行パターンの要素。刺激方向への直進（Surge），ジグザグターン（Zigzag turn），回転歩行（Loop）から構成される。B. 0.1秒間のフェロモン刺激（グラフ下の矢印）を触角に一度だけ与えたときの体軸の相対的角度変化。体軸角度は（A）に示すように反時計回りに増加するようにプロットした。新たなフェロモン刺激によってプログラム化された行動パターンがリセットされ，再スタートするのが分かる。（神崎亮平，自動化技術，29（8）（1997），p 43，図3より引用）。

対して，一過的に興奮応答を示す神経のほかに，刺激直前の活動状態（興奮と抑制）を反転し，刺激後もその状態を持続する特徴的な応答パターンを示すものがある。その活動状態は新たな次の刺激まで保持され，刺激ごとにこの反転が繰り返される。このような神経応答は電子回路の記憶素子である「フリップ・フロップ」の特性と類似することから「フリップ・フロップ応答」といわれる[1, 2]（図8）。一過的な興奮応答は直進歩行を，フリップ・フロップ応答は，ジグザグ，回転歩行を指令していると考えられ，これらのパターン形成に関与する介在神経，神経伝達物質も明らかになってきた。

筆者らはこれらの知見をもとに，フリップ・フロップ形成機構の数値モデルを構築し，これをもとに実際のロボットでその動作を検証した（図9）[17]。このロボットはカイコガと同様の匂い環境を達成するために，カイコガと同等のサイズ（31 mm(L)×18 mm(W)×30 mm(H)）であ

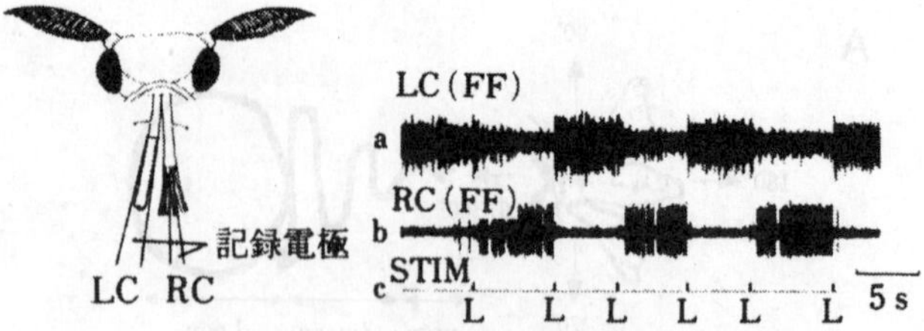

図8　フリップ・フロップ応答の例
下行性介在神経の経路である左右の腹髄神経索（LC，RC）の神経活動を細胞外計測した結果，刺激ごとに左右反転する活動状態の変化が観察された。(文献1)より引用)。

る。昆虫の触角ほど感度の高い人工のセンサは存在しないため，雄カイコガより切りだした触角をそのままフェロモンセンサとして用い，ロボットの左右に配置した。フェロモンを受容した際に生じる触角基部と先端の電位差（触角電図）を計測することで，フェロモンセンサとして利用できる。ロボットから得られた触角電図は外部のコンピュータへ送られ，左右の触角の受容タイミングを加味した神経回路モデルにより適切な制御情報をロボットに転送する。実際に風上に性フェロモンを設置した風洞中で，ロボットの動作を検証したところ，カイコガと同様の直進，ジグザグ，回転歩行を繰り返して，フェロモン源に定位することができた（図9）。

匂い情報は，高感度のセンサ開発の難しさや，取り扱いの難しい離散的な情報であることから，工学的な再構築や利用が限られている。雄カイコガの定位行動から明らかになった匂い源探索行動アルゴリズムは，歩行のみならず，飛行する昆虫の匂い源探索飛行アルゴリズムと行動学的，神経生理学的に同様であると考えられている[1]。このような昆虫の匂い情報処理と匂いの分布様式に適応した行動発現機構は，まさに昆虫の高い環境適応性を示す一つの例であると言える。

1.4　昆虫の環境適応システムの利用

以上のように，昆虫はその小さなサイズとシンプルな神経系で環境に適応し，繁栄してきた。このような昆虫を模倣し利用する試みは，歩行や飛行といった運動機能のみならず，情報処理や行動アルゴリズムに広がりつつある。前述の音源定位や視覚による航法，匂い源に対する定位アルゴリズムは，神経生理学者が解析した知見を基に計算モデルが作られ，ロボットによる検証が進められている[10, 17, 18]。現在はあくまでも実験によって得られた知見の検証の域を出ないものの，目指すところは自律型・環境適応型システムであり，ロボット工学の分野で最も求められている要素である。一方，昆虫の設計思想そのものも学ぶべきところが多い。昆虫を機械と見立てた場合，その究極的な目標は生存して子孫を残すことにある。昆虫は膨大な外部環境の中から生

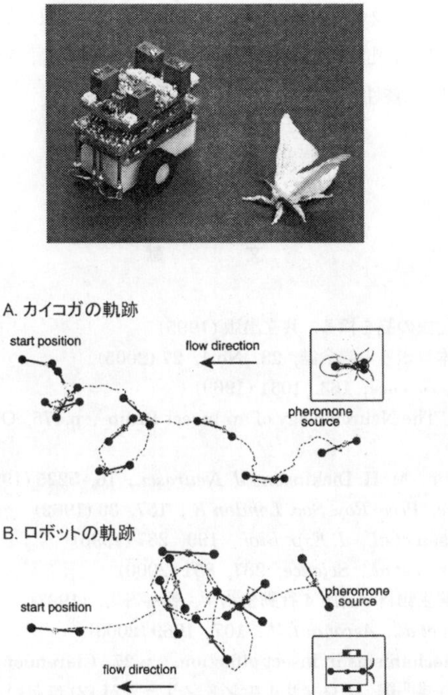

図 9　ロボットによるフェロモン源定位アルゴリズムの検証
検証に用いたカイコガロボット（上図）と風洞中でのフェロモン源（Pheromone source）に対する実際の定位行動パターンの比較（A. カイコガ，B. ロボット）。（文献 17）一部改変）

存に最も必要な情報をスペシャリストタイプの受容器で抽出し最適な行動を発現する。このスペシャリストタイプの受容器とその処理に特化した，たとえばガの聴覚神経系に見られるような非常に単純な神経系は，まさに 4 億年にわたる進化の賜物であるともいえる。感覚器官による，生存に必要な情報の選別と単純な情報処理回路という昆虫の設計は，中枢による処理の負担を軽減し，一方で単純な感覚情報処理系を多数配置することで生存性を一層高めているといえる。このような生存のための設計思想は，安全性を重視する運送機械等の設計にも当てはまるものである。また，このような狭い感覚スペクトラムをもつ感覚情報処理系のほかにも，ミツバチの視覚による航法システムのように，背景の流れのみから飛行情報を得るというアルゴリズムは，センサや情報処理システムの単純化につながる優れた設計といえる。さらに，匂い情報処理に見られるように，ジェネラリストタイプの受容体から送られる雑多な匂い情報から分子構造の違いまでを識別する昆虫の嗅覚系は，哺乳類嗅覚系のモデルとしてだけではなく，工学的な再現が難しい化学感覚の利用につながる可能性を秘めている。

文　献

1）冨永佳也編, 昆虫の脳を探る, 共立出版 (1995)
2）神崎亮平, 日本ロボット学会誌, 23, No.1, 27 (2005)
3）D. Schneider, *Science*, 163, 1031 (1969)
4）M. Burrows, "The Neurobiology of an Insect Brain", p.475, Oxford University Press, Oxford (1996)
5）A. Fayyazuddin, M. H. Dickinson, *J. Neurosci.*, 16, 5225 (1996)
6）G. A. Horridge, *Proc. Roy. Soc. London B.*, 157, 33 (1962)
7）M. V. Srinivasan *et al.*, *J. Exp. Biol.*, 199, 237 (1996)
8）M. V. Srinivasan *et al.*, *Science*, 287, 851 (2000)
9）青木清編, 図解生物科学講座 4 行動生物学, 朝倉書店, (1997)
10）G. L. Burrows *et al.*, *Aeronaut. J.*, 107, 1069 (2003)
11）J. Murlis, "Mechanisms in insect olfaction", p.27, Clarendon, Oxford (1986)
12）外池光雄, 渋谷達明編, アロマサイエンスシリーズ21 (2) においと脳・行動, フレグランスジャーナル社, p.16 (2003)
13）B. S. Hansson (ed), "Insect Olfaction" Springer, Berlin (1999)
14）P. G. Distler *et al.*, *J. Comp. Neurol.* 383, 529 (1997)
15）L. B. Vosshall *et al.*, *Cell*, 102, 147 (2000)
16）C. G. Galizia *et al.*, *Eur. J. Neurosci.* 11, 3970 (1999)
17）N. Kato (ed), "*Bio-mechanisms of Swimming and Flying*", p.155, Springer, Tokyo (2004)
18）B. Webb, *Nature*, 417, 359 (2002)

2　昆虫の感覚機能を利用したバイオセンサー開発の展望

玉田　靖*

2.1　はじめに

バイオセンサーとは，生物や生物由来物質をセンシング素子として利用したセンサーシステムを指す。生物のもつ化学分子認識機構を信号変換素子（トランスデューサー）と巧みに組み合わせることで，多様なターゲット分子を特異的に高感度に検知できるセンサーシステムである。古くは，1960年代に生体由来物質として酵素を，トランスデューサーとして電極を用いたグルコースセンサーが開発された。その後，この酵素-電極の組み合わせによる種々のバイオセンサーが検討され，臨床検査や環境モニタリング，食品の製造工程管理等に利用されている。

百万種を越えると言われる昆虫は，地球上の大きく条件の異なる多様な環境において，それぞれの種が生存し繁殖するために，進化の過程で多彩な感覚機能を獲得した。例えば，多種が混在する中で，自らの生存と種の維持を確実にするために，フェロモンという独特の化学交信手法を発達させている。あるいは，その生息環境に応じて，特異的な化学物質に応答する味覚や嗅覚が備わっている[1]。これらの昆虫のもつ多様な感覚機能をバイオセンサーに利用できれば，既存のセンシングシステムでは困難なターゲットに対するセンサー開発の可能性も期待できる。そこで，本項ではわれわれの研究例を中心に，昆虫の感覚機能を利用するバイオセンサー開発の展望を述べる。

2.2　バイオセンサーシステムの設計

感覚機能は，音や光のような物理刺激に応答する機能と味や匂いという化学分子に応答する機能がある。バイオセンサーとして利用する観点からは，後者の機能が中心となる。昆虫に限らず味覚や嗅覚という感覚は，味分子や匂い分子という化学分子が，味覚細胞や嗅覚細胞の細胞膜上に存在する受容体分子（レセプター分子）に特異的に結合し，レセプター分子の高次構造に変化が生ずることから始まる。そのため，バイオセンサーのセンシング素子として感覚機能を模倣するためには，このレセプター分子を利用することが必要となる。レセプター分子は生体膜というナノ空間に固定化され，その機能を発現している。従って，従来のバイオセンサーシステムのように酵素や微生物を固相担体に単純に固定化する手法では，効果的にレセプター分子の機能を利用出来ないであろう。そこで，生体と同じく人工の生体膜（脂質二重膜）中にレセプター分子を固定化する設計をすべきと考えられる。

＊　Yasushi Tamada　㈱農業生物資源研究所　昆虫新素材開発研究グループ
生体機能模倣研究チーム　チーム長

一方，レセプター分子によって得られた信号を検知できる形で可視化するシステム(トランスデューサー)の設計も，当然必要となる。従来の酵素等を利用するバイオセンサーの場合では，酸化還元酵素などの利用により電極上での酸化･還元に伴う電子の授受を電気信号として可視化したり，あるいは刺激分子との直接の結合による物理量の変化を水晶発振子微量天秤(QuartzCrystal Microbalance，QCM)や表面プラズモン共鳴(Surface Plasmon Resonance，SPR)等の微量分析装置で計測する手法が検討されている。これらの検知システムをうまく組み合わせることも可能であるが，生体内では，レセプター分子からの刺激が最終的に膜電位変化という電気信号に変換されるトランスデューサーシステムを備えていることを考えると，このシステムをバイオセンサーに利用できればより効率よく信号変換ができると期待できる。そこで，われわれは，レセプター分子やチャネル分子，あるいは信号伝達系分子群を固定化した人工脂質膜系と膜電位変化を可視化するためのデバイスとを結合したシステムを設計した。

2.3 モデル系としてのニクバエ味覚機能の利用

感覚機能におけるレセプター分子や信号伝達機構については，近年の分子生物学の急速な進歩により，種々の知見が蓄積されつつある[2)]。しかしながら，センシング素子としての利用を考えた場合，その量的な問題も含め，現在のところレセプター分子等を精製された純粋な形で扱うことは困難な状況である。そのため，われわれは，第一段階として感覚組織からの抽出液をそのままバイオセンサー構築のために用いることにした。材料昆虫の飼育や感覚組織の選別という材料調製上の問題とニクバエ味覚組織に対する詳細な電気生理学的な研究成果が報告されている[3)]理由から，昆虫感覚組織として，ニクバエの味覚組織をモデル系として選択した。ニクバエの味覚組織である唇弁組織を集め，通常の膜タンパク質可溶化手法により，味覚組織抽出液を調製した。

まず，調製した味覚組織抽出液中の目的分子の存在を確認した。リン脂質膜平面膜法によりイオンチャネル活性を評価した結果，組織抽出液添加によりイオンチャネルによると推察される電流変動が観察された。また，金蒸着されたSPRチップ上へチオール化されたリン脂質を用いて，組織抽出液を含む脂質膜を固定化した。脂質2分子膜が形成されていることを確認した後，味覚刺激物質である塩溶液や糖類溶液をその脂質膜上へ流したところ，SPRが変化することが確認された。また，糖溶液に対するSPR変化は，グルコースで最も大きな変化が観察され，マンノースでは全く変化がなく，ガラクトースではその中間の変化を示した。これは，ニクバエの電気生理学的な応答による結果とよく一致しており，塩分子や糖分子に結合能を有する分子（レセプター分子）が調製した組織抽出液中に存在することを示唆している。

2.4　バイオセンサー構築の試み

リポソームは，比較的容易に安定した人工脂質膜系を提供することができる。そこで，レセプター分子固定化脂質膜として前述の組織抽出液を含むリポソームを調製した。リポソームに組織抽出液を添加することにより，動的光散乱法による粒径分布には大きな変化は観察されなかったが，電子顕微鏡観察からその形状に変化が見られ，組織抽出液成分が固定化されていることが推察された（図１）。リポソームに固定化されたレセプター分子による刺激応答の信号を可視化するために，ニクバエの味覚における信号伝達システムの利用を考えた。味覚刺激が最終的に膜電位変化として電気的信号に変換されていることを利用して，リポソームに膜電位感受性蛍光色素を固定化することを試みた。刺激応答のアウトプットである膜電位変化を蛍光強度変化により検知する設計である。膜電位感受性色素は，膜に固定されて膜電位変化に速い応答を示す蛍光色素（di-８-ANNEPS）を選択した。組織抽出液と色素を含有したリポソームを緩衝液中に分散させ，刺激物質として塩溶液を添加したところ蛍光強度の変化が観察され，その強度は塩濃度に比例していた（図２）[4]。また，この蛍光強度変化は，イオンチャネルの特異的阻害剤であるテトロドトキシンの添加により低下した。また，グルコースやガラクトースのような糖刺激に対しても，このリポソームは蛍光強度変化を示した。しかし，応答の再現性や感度は，塩刺激の場合に比較して低かった。これは，チャネルレセプター分子による応答といわれる塩受容に対し，信号伝達系分子群が総動員される糖受容では，リポソームへの複雑な分子群の再構成が必要なためと推察している。これらの結果は，組織抽出液中の塩受容分子や糖受容分子，それらに関する信号伝達系分子やチャネル分子がリポソームに固定化され，味覚刺激に対するセンシングが実現していること

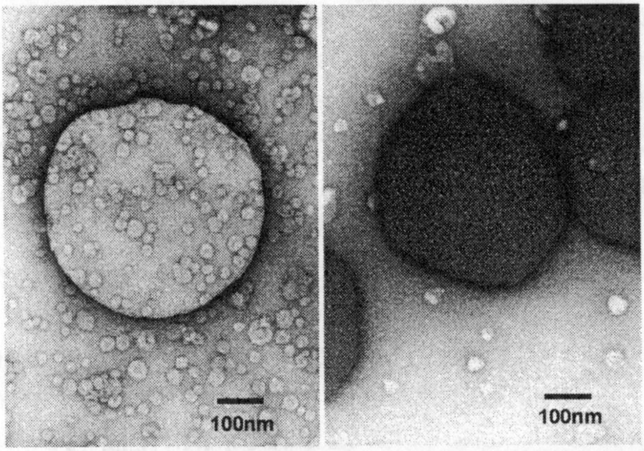

図１　リポソームの電子顕微鏡写真，（右）味覚組織抽出液を混合して作製したリポソーム

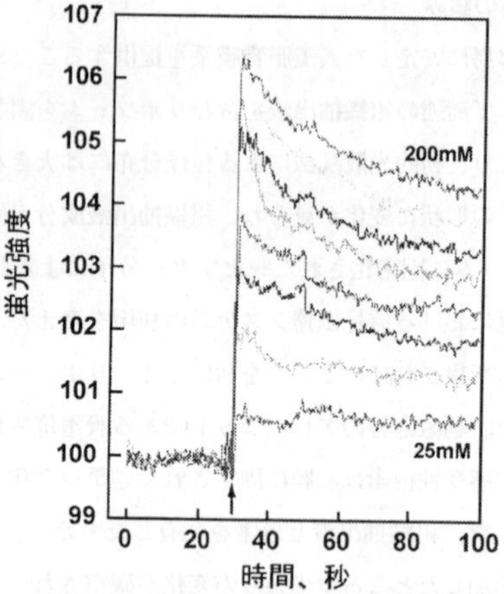

図２　味覚組織抽出液と膜電位感受性色素を固定化したリポソームの，塩溶液の添加による蛍光強度変化
25mMから200mMまで添加濃度を変化させた。矢印の位置で塩溶液を添加した。

とを示唆している。

2.5　展望

昆虫の味覚機能を利用するバイオセンサー構築の試みを紹介した。味覚機能以上に昆虫の嗅覚機能は多様で特異的な分子認識機能を有しているため，バイオセンサーとして利用価値が高い。しかし，液相化学物質である味覚刺激に対する今回の手法を，嗅覚刺激であるフェロモンや匂い物質という気体状化学物質にそのまま利用することは出来ない。脂溶性であるフェロモンや匂い物質は，可溶性タンパク質であるOrdant Binding Protein（ORP）やPheromon Binding Protein（PBP）により，その受容体へ運搬されるという仮説が提唱され実験的にも確認されている[5)]。嗅覚機能を利用するバイオセンサーを構築する場合は，これらの分子の利用など技術的な工夫が必要である。また，リポソームを液相分散系で用いる手法も実用的には不都合が多く，固相担体へのリポソームの固定化技術等の新しい技術開発も必要となる。今回の手法は，技術的･理論的に未完の部分も多く，実用化のためには課題を残しているが，感覚機能を利用するバイオセンサー構築の可能性を示しており，生物のもつ巧妙な感覚機能を実用的に利用出来ることが期待できる。ドイツの研究者らは，昆虫の触角とトランジスターを組み合わせたデバイスによる農作物管理の応用を報告している[6]。われわれも今回の手法を発展させて，半導体デバイスとレセプター分子固定化脂質膜との結合による新しいタイプのバイオセンサーの開発を進めている[7]。また，化学的に改変したイオンチャネル分子と脂質膜を利用する新しいセンサーデバイスの開発も報告されている[8]。今後，生体分子の利用技術の進歩とともに，昆虫を含め生物のもつ不可思議な感覚機能が，ゲノミクスやプロテオミクスの先進の解析技術により明らかにされていくだろう。感覚機能を利用するバイオセンサー構築のための基盤は，徐々に築かれつつある。

文　献

1) S. Schütz, *et al., Nature*, **398**, 298 (1999)
2) T. Nakagawa, *et al., Science*, **307**, 1638 (2005)
3) 嶋田一郎：研究ジャーナル, **15**, 29 (1992)
4) K. Kobayashi, *et al., Mol. Cryst. And Liq. Cryst.*, **370**, 347 (2001)
5) H. Breer : *Anal. Bioanal. Chem.*, **377**, 427 (2003)
6) S. Schütz, *et al., Sensors and Actuators*, **65**, 291 (2000)
7) Y. Kuwana and Y. Tamada, *Technical Digest of MEMS2005*, 826 (2005)
8) D.Anrather, *et al., J. Nanosci. Nanotech.*, **4**, 1 (2004)

3　昆虫の運動機能を利用した建築物の形状可変システムの開発

星野春夫＊1，青柳隼夫＊2

3.1　はじめに

建築物は，人間を過酷な自然から守り快適な社会生活を営むための基盤として都市を形成する大きな要素であるが，同じ社会基盤の土木構造物とは異なり，街の中にあって人目につくため，建築本来の機能とともにステータスの表現や感覚に訴えるデザイン性なども重要な要素である。建築物は大きくて重く，動かないものという概念が一般的であり，出入口，窓，エレベータ等の付帯設備を除けば動くことの無い構造物であると考えられてきた。ところが，ドームやアリーナ等の運動施設の開閉屋根や移動式のサッカーフィールド[1)]，可動式の巨大な仕切り壁[2)]などに見られるように，近年の構造技術は「動く建築」を可能にしている。

本開発では，昆虫の特徴的な運動機能を「動く建築」に応用することを考え，昆虫の翅，口器，肢などの部位別にその機構と動きをヒントにして，構造が簡易で取り扱いが容易な空気圧を利用したヒンジ型のアクチュエータや昆虫の特徴的な運動機能を模倣した地下街などの形状可変出入口システムおよび階段全体を任意の形状に変化させることを目的とした形状可変階段システム等を開発し，縮小モデルによる確認実験を行ってその可能性を確認した。形状可変型の建築物は，用途や機能に応じて形状が変化するため構造力学的な優位性や用途に適した設備の最適化･小型化などが可能となる。また，昆虫の運動機能を模倣することで新しい空間の創出を可能とする。

3.2　空気圧利用アクチュエータ

昆虫の翅は，内部の2つの筋肉を交互に収縮させて外骨格を動かし，外骨格に力点と支点の2点で接続している翅をてこの原理で動かすことで羽ばたいている[3)]。この翅の動く機構に基づいて図1に示すような空気圧利用のヒンジ型アクチュエータを開発した。基本的な構造は，外骨格を形成する筒状のヒンジの中に筋肉の代わりに2つの加圧チューブを配し，その内圧を制御して加圧チューブを膨らませることにより加圧チューブに挟まれた可動板を動かし，ヒンジ部との接点を支点にして可動板が回転するものである。

本機構の可能性および実用性を確認するため，基本構想に基づいてヒンジ径42.7mm，可動板の長さ0.6m（鋼板，約1.9kg）のアクチュエータを試作してその原理を確認した結果，可動板の

＊1　Haruo Hoshino　㈱竹中工務店　技術研究所　先端研究開発部
アドバンストコンストラクション部門　主任研究員
＊2　Hayao Aoyagi　㈱コンストラクション・イーシー・ドットコム　電子契約事業部
取締役事業部長

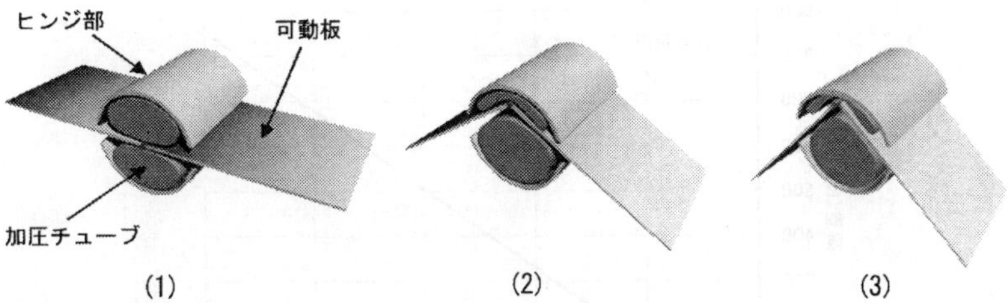

図１　空気圧利用アクチュエータ

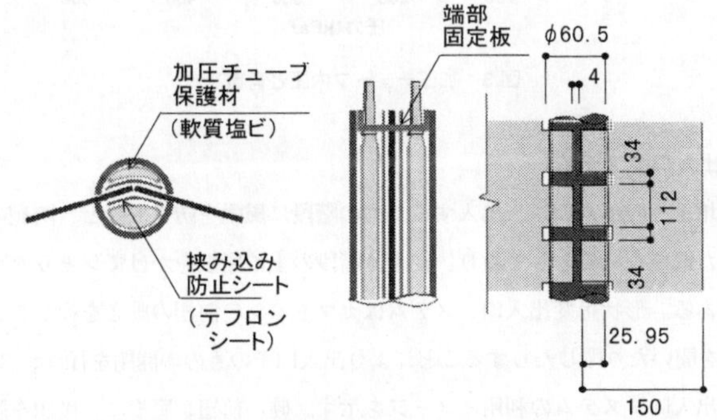

図２　空気圧利用アクチュエータ試作装置

角度－90°～90°までスムーズに動くことを確認したが，出力トルクは加圧チューブ内圧が0.29MPaのとき可動板の角度により1,156～1,636N·cmとばらついた。加圧チューブと可動板の接触面の安定性に改善の必要があるが，空気圧を利用したヒンジ型アクチュエータの可能性が十分にあることが確認できた。次に，可動板の出力トルクの増大と回転角度の安定性や保持性および加圧チューブの耐久性を向上させるため，可動板の受圧面積の増加，挟み込み防止テフロンシートの追加，加圧チューブ保護材の強化などの改良を行い，図２に示す可動板長さ１mの実用的な試験体を試作した。このような構造により内圧を0.49Mpまで加圧することが可能であり，可動板端部の出力は図３に示すようにほぼ直線線的に増加して最大840Nが得られた。この値は計算値とほぼ一致しており，可動板と加圧チューブの間に配した挟み込み防止シートの効果により，安定した角度と出力を得ることができることを確認した。出力トルクは12,600N·cmと原理確認用試験体の約10倍の出力が得られたことから，本アクチュエータは，窓，扉等の開閉および重力を直接受けない壁の可変システムなどには十分使用でき実用性を有するものと考えられる。

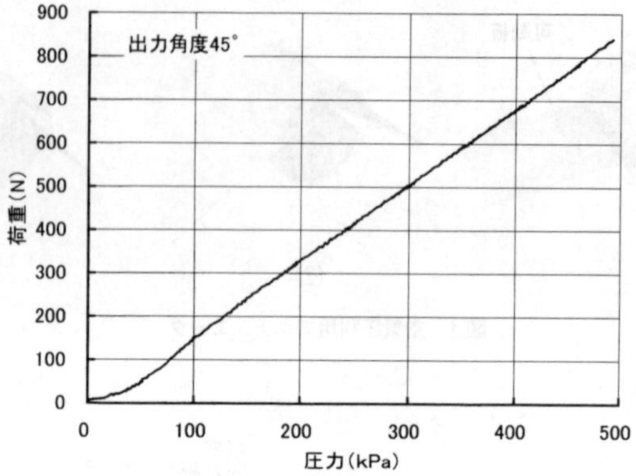

図3　加圧チューブ内圧と荷重

3.3　形状可変出入口システム

地下街などの地上への出入口は，出入するための階段に風雨を防ぐ機能と，防犯のため深夜に閉め切るといった機能を必要としており，従来は階段の上に屋根をかけてシャッタや扉を設けたものが一般的である。形状可変出入口システムはカブトムシの前翅の動きを模して，地下街などの出入口の屋根を開いたり閉じたりすることにより出入口そのものの開閉を行うシステムである。図4に形状可変出入口システムの利用イメージを示す。硬い前翅を屋根に，後翅を膜材の天井として模倣するだけでなく，翅の動きを詳細に模倣することで円滑な形状変化を実現する。そこで，特に前翅の動きに着目し，出入口の屋根を2分割して，出入口として用いるときは2枚の屋根を上昇して大きく広げ，出入口を閉鎖するときは屋根を下降して閉じるシステムとした。屋根は前翅を模した硬い覆いで耐候性，保安性を高め，内側の仕上げは後翅を模して膜材で外光を取入れかつ雨を防ぐ機能を持つものとした。

システム構想を具体化するため，カブトムシの飛翔を高速度ビデオで撮影して観察した結果，翅を広げるときは前翅を左右に少し広げたあと上方に大きく開き，閉じるときはその逆であることを確認した。本システムでは地下街などの出入口に適応するため，屋根の動きは歩行者などへの安全確保から先ず上方に開き，その後水平に拡げる動作方法を選択した。

基本設計は建築関連法規に適合し，鉄道法や都道府県の各種条例なども考慮して，階段の幅員3.0m，天井高3.0mとして図5に示す基本モデルを作成した。前翅にあたる屋根外装は止水性，軽量性，耐候性，耐衝撃性などを評価してステンレス板を選定し，後翅の天井部分は透光織維織布膜とした。荷重条件は自重，風荷重，地震荷重として設計した。形状可変出入口システムは建築基準法による避難用扉の設置義務のある出入口であることから，屋根を閉じた時は扉として機

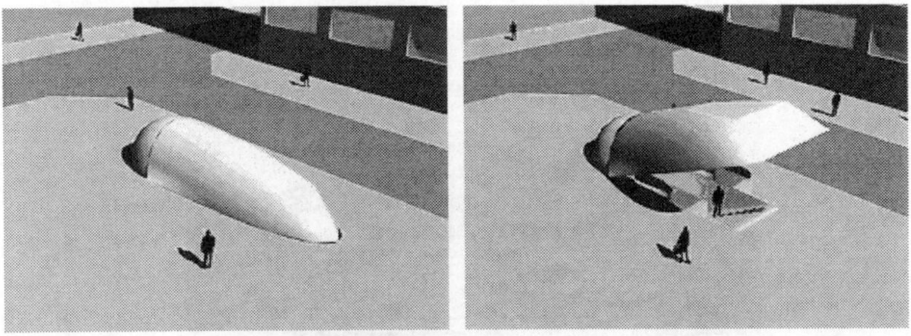

図４　形状可変出入口システム利用イメージ

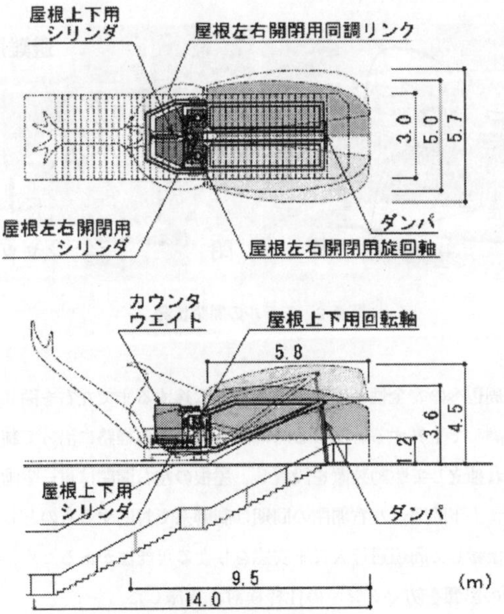

図５　形状可変出入口基本モデル

能し，開いた時は扉の上半部が屋根の一部となる避難用扉を設計し，通行に支障のない格納方法を実現した。この結果，カブトムシの形状や翅の動きを摸倣した形状可変出入口は，施設機能にあった設計が可能であり，屋根の動きも満足できることを確認できた。

出入口の屋根の開閉は任意にできるものではなく，一定の制御のもとで自動開閉することとし

写真１　縮小モデル概要

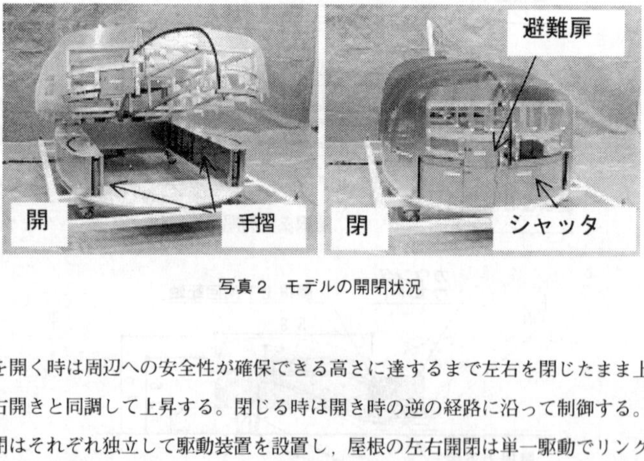

写真２　モデルの開閉状況

た。屋根を開く時は周辺への安全性が確保できる高さに達するまで左右を閉じたまま上昇し，その後，左右開きと同調して上昇する。閉じる時は開き時の逆の経路に沿って制御する。上下開閉と左右開閉はそれぞれ独立して駆動装置を設置し，屋根の左右開閉は単一駆動でリンク機構により同期させる。また，上下開閉と左右開閉の同期は制御系で対応するものとした。屋根は大きく跳ね出しているため振動して周辺通行人に不安感を与える可能性があるため，開閉時および風や周辺地盤からの振動の影響を防ぐダンパの仕様検討も実施した。

構造系と駆動制御系の詳細検討により基本モデルの評価とシステム化を実施した後，建築物としての必要機能である雨水などの浸入防止，非難時の出入口などが実物大で実施可能であることを検証するため，基本モデルの約1/5縮小（長さ3.1m×幅1.4m）の試作システムを設計・製作した。試作システムの性能確認実験を行った結果，

① 円滑に開閉し機械的なガタが少ない。

② 上下開閉用駆動部の負荷の値が設計値とほぼ一致する。

③　左右開閉の同期性と動きの対称性が設計値とほぼ一致する。

④　上下開閉と左右開閉の同調性が良好。

等が確認でき，形状可変出入口は実現性の高いシステムであることを確認した。試作システムの概要と開閉状況を写真１，写真２に示す。

3.4　形状可変階段システム

建築内部の階段の形状も従来は固定して動かないというイメージが一般的であるが，階段の形状を自由に変えることができれば，通常は階段として機能するが上階を閉鎖するときなどは形状を変えてゲートを閉じたと同じ機能をもたせることができる。同時に階段の上下空間および用途により形状が変化することで，これまで活用しにくかった空間に新たな用途が生まれ，また，形状変化の過程そのものが利用者に視覚的価値を提供することができる。そこで階段の主要構成部材である多数の踏板部と蹴上部に着目すると，その連結部分に回転機構を設けることにより多関節の構造体となる。このような構造により，これまで固定されていた連結部分の角度を任意に制御することによって，階段全体が異なる形状に変化する形状可変システムが可能となる。図６に形状可変階段システムの利用イメージを示す。

形状可変階段は建築基準法でいう連絡階段に準じた設計が可能であり，基本設計を踏面寸法30cm，蹴上寸法15cm，幅員150cmの階段で階高420cmとした。踏板部の材料は重量，剛性，耐摩耗性，滑り難さ，保守性などを考慮してアルミハニカムパネルを選定した。階段形状を他の目的の形状に変化するには，１段ずつ順次変化させる方式や全体的に変化させる方式など複数案について検討した。１段ずつ端部から順次変化するときの関節部の所要トルクを試算したところ階段幅１m当たり34,300N·cmであった。前述の空気圧利用アクチュエータは出力トルクが１mあたり12,600N·cmであるため，形状可変システムに使用するためにはまだトルクが不足することが分かった。システムの主要寸法，段数，使用材料など具体的な仕様を決定し，階段の形状変化

図６　形状可変階段システム利用イメージ

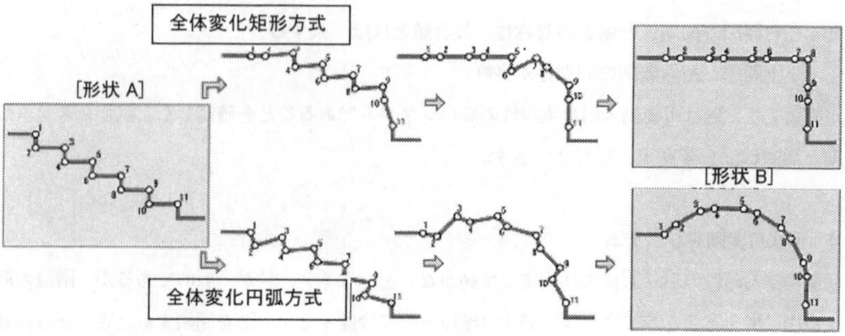

図７　形状変化方式の例

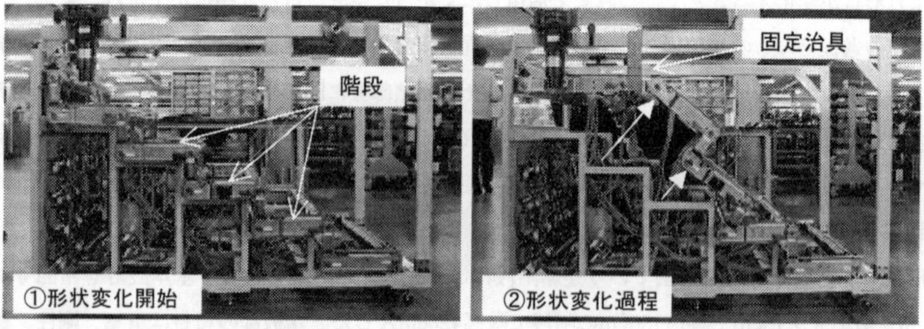

写真３　カットモデルの形状変化状況

の方式についても具体的に検討して，関節部の要求性能を満足することによりシステムの実現の可能性が大きいことを確認した。

図７に形状変化方式の例を示す。形状変化は任意な形状にフレキシブルに変化させることが理想的であるが，関節部への負荷が過大となり，制御アルゴリズムが複雑になるなどの課題がある。そこで形状変化の方式としていくつかのパターンを設定し，形状変化の各過程において構造解析にてシミュレーションを行い，関節部の必要トルクと部材応力を把握し，形状変化の方式を評価した。また，簡易な制御方法で実現可能な形状変化の方式を見出し，関節部の必要トルクなどを算出する方法を確立した。

次に，形状可変システム基本モデルの６段を切り出したカットモデルを試作した。関節部の回転機構は駆動，減速，ブレーキ，クラッチ機能を内蔵した直流ロールモータを使用し，踏板部にはアルミハニカムパネルを採用するなど実際に近い条件とした。写真３に示すように，試作システムを用いて形状制御を行い変形過程について調査したところ，構造解析の結果と一致する動きであることを確認し，実大寸法における性能を確認することができた。

3.5　おわりに

昆虫の運動機能を建築物に応用して合理的な形状可変システムを実現するため，翅の運動機能に基づいた空気圧利用のヒンジ型アクチュエータ，カブトムシの飛翔動作をイメージした地下街などの形状可変出入口システムおよびヒンジ型アクチュエータを使用した形状可変階段システムを開発した。昆虫と比べるとはるかに大きく重量も重い建築物に，小型軽量ゆえに成り立っているところもある昆虫の運動機能を適用することはやはり難しいことであるが，本研究においては，昆虫の機能をヒントとしてできる限り実用化を念頭に置いてシステム構想の立案と試設計および縮小モデル試作による検証を行った。その結果，見る人や建築デザイナーに夢を感じさせ，実用性も備えた建築物等の形状可変システムを構成することができたと考えている。

文　献

1）油川真広・石川善弘，建設の機械化，pp38-45，No.623，1 (2002)
2）松崎重一・中村有孝，建設の機械化，pp16-21，No.605，7 (2000)
3）Andrei K. Brodsky，"The Evolution of Insect Flight"，Oxford Science Publications，pp8-16 (1994)

4 昆虫の翅の構造発色を利用した繊維の開発と製品化

能勢健吉*

4.1 緒言

繊維や布帛に色をつけるために，染料や顔料を用いた染色が一般的に行われている。ここで紹介する，染めることなく発色が得られる繊維"Morphotex®"は，生物の高度な生体機能を解明し，工学的に模倣再現する技術であるバイオミメティックを用い，発色構造をナノのオーダーでコントロールする所謂ナノテクノロジーを駆使することによって工業生産を可能とした世界初の構造発色繊維である。

この発色機構，発色繊維である"Morphotex®"の構造及びその商品開発状況について紹介する。

4.2 構造発色とは

構造発色は光を用いた構造による発色であるために，構造が崩れない限り半永久的に発色が失われないこと及び澄んだ発色が得られるという特徴があり，その例として法隆寺の玉虫厨子があげられよう。この様な光による構造発色としては，大きく分けて，①チンダル散乱，②回折，③薄膜干渉による発色があり，"Morphotex®"はモルフォ蝶の翅の発色原理である薄膜干渉を応用したものである。

4.3 薄膜干渉

南米のアマゾン川流域に生息するモルフォ蝶（写真1）は，その美しさのゆえに"生きた宝石"とか"自然の宝石"と呼ばれ，メタリック光沢を帯びた鮮やかな青色を発色する翅を有することでよく知られている。この発色は，色素によって得られているのではなく，翅を形成する燐粉構造によっている。写真2には翅の燐粉の光学顕微鏡写真を示すが，細かい鱗のような燐粉が全体を覆っていることが分かる。写真3はこの鱗のような燐粉をさらに拡大した電顕写真であるが，燐粉の長軸方向に規則正しく連なった構造が見えてくる。写真4はさらに拡大された横断面方向からの電顕写真であり，蛋白質で構成されたラメラ・リッジ構造と，それを支えるメラニン色素を含んだ構造からなっている。これを模式的に示したのが図1で，外部から入った光は各々のラメラで反射され，ちょうど青色の干渉光が得られるように並んだラメラによって干渉を起こしていることが分かる。この蝶翅の物理的特長は表1に示され，ナノオーダーでラメラが積層され，ラメラと空気層との屈折率の差及びラメラの積層ピッチが発色に寄与していることが推測される。

---

* Kenkichi Nose　帝人ファイバー㈱　ファイバー事業部　モルフォ推進室　室長

写真 1　メネラウスモルフォ蝶

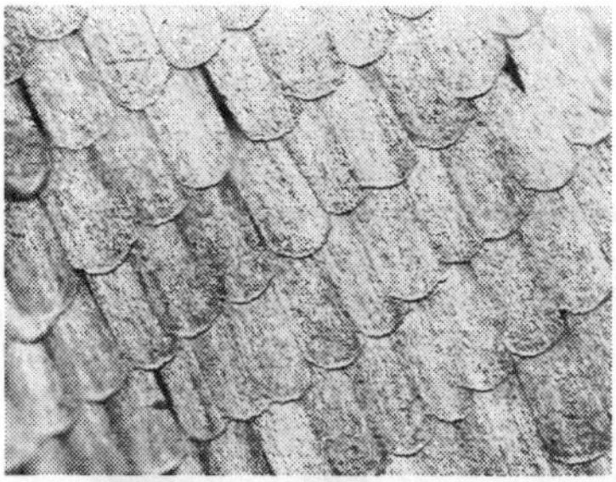

写真 2　燐粉の拡大写真(1)（光学顕微鏡：400 倍）

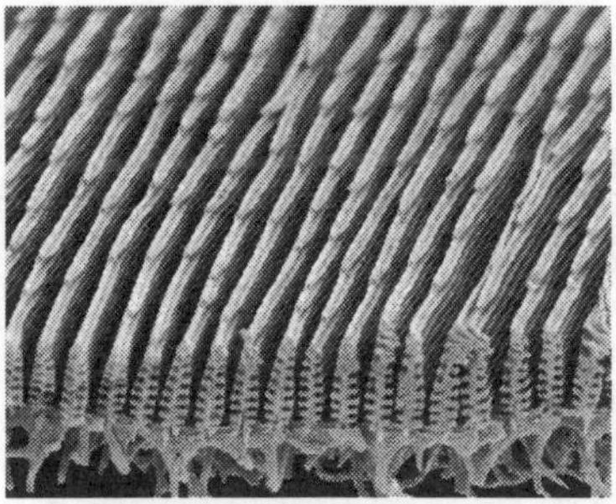

写真 3　燐粉の拡大 SEM 写真(2)

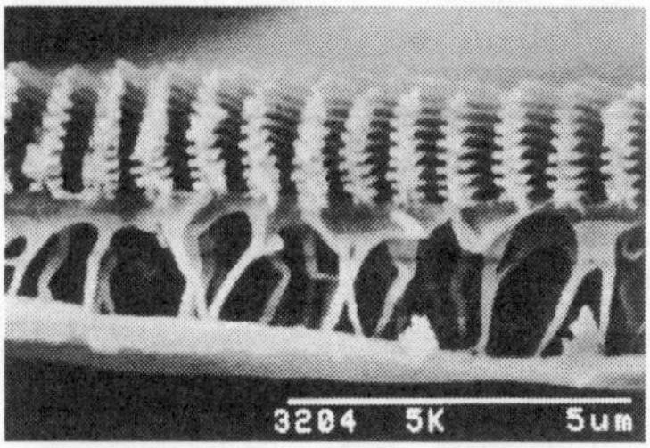

写真 4　燐粉の拡大 SEM 写真(3)

これを確かめるために，図 2 に示される 2 成分の薄膜干渉モデルにより，以下の式を用いて計算した結果が図 3 である。

〈反射波長〉　$\lambda = 2(n1d1\cos\theta 1 + n2d2\cos\theta 2)$

〈反射率〉　$R = (n1^2 - n2^2)/(n1^2 + n2^2)$

〈強度最大〉　$n1d1 = n2d2 = \lambda/4$

ここで　N：屈折率，d：層厚み $\theta 1$，入射角：$\theta 2$：屈折角

図 3 では表 1 の値を用い，積層数を変更して理論計算を行った結果が示されており，計算から得られた干渉波長と顕微分光スペクトルから得られたモルフォ蝶の波長が一致し，モルフォ蝶の発色が光干渉によって生じていることが確認された。また，積総数が増えるに従って干渉強度が増えることを示している。

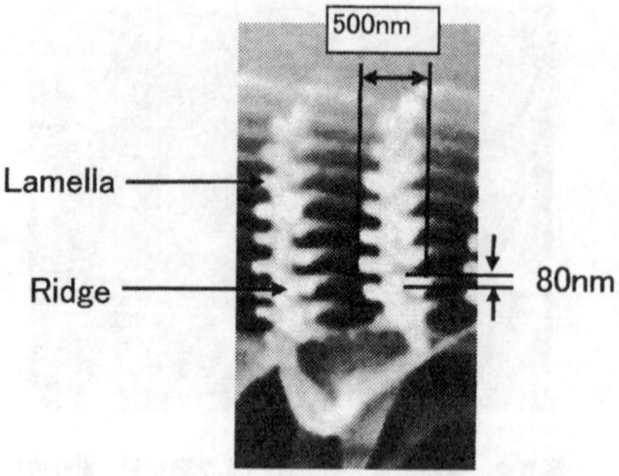

図１　モルフォ蝶翅

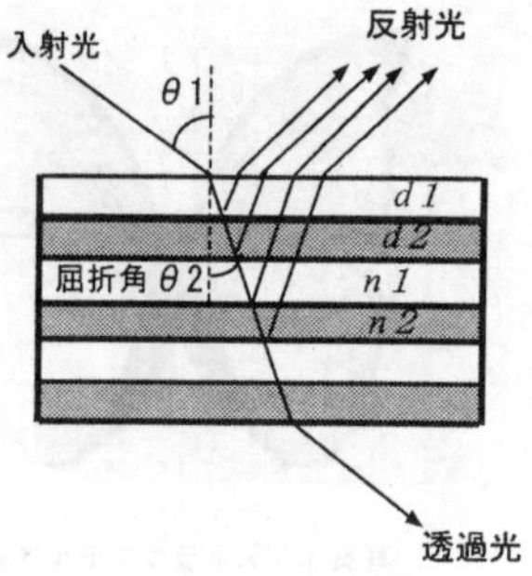

図２　薄膜干渉モデル

表１　蝶翅の物理的特長

	ラメラ	空気
屈折率	1.5	1.0
Lamella 積層数	6	7
厚さ（nm）	80	140

表２　高屈折率ポリマー

ポリマー	屈折率	Tm(℃)
PEN	1.63	270
PC	1.59	280
PSt	1.59	240
PET	1.58	260

表３　低屈折率ポリマー

ポリマー	屈折率	Tm(℃)
Ny	1.53	260
PMMA	1.49	180

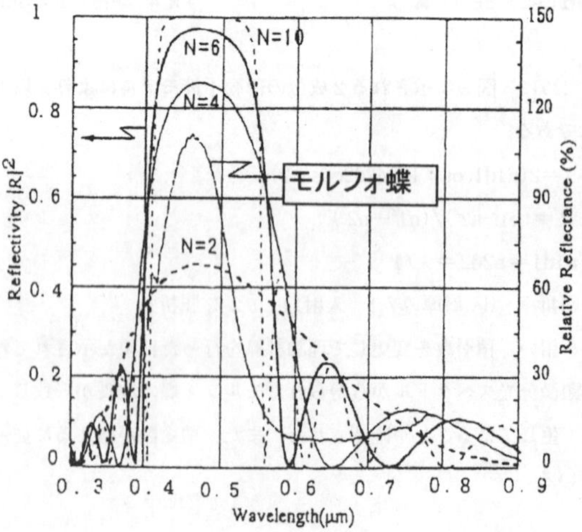

図３　理論計算結果

4. 4　工業化

構造発色繊維を作るには，屈折率の異なる物質を薄膜で積層すればいいことがわかった。この為に，表 2 に示される高屈折率ポリマーと，表 3 の低屈折率ポリマー等の組み合わせを検討した。この表から分かるように，モルフォ蝶の蛋白質と空気との組み合わせに比し，有機物の場合は屈折率差を大きくすることは困難であり，積層数を多くする必要がある。ポリマーとしては製品化された後の人体への安全性，環境汚染及び製糸性などを考慮に入れ，最終的にはポリエステル (PET) とナイロン (NY) の組み合わせを採用することとした。これら 2 種のポリマーは，図 4 に示されるように，溶融状態で NY と PET を交互に積層し発色構造を形成し，発色部を PET で取り囲み保護層としたのち，溶融紡糸され，細化工程を得て目的とする糸となり巻き取られている。

4. 5　構造発色糸“Morphotex®”の特徴

Morphotex®の斜め断面のSEM写真（写真 5）に示すように，光を可能なだけ多く取り込むために扁平断面形状となっており，この中に厚み約 5 μmの構造発色層が形成されている。この断面SEM写真が写真 6 であり，中心部に厚み約 5 μm，幅約50 μmの構造発色層があり，その周囲を PET が取り囲んでいることが分かる。更に倍率を上げた構造発色層の SEM 写真（写真 7）からは，5 μmの中に，実に61層のNYとPETの層が整然と形成されていることが見て取れる。現時点では赤，緑，青，紫の 4 色が生産されているが，この色はNYとPETの積層厚みをコントロールすることで出し分けている。因みに，赤の場合は101nm，緑は83nm，青は76nnm，紫は69nm であり，実にナノの一桁をコントロールしている。現在生産されている糸は10dtex（dtex は 100 万 m あたりのグラム数を表す糸の単位）と 3.7dtex の 2 種類があり，これら糸の繊維特性は表 4 に示される。

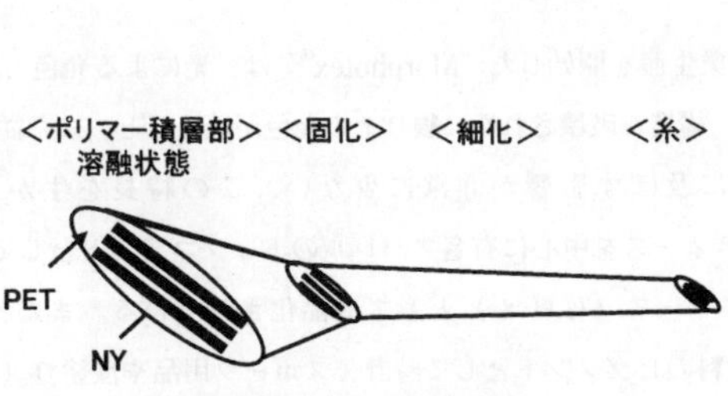

図 4　Morphotex® 製糸概念図

写真 5　Morphotex® 斜め断面 SEM 写真

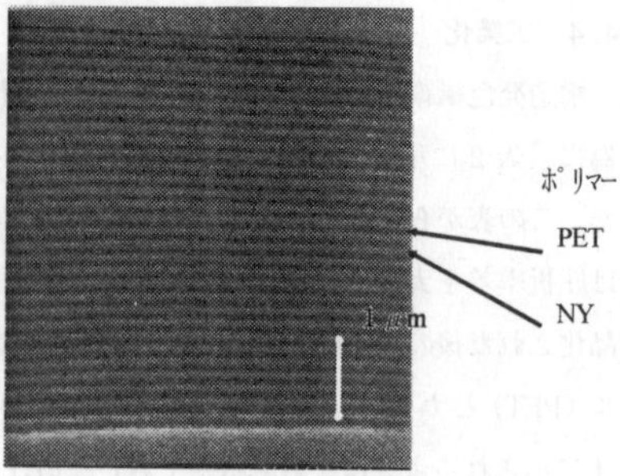

写真 7　Morphotex® 発色部拡大 SEM 写真

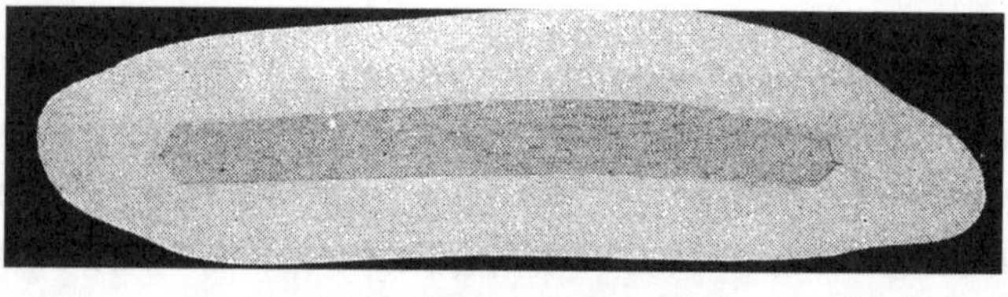

写真 6　Morphotex® 横断面 SEM 写真

表 4　Morphotex® の繊維特性（緑）

単繊度	断面短軸 (μ)	断面長軸 (μ)	糸強度 (CN/dtex)	糸伸度 (%)
10dtex/f	16	75	3.5	45
3.7dtex/f	10	40	4.1	30

4.6　商品開発状況

2003 年 7 月から商業生産を開始した “Morphotex®” は，光による発色という従来見たことの無い色であることと，構造が破壊されない限りその発色が続くこと，また従来の染料や顔料に比較して人体や環境に及ぼす影響が非常に少ない。この特長を生かし，長繊維である “Morphotex®” はレディースを中心に有名アパレルのトップブランドとして採用されている他，和装やウエディングドレス（写真 8 ）として商品化されている。また，パウダー化された “Morphotone®” は塗料のピグメントとして時計，スポーツ用品や漆塗り（写真 9）に用いられている他，家電などの分野においても商品の開発が進められている。

写真 8　ウエディングドレス

写真 9　輪島塗（石川県工業試験場提供）

文　　献

1） K. Kumazawa, H. Takahashi, H. Tabata, M. Yoshimura, S. Shimizu and T. Kikutani, SEN'I GAKKAISHI, **58** (6), 195 (2002)

2） H. Tabata, SEN'I GAKKAISHI, **59** (2), 55 (2003)

3） K.Kumazawa, K. Nose03-6ポリマーフロンティア21 The Society of Polymer Science, Japan

《CMCテクニカルライブラリー》発行にあたって

弊社は、1961年創立以来、多くの技術レポートを発行してまいりました。これらの多くは、その時代の最先端情報を企業や研究機関などの法人に提供することを目的としたもので、価格も一般の理工書に比べて遙かに高価なものでした。

一方、ある時代に最先端であった技術も、実用化され、応用展開されるにあたって普及期、成熟期を迎えていきます。ところが、最先端の時代に一流の研究者によって書かれたレポートの内容は、時代を経ても当該技術を学ぶ技術書、理工書としていささかも遜色のないことを、多くの方々が指摘されています。

弊社では過去に発行した技術レポートを個人向けの廉価な普及版《CMCテクニカルライブラリー》として発行することとしました。このシリーズが、21世紀の科学技術の発展にいささかでも貢献できれば幸いです。

2000年12月

株式会社　シーエムシー出版

昆虫テクノロジー
—産業利用への可能性—　(B0933)

2005年 6月23日　初　版　第1刷発行
2010年 8月20日　普及版　第1刷発行

監　修　川崎　建次郎
　　　　野田　博明
　　　　木内　信
発行者　辻　賢司
発行所　株式会社　シーエムシー出版
　　　　東京都千代田区内神田1-13-1　豊島屋ビル
　　　　電話03（3293）2061
　　　　http://www.cmcbooks.co.jp

Printed in Japan

〔印刷　倉敷印刷株式会社〕

ISBN978-4-7813-0258-4 C3045 ¥4400E